方
寸

方寸之间　别有天地

献给我的女儿琳，

她会是见证这一切的第一代人

献给我的妻子铃美，

她是我灵感和洞察力的无限源泉

How Humans Will Settle the Moon, Mars, and Beyond

李 平 —— 译

王加为 郑子轩 —— 审校

太空居民

SPACEFARERS

〔美〕克里斯托弗·万杰克（Christopher Wanjek）—— 著

人类将如何在无垠宇宙中定居

社会科学文献出版社
SOCIAL SCIENCES ACADEMIC PRESS (CHINA)

SPACEFARERS: How Humans Will Settle the Moon, Mars, and Beyond

by Christopher Wanjek

Published by arrangement with Harvard University Press

through Bardon-Chinese Media Agency

推荐序一

现代宇宙航行学奠基人康斯坦丁·齐奥尔科夫斯基曾经说过:“地球是人类的摇篮，但是人类不能永远生活在摇篮里。”

克里斯托弗·万杰克所著的《太空居民》这本书，就是要告诉读者，人类为什么要离开地球，如何离开地球，以及如何在广漠的宇宙中克服重重困难、开拓新的生存空间。

人类为什么要离开地球?地球上的生命经过数十亿年的演化，已经完全适应了地球环境。或者更准确地说，地球上的生命是根据地球环境量身定制的。空气、水、阳光、温度、大气压力、重力、宇宙射线……任何元素出现变化，生命都会受到极大的威胁。全球变暖带来的气候变化、自然灾害以及物种消失，已经给人类敲响了警钟。然而，即便如此，与月球、火星、土卫六这些人们热衷移居的目的地相比，地球依然是最适合人类居住的家园。人口太多而资源太少、瘟疫、大规模核战争、小行星撞击地球、伽马射线暴冲击，这些人们常常给出的逃离地球的理由，作者一一予以了驳斥。最后，作者借助登山家马洛里的话给出了答案:因为它就在那里。

是的，宇宙就在那里！好奇心和探索的欲望驱使着人类征服宇宙，正如人类征服大海、天空一样，这是人的本能。

人类自远古时代，就对浩瀚的宇宙有着无尽的想象，对探索宇宙、了解宇宙有着不懈的追求。进入 20 世纪，随着科学技术的进步，人们借助月球、火星、金星等各类行星、小行星、卫星探测器，逐渐揭开宇宙神秘面纱的一角。

20 世纪 60 年代末，美国人将宇航员送上了月球。受到这一成就的激励，人们曾经乐观地认为，人类不久就能踏足火星，甚至能大规模地在太空生活。然而半个多世纪过去了，人类距离登陆火星还有遥远的距离，所谓太空生活也仅限于几名宇航员待在空间站里，移民外太空依然只出现在科幻片中。

是什么限制了人类进入太空的步伐，作者给出了高成本、高风险、低投资回报率以及战争驱动力减弱等几个因素。

我认同作者的这一观点，即只有大幅降低进入太空的成本，提高太空活动的投资回报率，才会有更多的商业投资者愿意涉足航天领域或太空经济；只有当更多的商业投资者进入到航天领域，太空经济才会拥有良好的生态。人们甚至可以期待有朝一日乘火箭进入太空就像乘坐飞机一样成为日常，到太空工作、旅游、度假、娱乐就像在地球上一样方便。

就推动商业航天发展而言，美国国家航空航天局（NASA）的一些做法是值得借鉴的。正是 NASA 向商业航天企业开放了核心技术，并将自己的工作重心放到了无利可图的关键技术攻关上，才使得太空探索技术公司（SpaceX）这样一个成立不到

20 年的商业航天企业在如此短的时间里取得了巨大的成就。像 SpaceX 这样的商业航天企业，几乎涉及卫星和运载火箭研发制造、发射、测控和应用服务等方方面面。由政府主导的航天项目与商业航天并存，将成为未来航天发展的主流趋势。

当然，人类在进入太空的征程中还面临着许许多多的困难。没有了大气的保护，宇宙中充满了致命的高能粒子；没有了重力，人的健康会受到极大的危害；长期旅行途中，食物、水、空气怎么解决；在密闭狭小的空间里居住数月甚至数年，人的精神能否承受；……所有这些问题，必须一一解决，人类才有可能真正走向太空。

从书中可以看到，目前世界各地的科研人员已经在地球上做了很多研究和实验，模拟外太空的环境和生活。比如在南极洲的温室里培育植物，在潜艇以及其他人造的密闭、拥挤的环境中研究人的生理和心理变化，甚至在陆地上建立起与大自然完全隔离的、一切资源自给自足的小环境。作者对这些实验的情况一一进行了总结，其中许多经验教训值得我们吸取。

《太空居民》是一部集科学知识普及与学术研究于一体的作品。它是一部科普图书，因为书中融入了大量的航天及宇宙太空知识，即便是中学生也能发现感兴趣的内容，从中汲取知识和营养；它又是一部学术著作，因为它对人类为什么以及如何进入太空的许多问题进行了系统的归纳和论证，值得专业人士认真研读。

书中曾多次提到中国航天事业的发展成就，及其对当今世界航天发展的影响。可见，中国航天事业的发展已经引起西方世界的高度重视。当然其中的某些观点难免会不够客观，请读者在阅读中要注意分辨。

经过 60 多年的发展，中国航天事业积累了丰富的经验，形成了鲜明的中国特色：始终坚持科学地制定长远规划，并且一以贯之，按照规划一步一步向前推进。不积跬步，无以至千里，只要我们按照自己的能力和规划，一步步扎实地向前推进，不被他人太空竞赛的想法所干扰，中国的航天事业必将取得更大的成就。

沈荣骏

航天工程管理与测控技术专家

中国工程院院士

推荐序二

“地球是人类的摇篮，但是人类不能永远生活在摇篮里，开始他将小心翼翼地穿出大气层，然后便去征服太阳系。”俄国科学家齐奥尔科夫斯基的这句名言是他的毕生信仰，死后被刻在了他的墓碑上，激励了全世界无数航天人。

齐氏一生撰写了超过 400 部作品，包括大约 90 篇关于太空旅行和相关科目的出版物。他的作品涉及火箭设计、转向推进器、多级增压器、空间站、用于将太空船引入空间真空的气闸，以及为太空殖民地提供食物和氧气的闭合循环生物系统。这些关于太空飞行的奇思妙想，是由儒勒·凡尔纳的幻想小说播下的种子。“它们在我的头脑里形成了确定的方向。我开始将其作为一种严肃的活动。”他在 1911 年回忆说。

“创新驱动”是我国的国家战略，“大胆设想，小心求证”则为其路线图之一。“大胆设想”，往往都来自文学家、诗人和科普作家。最近看到一个文科出身的新生代航天人白瑞雪的演讲，她认为科学技术的本质是一种生活方式，文科生的共情能力、感知能力和理想主义是探索世界的一把钥匙。站在文科生的角度，她对航天之哲学追思、文学畅想、美学品质和商业情怀的再发现，超越了航天本身的科学、技术、工程价值。

这就是我为什么要极力推荐一部科普著作。

过去近 70 年里，人类不断探索离开地球摇篮的可能性，并取得了举世瞩目的成就。20 世纪六七十年代的第一次探月浪潮，阿波罗登月成为巅峰之作。21 世纪后的第二次探月浪潮，中国的嫦娥工程完美赴月。深空探测技术不断发展成熟，今天的航天大国派无人探测器去月球、火星，似乎已经不再新鲜。那么，有人的深空活动呢？美国宣布要在 2024 年重返月球，其他多个国家也在制定和执行本国的载人登月计划，多家商业公司推出了从亚轨道、地球轨道到月球轨道的多条太空旅游线路。地球人为什么如此渴望飞向天外？太空有什么不一样的景色？地球亿万年进化中诞生的人类，如何在月球、火星以及更遥远的星球上生活？或许你可以从这本书中找到答案。

这本充满事实和技术细节的书，严谨地介绍了未来太空旅行可能开展的模式以及面临的挑战，尽情畅想了太空旅居的场景和乐趣。广大读者，特别是航天爱好者和太空旅行发烧友，可以从以下几个方面了解这本书的内容：

为什么要去太空？地球如此美丽，拥有生命生存的诸多优势，人为什么还要走出地球？本书从地球上的人口、气候、战争、灾难、小行星威胁等方面进行了阐述。

太空旅行安全吗？空间微重力、磁层、辐射环境会对旅行者产生什么样的健康影响？现有防护技术能够抵御这些风险吗？

作者对此一一分析，并以宇航员在轨生活的实际案例予以说明。

如何进入太空？作者不仅阐释了火箭科学的基本原理，提到了 SpaceX 的可重复使用火箭，也对太空飞机、天钩、太空电梯、轨道环等概念性方案进行了介绍。

月球 / 火星旅居方式。到另一个星球上生活，意味着地球生活模式的彻底颠覆。本书描绘了未来人类的月球生活，包括月球资源开发、月球产业发展、月球穴居、月球种植，等等——也许，你能够在本书的引领下提前筹划月球产业，从而成为亿万富豪！当然，你也可以通过火星高速公路去往红色星球，探索如何在火星上生存。

宇宙那么大，不想去看看？地球上的风景已经容纳不下今日地球人的眼界了。通过阅读这本书，你将对深空探测的发展历程和未来前景有更加清晰的认识，对太空旅居有更加深刻的理解。不久的将来，也许你就会成为太空旅行者中的一员！

袁建平

西北工业大学教授

中央军委科技委创新特区领域首席科学家

原国家高技术（863）航天航空领域专家组组长

译者的话

2020年，注定会成为人类历史上极不平凡的一年。一场突如其来的新冠肺炎疫情，让熙熙攘攘的尘世似乎瞬间凝固。隔离、管控、居家办公、网课……一系列史无前例的方式让人们感受到了疫情的严峻。

然而，就在这一年的7月下旬，阿联酋“希望号”、中国“天问一号”、美国“毅力号”火星探测器，却毅然而然地冲破地球的束缚，带着人类的希望，一个接一个地踏上了探索火星的征程。

2020年3月，哈佛大学出版社出版了克里斯托弗·万杰克所著的《太空居民》一书，该书被《每日电讯报》评为2020年最佳图书。西北工业大学袁建平副校长向永鼎智库推荐了这本书，永鼎智库总经理宣颖又找到了我。因为手头有别的工作，本想推掉，可是翻了几页，便被这本书吸引住了。幽默诙谐的语言、形象的比喻、浅显易懂的描述，是这本书给我的第一印象。

克里斯托弗·万杰克是美国著名的科普作家、科学记者，1998~2006年曾在戈达德太空飞行中心担任资深作家，报道宇宙的结构和演化。或许是拥有生命科学或医学教育背景，使他在关注航天技术、空间科学的同时，尤其将人的生理和心理适应能力放在重要位置，从而使《太空居民》一书拥有了不一样的视角。的确，终究是要把人类送入太空，一切技术都要为这一目的服务。换作机器人，情形肯定大不相同。

紧赶慢赶，本想在“祝融号”火星车登陆之前出版此书，以此向“祝融号”登陆火星致敬，无奈拖至今日。或许是疫情的缘故，让一切计划难以如常进行。

本书的出版，要感谢的人很多。首先感谢沈荣骏院士、袁建平副校长为书作序，为读者更好地理解书的内容做了很好的铺垫；感谢西北工业大学袁建平副校长，是他的敏锐让我与此书结缘；感谢一直致力于促进航天事业发展的永鼎智库，是他们对航天科普事业的投入和支持让此书得以尽快出版；感谢出版社编辑老师为本书付出的辛勤劳动。最后，特别要感谢的是王加为和郑子轩两位老师，是他们的审校把关，让译文的文学性、科学性得到了极大提升。

特殊时期，困于陋室，却能借翻译此书畅游太空，深感幸运。唯愿世界安好！人们能尽快摆脱疫情的困扰，生活回归正常轨道！

李　平
2021 年 8 月于北京

目　录

引言
发射之前

如果你的团队里有一位优秀的科幻设计师，那么在远离地球安全范围的另一个行星或其卫星上生活，看起来会是件轻而易举的事。降落伞打开，发动机完美点火，让你的飞船甜蜜亲吻松软的外星土壤，并轻松摆脱巨石、悬崖和峡谷的威胁——这一切真是太惬意了。然后一部地面穿梭机，以不亚于日本新干线列车的速度，将你带到距航天港几公里的新基地。在那里，现场一片繁忙，能干的工人们忙着挖掘、探测、定位、建造、运输，所有人都像吹着口哨的小矮人一样快乐。你来到几幢巨大的、金光闪闪的穹顶建筑深处，里面是名副其实的伊甸园，那里的蔬菜郁郁葱葱、远离疫病。之后，你轻轻跨过门槛，进入加压栖息地，几乎很难想象你曾在极其危险的微重力环境下，穿越无处不在的宇宙射线，历经长达数月的危险旅途才来到这里。当终于到达时尚的生活区时，你会靠在床上想，啊，要是回家的时候也能这么顺利就太好了。

有关太空定居点的计划，不管是纸面上的还是科幻片里的，大多看起来如此美好。但问题在于细节。如果把火星当作目的地，就要知道火星像地球的南极一样，大寒地冻、死气沉沉，只是没有可供呼吸的空气。尽管有人声称利用现有技术已经可以去往火星，但仍有很多工作要做，以确保这不会成为一次自杀式行动。一些科学家认为，在飞往火星长达 9 个月的旅程中（以及返回地球的过程中），旅行者会遭受强大的太阳辐射和宇宙射线，仅这一点就让人不敢轻举妄动。在这颗红色星球上安全着陆仍然是一个危险提议，因为我们派去的大多数着陆器在着陆时都失败了。利用机器人将火星大气中的二氧化碳转化为氧气，并将其储存在加压容器里供宇航员到达后使用，这在目前还只是停留在理论层面。在火星就地采集水和燃料以供返程使用也一样——理论上是可以实现的，但即使在地球上也很难操作。种土豆？可惜，火星“土壤”中的高氯酸盐似乎达到了有毒水平，必须清除——而这项技术也仍然有待开发。

月球虽然比火星离地球近得多，但那里也不是甜蜜的亚拉巴马老家。月球上白昼与黑夜的转换周期为两周，其表面温度变化剧烈，从 -120℃到 120℃，使人类在月球上长期停留极具挑战。那里有的只是暴雨般倾泻到表面的太阳辐射和宇宙射线。要应对这些挑战，可以先派遣机器人去月球用当地土壤建造穹顶建筑，但这还是一项纸上谈兵的技术。然后呢？好吧，就像人们说的，罗马不是一天建成的。

胸怀大志很重要。我是在早春的时候开始写这本书的。那时我的小花园里没有杂草，肥沃的、深褐色的泥土均匀地划成整齐的正方形，散发着芳香。我手里拿着十几包种子，一幅郁郁葱葱的未来景象展现在我面前。就像天文艺术家一样，我要把这幅景象画出来。我要把洋姜的种子种在最北边，因为它们长得最高。我要把豆子种在它们前面，这样豆子就可以把洋姜当成天然的棚架。太聪明了！我还要种些蚕豆，因为蚕豆很好吃，卖得又很贵。前面我会接连种些绿叶菜，一周接一周地种，这样每天都能收获一份沙拉，能一直吃到秋天。西红柿，你得吃西红柿。还有大南瓜，就是那种巨大的蓝哈伯德，味道很好，又耐储存。完美！

然后是异常寒冷的 4 月，比 3 月还要冷，我种的一半植物被冻死了。接着是异常多雨的 5 月，几乎把剩下的也冲走了。你知道大南瓜发生了什么稀奇事吗？有一种叫南瓜蔓吉丁虫（Melittia cucurbitae）的小生物（飞蛾的一种），7 月初把它的卵产在了长势良好的南瓜藤蔓上，这样它的幼虫就可以躲在藤蔓里安全地进食、长大，在南瓜结出果实前，这些幼虫就将整株南瓜杀死了。它们似乎违反了生物学的一个基本原则，即消灭了下一季赖以生存的食物来源。谁知道呢？

我把我花园中遇到的麻烦说出来，部分是为了宣泄，但更多的是想作为一个例子，说明事情往往并不是按照计划进行的，尽管我们做了研究和准备。现实总会出现意想不到的情况——可能是不寻常的天气，比如生活区正在进行关键安装，而火星上爆发了持续一个月的沙尘暴；或者美中不足，比如一种未检测到的化学物质阻碍了一项重要生物反应的发生。美国国家航空航天局

（NASA）在将人类送往月球的 8 年实践中，也遇到了很多出乎意料的问题。对宇航员格斯·格里索姆（Gus Grissom）、埃德·怀特（Ed White）和罗杰·查菲（Roger Chaffee）来说，阿波罗 1 号任务以悲剧告终。在高压、纯氧的舱室环境中，一个微小的火花瞬间演变成一个无法逃脱的火球——谁也没有意料到的一个设计缺陷。NASA 管理人员后来承认，阿波罗 11 号的成功也有幸运的因素，尼尔·阿姆斯特朗（Neil Armstrong）不得不出乎意料地手动操控“鹰”登月舱，才使其远离巨石，来到一处平坦的着陆点，而剩下的燃料只够维持不到 30 秒。

阿波罗 13 号的宇航员没能按计划在月球着陆。一个氧气储箱在飞行途中爆炸了，如果不是乘组人员和任务控制中心的快速反应和熟练操作，这次事故就是致命的。另一组阿波罗宇航员与一次巨大的太阳耀斑擦身而过，而这次耀斑产生的辐射可能会伤害到他们。许多太空发烧友都很关心为什么 NASA 不派人去火星，好像派人去火星成了该机构存在的唯一理由。尽管该机构存在缺陷，而我在书中也会毫不避讳地将这些缺陷列举出来，但 NASA 并不急于把人类送上火星的理由很充分，因为它不希望任何人去火星送死。你不能仅凭着一堆希望就把人类送上火星。只有风险和成本降到最低，我们才能够去而且应该去火星，因此没有必要立刻采取行动。就目前来说，航天很危险，而且费用极高。

1969 年人类登月的不朽成就，使某些人对未来产生了不切实际的期望。随便拿起一本 20 世纪 70 年代畅销的太空类书籍，你都会得出这样的结论：我们很久以前就应该到火星了。1971年，NASA 宇航员艾伦·谢泼德（Alan Shepard）在月球上打了几杆高尔夫球之后，火星自然就成了下一个目标。尽管这一举动很自大，但毕竟当时美国和苏联都在向水星、金星和火星发射探测器，而且美国还在进行航天飞机项目，计划每月两次进入太空。1969年3月至1970年9月，担任NASA局长的托马斯·潘恩（Thomas Paine）在日程表里提出了登陆火星的日期：1981年11月12日，一个12人的乘组将搭乘一枚核动力火箭离开地球，开启火星载人航天之旅。[1] 与此同时，物理学家、工程师和美国国会议员正在就20世纪80年代建造巨型在轨运行球体进行认真讨论。这样的球体每个可容纳1万多人。这些轨道上的太空居民的主要工作是收集太阳能，并将其传送回地球，使世界摆脱对石油的依赖。到20世纪90年代，我们会在小行星上采矿，并在火星上生活。到2000年，人类将探索木星和土星的卫星。

那么，首次登月已过去半个世纪，我们为什么还没有在“外太空”生活，而进入太空也没有变得既安全又经济？有许多因素在起作用，本书将详细阐述这些因素。首先，我们需要做一些铺垫。

你不认识的肯尼迪

一部分人将我们未能大规模存在于太空中的责任归咎于美国前总统理查德·尼克松，因为是他削减了NASA 的预算。

NASA 的预算在 1966 年约翰逊执政期间达到顶峰，占到了联邦预算的 4.3%。到尼克松离任时，NASA 的拨款已经下降到联邦预算的 1% 左右，并且还在继续下降，到了 2019 年，已经跌破了 0.5%。[2] 这就好像我们投资了铁路，而尼克松却拆掉了铁轨。关于这一点有一些重要事实需要澄清一下。历史学家记录了登月如何成为约翰 · F. 肯尼迪的遗产，在林登 · 约翰逊的领导下如何得以传承，而尼克松又如何不想加以延续。1987 年到 2008 年任乔治 · 华盛顿大学太空政策研究所（Space Policy Institute）主任的约翰 · 洛格斯登（John Logsdon）查阅了尼克松与 NASA 相关的档案资料，全面总结了尼克松的太空政策：（1）将 NASA 从 20 世纪 60 年代的神圣地位降级为一个需要争夺资金的国内部门；（2）将载人航天飞行限制在距地球表面 200 英里以内的近地轨道；（3）把重点放在没有明确目标的航天飞机项目上，不再开发能够把人类送上月球及更远地方的大型运载火箭。[3] 洛格斯登在他的《阿波罗之后：理查德 · 尼克松与美国太空计划》（*After Apollo?: Richard Nixon and the American Space Program*）一书中指出，尼克松对阿波罗 13 号氧气储箱破裂引起的几近死亡的事件感到非常震惊，因而打算在 1972 年总统大选前取消阿波罗 16 号、阿波罗 17 号任务（取消计划未能实现），因为他担心悲剧不可避免，随之而来的批评会影响他的竞选连任。[4]

然而，人们不应该谴责尼克松，因为他最关心的是财政责任。而且，如果目标是学习如何更有效地离开地球并返回，那么专注于近地活动，而不是发射到火星，也并不是一个糟糕的策略。实际上 1962 年 11 月，肯尼迪本人在白宫总统办公室对 NASA 局长詹姆斯·韦伯（James Webb）说："我对太空没那么感兴趣。"而此时距其在莱斯大学发表呼吁 1969 年底实现人类登月的著名演说不过两个月。这句话说明了他和其他领导人当时对登月计划的真实看法，也暗示了为什么今天没有月球村。我们应当争夺的是地球上的核心地位，因为在肯尼迪看来，登月竞赛显然没有别的目的，就是为了"击败［苏联］，并证明虽然起步晚于苏联数年，但上帝保佑我们超过了他们"。他对韦伯说："我觉得这件事就是胡闹。"[5] 肯尼迪在总统办公室和内阁会议室录制了 260 小时的秘密录音，甚至连他的助手都不知道，这个胡闹论断正是这些秘密录音的一部分，而我们却以为肯尼迪对登月野心勃勃。这些秘密录音直到 2009 年才完全公开。

苏联人的想法和肯尼迪一样。对于苏联领导人来讲，太空探索只有达到一个目标，才配得上它的巨大开销和重重危险。苏联的目的主要与军事有关：运载火箭可以将货物送入太空，也可以将核弹头运送到全球任何地方。[6] 太空竞赛是第二次世界大战后苏联和美国之间基于导弹的核军备竞赛的延伸。打个比方，太空竞赛就是要在更高的地方夺得优势。随着美国击败苏联，实现了人类登月，并且无意在月球上建立军事基地，苏联人也不再有任何理由去追逐月球——美国也没有。★ 在太空竞

★ 月球上的军事基地对于任何国家的地面战争都没有战略意义，因为它离地球太远、太高。

赛的鼎盛时期，无论是肯尼迪、约翰逊、尼克松、赫鲁晓夫还是勃列日涅夫，他们极力主张拿出数十亿美元或卢布支持太空探索，并不是因为他们对人类探索太空有多么关心，而是为了得到某些实际回报，如军事力量或在竞赛中占据上风。他们把人类送入太空，并不是因为我们就该这么做；就他们而言，还有更紧迫的事情需要投资。没有哪个国家可以用纳税人的钱无限制地参与太空竞赛。

因此，登月这件事几乎和去月球没有什么关系。到达月球后，我们将到达火星和无垠宇宙——这种说法是太空爱好者在20世纪60年代受到阿波罗计划的激励后创造出来的。当然，今天的许多人感到失望，认为过去五十年没能实现这个梦想，是彻头彻尾的失败——但这是他们的梦想，而不是任何60年代或70年代领导人优先考虑的梦想，甚至不是普罗大众的梦想。对于当时的美国领导人来说，太空很重要，这一点没错，但在1969年登月完成后，尤其是在越战成本不断上升的情况下，太空竞赛的成本太高，既无法持续，也无法向美国公众证明其合理性。把20世纪70年代变成一个迈向火星的十年计划，这个想法在开始前就结束了；尼克松向NASA发出了明确信号，表示白宫不会支持它。[7]

008

回想起来，把资金浪费在研制"土星5号"火箭上似乎很愚蠢，虽然这项工程可以说是当代最伟大的壮举。但在20世纪60年代，阿波罗1号发射台上的三人死亡事件使这种危险显露无遗；阿波罗13号上发生的三人濒死事件让很多人产生了疑问，在缺乏明确目标的情况下，是否值得继续承受这些危险和花费，因为美国人在一年前就打败苏联人登上了月球。甚至在 1969 年阿波罗计划最激动人心的时刻，大多数美国人也不认为国家应该在太空探索上花这么多钱。[8] 当阿波罗计划在 1972 年前后被取消时，月球和其他深空目的地根本不具备军事重要性和经济潜力，无法证明人类继续进行危险昂贵的太空探索的合理性。纳税公众和代表他们的政客逐渐达成这样的共识。甚至大多数科学家更愿意用机器人探索月球，而不是把人类送上月球。

阿波罗计划之后的失误

在实现登月半个世纪后的今天，人类的太空探索不过是六七名宇航员在位于地球上方几英里像罐头盒子一样的空间站里养蚂蚁，或者为学生做翻跟头表演。这一点对于许多太空爱好者来说，还是难以理解。1970 年的时候谁也不会想到 21 世纪人类在太空的存在会如此有限。没错，进入太空的费用高得惊人，这一点限制了载人航天的商业投资。没错，20 世纪 70 年代，除了纯粹的探索乐趣，没有什么令人信服的理由让人类进入太空。果真如此，那么国际空间站又是怎么回事？真不过如此吗？

显然阿波罗计划之后存在着某些失误，这些失误妨碍了人类在近地轨道上的活动，而我们也已经接受了这些失误。天真也好，纯粹的傲慢也罢，人类的太空探索比我们预想的要困难得多，昂贵得多。各种意想不到、闻所未闻的事件以一种丑陋不堪的方式显现出来。尼克松政府基于当时的财政现状，曾想建立一个运载火箭系列，将卫星以相对较低的成本送入近地轨道。1970 年 3 月，也就是阿波罗 11 号和阿波罗 12 号成功发射数月之后、命运不佳的阿波罗 13 号发射一个月之前，尼克松说："我们必须……认识到，在严肃的国家优先事项体系中，太空支出必须占据适当位置。""从现在起，我们在太空中的行为必须成为国家常规生活中的一部分，必须与其他重要事业一起规划。"[9]

不幸的是，尼克松所说的"常规"事业最终变成了效率低下的官样文章，成为一个缺乏必要方针和财政约束、没有管理指引、无法开花结果的依赖政府拨款的太空计划。始于 20 世纪 70 年代初的航天飞机项目，从一个大胆承诺每两周运送一次的廉价低轨运载工具，堕落成一个贵得离谱、强烈依赖火箭的航天器系列，平均每年只飞行四次，在五架航天飞机中有两架发生了爆炸并导致机组人员死亡。航天飞机项目最大的缺陷在于它强调可重复使用，这就需要一定水平的维护，结果维护成本和时间均比使用一次性运载火箭要高。其结果是发射次数更少，而这又进一步降低了成本效率。由于航天飞机是 NASA 的主要发射装置，因此许多后续项目都受到了影响。根据航天飞机货舱规格设计的特定尺寸和质量的卫星不得不推迟或取消。航天飞机成本的超支，使性能更加优越的运载火箭技术的研发资金减少，进而形成一个恶性循环，导致 NASA 进入太空的成本越来越高，而不是越来越低。忘掉火星，忘掉月球吧。就是这个原因。

今天，美国仍在为航天飞机项目付出高昂的代价，这种说法毫不夸张。因为2011年剩下的三架航天飞机退役，美国随即失去了将人类送入太空的能力。因此，美国必须向俄罗斯支付8000万美元，才能将一名美国宇航员送入太空。同样，始于20世纪80年代初“自由号空间站”的国际空间站（International Space Station，ISS），费用从预估的80亿美元激增到了1000亿美元，而尺寸只有中等大小，空间只够容纳7位访客，与许多人构想的用类似价格建造可容纳10000人的在轨城市的想法相去甚远。[10] ISS的高成本是由航天飞机发射的高成本，以及糟糕的设计和管理造成的。

考虑到阿波罗计划之后NASA在载人航天领域的表现，它今天或明天带我们去火星的可能性有多大？许多控制财权的政客已经失去了耐心，不再为那些最终变成财政噩梦的梦想提供资金。这些项目费用极高，人们在项目完成前就已经开始针对取消这些项目的好处进行辩论，以停止无休止的成本超支。此外，美国的政府首脑每隔四年或八年就会更换一次，NASA必须不断地调整方向，以适应历届新政府的不同意见。因此，从1970年开始，人类飞往火星总是“二十年以后”才会实现。事实上，此书出版时（2020年），NASA就有一个要在二十年后（你猜对了）把人类送上火星的计划。

考虑到在太空工作或娱乐的费用，再加上NASA管理其最近两个载人航天计划的例子，要想进入并停留在轨道上必须有一个全面的商业计划。而这个商业计划正在浮出水面。也正是这个商业计划，使这一刻与 1970 年、1980 年、1990 年和 2000 年区分开来。那时候的例行载人航天飞行更多的是梦想，而不是实用性。在今天的载人航天飞行游戏中，有很多非 NASA 玩家，所以很难跟上所有技术的发展情况。在此之前，我们只是在科幻方面取得了进步，在科幻片里让它显得更加容易，而今天我们却有了商业性的投资和实际产品。

永久返回太空真正需要的是什么

航天强国，有可能会于十年内在月球或火星上建立一座永久性的村庄。然而这样的壮举需要付出巨大的努力，巨大的努力需要巨大的财政支出，而一项巨大的财政支出又需要一个合理的理由。那么，人类探索太空的理由是什么？不可能仅仅因为听起来很棒就去这样做。听起来很棒并不是一个合理的理由。许多未来学家和太空爱好者一直不愿探究这个关键问题。他们沉浸在精巧的技术中，勾勒出到月球、到火星，甚至到更远的柯伊伯带★ 的愿景。这些技术未必不符合物理规律。但很少有人深入探究我们为什么要这样做，谁会为此买单，以及如何买单。

★ Kuiper Belt，是太阳系的海王星轨道外，黄道面附近的天体密集的中空圆盘状区域。——译注

从历史上看，国家或个人为大型项目提供大量资金的原因有三个：崇拜神或王权，战争，或经济回报的期盼。注意，“我们骨子里就这样”并不在这三个原因之内。纽约海登天文馆（Hayden Planetarium）主任、天体物理学家尼尔·德格拉斯·泰森 (Neil deGrasse Tyson) 在一篇题为《探索之路》(“Paths to Discovery”）的文章中介绍了这一思想。[11]

崇拜神是我们拥有金字塔和教堂的原因；同样，国王们建造宫殿是为了彰显他们的不凡。尽管这两样如今都不常见，但战争仍是一种常见的投资原因。自 2003 年以来，美国已经为伊拉克、阿富汗和相关叛乱发动的战争花费了超过 4.79 万亿美元，这相当于至少 40 次大规模火星任务的花费，足以在火星上建立永久性太空定居点。[12] 从历史来看，中国的长城是宏大而昂贵的，但从军事角度看却有至关重要的意义。与战争有关的其他项目包括曼哈顿计划、美国州际公路系统（必要时可用于军事装备运输）以及上述的阿波罗计划。这些现代军事开支刺激了经济发展。但无论如何，其目的是黩武。

经济回报的期望为巴拿马运河以及哥伦布、麦哲伦、刘易斯和克拉克等人的旅行提供了资金。政府为探索提供资金，是希望从中获利。哥伦布得到卡斯提尔王国的资助，并不是为了证明人类能够克服阻碍（即“我们骨子里就这样”），主要是为了建立一条有利可图的贸易通道——推广天主教（崇拜神）和打败葡萄牙（战争）。

我们对人类太空活动重新燃起的兴趣，实际上可能会导致人类在太空永久存在，因为这在一定程度上受到“战争”的驱动，但也有经济回报的推动。这与20世纪60年代的情况不同，当时战争是唯一的驱动力。一场战争可能会让我们登上月球或火星，而经济上的可持续性则让我们留在那里。

战争和利润

你可能会问，战争？没错，一场新的太空竞赛正悄然兴起。中国有自己的空间站（不止一个）和将人送至空间站的运载火箭。中国在太空的明确目标，正促使美国和其他国家在2030年前重返月球并建立永久基地。如果中国突然提出在2032年建立火星定居点，美国就会努力赶在2031年之前去火星建立自己的基地，并将找到足够的资金。目前还没有花1000亿美元把4名精英送到火星表面待上几个月的政治意愿，但有可能把同样多的钱花在，比如说，一个导弹防御系统上，来保证3亿美国公民的安全。但如果中国取得了领先，就像苏联在1957年成功发射了第一颗人造地球卫星那样，那么优先级将迅速发生变化。

013

至于经济回报，在近地轨道上几乎肯定会有利润，在月球上可能会有旅游和资源开发的利润。这些活动的范围和利润率取决于能否降低进入太空的成本，从而使投资回报更具吸引力——新的太空竞赛可能会有助于实现这一点。投资者希望出现滚雪球效应，更低的成本会使更多的人进入太空，而随着太空基础设施的不断发展，又会进一步降低价格。太空探索技术公司（SpaceX）或许是新太空领域最知名的火箭公司之一，但已有数十家私人公司正在建造更小更经济的火箭、被称作纳卫星（NanoSat）的微小卫星，并提供各种组件和服务，以适应人类通过企业增加太空活动的新形势。★

应当承认，在月球以外的地方，利润的不确定性更大。1492年，伊莎贝拉女王意识到通过更好的贸易航路可以开发潜在市场。但现在与当时不一样。至少从目前情况来看，火星成为一个有利可图的栖息地几乎是不可能的事情。高成本、高风险和低投资回报率，无法构成可行的商业战略。但降低成本、降低风险，就有可能在火星定居并建立贸易。当世界因战争驱动而展开太空竞赛时，就尤其为此铺平了道路。车轮在转动，发动机就要点火了。

014

公司通过企业间的活动来赚钱，而不仅仅依靠政府合同。所有这些政府和商业活动说明人们不仅仅是期望，而且也相信一种可行的太空经济会很快建立起来。尽管人类在过去的五十年里没有冒险远离地球，但我们还是学到了很多，取得了很多成就。我们已经在火星表面放置了几辆自动火星车，并在轨道上放置了大量卫星。我们极大地扩展了对火星环境的了解，对火星生活的困难也有了更好的理解。我们还成功地让一枚探测

★ 是的，新太空（NewSpace）是一个新兴事物；骆驼拼写法（camelCase）中有一个术语将新兴的私人航天产业与旧航天产业 (Old Space，政府及其主要承包商) 区分开来，这一事实进一步突出了当今世界的巨大差异。

器在土卫六上着陆。土卫六★是土星的一颗卫星，它到地球的距离是火星与地球距离的 25 倍。这是一个令人振奋的壮举。

简而言之，我们正在收获过去五十年来以 NASA 和苏联 / 俄罗斯联邦航天局为首的航天机构的劳动成果。富人们已经购买了进入太空、在轨道旅馆停泊或绕月拍摄的门票，门票时间从 21 世纪 20 年代开始。

各国政府计划将太空运输任务外包给私营企业，让它们把研究人员送到月球上生活几个月，就像我们现在在南极洲所做的那样。私营企业已经计划跟进，打算开发月球资源以获取利润。在不远的将来，随着太空基础设施的扩展，火星也将出现在这样的计划中。

旅途已经开始

本书解释了太空旅行将如何展开——探索定居新世界的实用动机，以及工程师、科学家和企业家为了实现这一目标而制订的重要计划。我不想灌输错误的希望，也不愿意废话连篇，讲什么远距离传送、超光速旅行，或者住在地球以外某个比地球上还要奢侈的地方。太空基础设施建设不可能一蹴而就，也不可能有什么魔法。人类的太空活动将充满挑战，无论是经济

★ Titan，又称泰坦星，是环绕土星运行的一颗卫星，是土星卫星中最大的一颗，也是太阳系第二大卫星。——译注

领域还是物理领域或生物领域。然而从本质上来说，我们在太空的存在将是我们现在每天所作所为的自然延伸，无论是科学、商业还是休闲活动，只要是在生物学和经济学允许范围内的都包括其中。

航程从地球开始。第 1 章探索了地球上与太空最为相近的三种环境：第一个是南极洲。在南极洲，吃苦耐劳的工作人员要艰难度过长达 6 个月的寒冷的黑暗，其间没有新的补给物资送达。第二个是核潜艇。在核潜艇上，海军人员要在独立封闭的空间里一次生活几个月。第三个是沙漠高原。科学家试图在沙漠高原模拟火星栖息地。到目前为止，我们学到了什么？第 2 章则是为我们即将开始的旅行做一次体检，因为缺乏重力、充斥大量宇宙射线对长期生存来说不是什么好兆头。我们能克服这些挑战吗？第 3 章进入近地轨道。人们正在制订什么样的计划取代 ISS ？ ISS 被一些人视为技术上的奇迹，而另一些人则视其为巨大机会的丧失和金钱的浪费。可充气式栖息地将如何为太空旅客提供长达一周的刺激体验，并为建造更多的可容纳太空工作者和永久定居者的永久性建筑打好基础？我们将如何进入太空，用传统的火箭，用太空电梯、太空钩，还是其他聪明的办法？

第 4 章将我们带回到月球。月球上的科学基地肯定会模拟南极洲的科考站；在这些科学基地里，采矿甚至旅游都可能使这次冒险利润可观。我们沿着金钱这个主题往前走。第 5 章将我们带向不可回避的下一个步骤：进入太阳系，开采小行星。

第 6 章描述了火星。火星是人们无尽想象的源泉。火星有可能是第一个真正有人类定居的太阳系天体。我们的目的是在火星上生儿育女，而不像在月球上那样仅仅从事科学和采矿活动。21 世纪末，人类可能会遍布整个太阳系，从地球到月球再到火星。到那个时候，我们可能会去太阳系中更远的地方，探索木星和土星的卫星。这些卫星可能用来庇护生命，也有可能用来维持小型科学基地。水星和金星离太阳更近。利用先进的技术，水星可能会一鸣惊天，变得适合居住；从某些方面来说，金星是太阳系中除地球之外最适合居住的行星，只要你住在云层之上的漂浮城市里即可。

完善在水星上，或者在木星、土星的卫星上的生活方式，为我们进行深空旅行，到达天王星、海王星等外行星，以及更遥远的小行星（如冥王星）和柯伊伯带冰岩铺平了道路。我在第 7 章就以上所有概念进行讨论，并讨论将彗星或小行星作为太空方舟把我们带往其他恒星的概念——这也许是我们几百年后的命运。后记将我们带回到未来的地球，到了那个时候，人类在整个太阳系都建立了栖息地。那么，母星地球上的生活又将发生什么样的变化?

所以，现在让我们大胆而又谨慎地到那些没人去过的地方吧。

1 生活在地球

地球有很多优势。它有水，气候温暖，而这两个生命的关键元素在我们所知的任何其他行星或其卫星上似乎都不存在。例如，冥王星★有水，有大量的水，但都以冰的形式存在。它也没有温暖的气候。它离太阳非常遥远，以至阳光看起来就像一道孤独的微光。金星很温暖，大约有800度的暖人温度。华氏度还是摄氏度？也许并不重要，因为金星上再也没有水了。水都被烧成了气体，然后被太阳风吹散。所以，照目前情况来看，地球是广袤浩瀚宇宙中唯一拥有合适温度且有水的地方，这个温度范围让水呈现为液态，或者说流体，从而有利于生命存在。木星和土星的一些卫星上可能在固态冰下存在海洋，可以孕育生命，火星可能也一样；液态水存在的证据很充分，但它们适合生命存在的可能性还只是推测。

★ 2006年，国际天文联合会正式定义行星概念，将冥王星排除出行星行列，重新划为矮行星。——译注地球还有你可能想不到的其他魅力。地球有大气层，没有多少天体有这种东西。地球大气层将地球的温度保持在刚好合适的水平，并允许其循环变化。月球就不是这样。月球的温度可以变化数百度，这取决于太阳的照射位置，因为月球没有大气层来保持空气、产生风，并使热量循环起来。此外，地球大气层阻挡了伽马射线、X 射线和大部分太阳紫外线到达地球表面。这些射线会导致细胞突变，使生命无法在陆地上立足，更不要说繁衍生息了。我们的大气还提供压力，使液态水无法自由膨胀为气态。在火星上，如果暴露在加压宇航服之外的环境中，你血液里的水会在几秒钟内“沸腾”。就这一点而言，人类的太空定居点选在一颗遥远、寒冷的叫作泰坦（即土卫六）的土星卫星上可能更加容易，因为土卫六有厚厚的大气层，能提供自然的压力感，你所需要的就是氧气和非常保暖的衣服（有关土卫六的更多内容见第 7 章）。

地球还有一个磁层，一个巨大的磁场，可以让太阳粒子和宇宙射线偏转方向，射向太阳系之外，从而不会杀死地球上的生命。它还可以防止大气被太阳粒子吹走。月球和火星呢？显然没有，它们没有磁层。土卫六也没有，但土星的磁层延伸到了土卫六以外，可以弥补这一不足。

地球上还有一样恰到好处的东西，那就是重力。如果说 ISS 就如何在太空生活教会了我们什么（坦白地说，除了这件事，其他真的没教给我们什么），那就是零重力对于我们的健康是可怕的。我们骨骼里的钙会流失；我们的肌肉会萎缩；我们的眼睛最终会停止工作，因为血管变弱，形状扭曲变形；等等。月球和火星上的重力分别约为地球的 1/6 和 1/3，这是否足以让我们保持健康?

我们完全不知道。

可以看出，地球对于我们来说刚刚好，就像一副适合我们的手套——我说的不是那种笨重的宇航服手套，它让我们几乎拿不起螺丝刀，更不用说吉他了。我说的是一副十分合体的手套。地球是为人类而造的，因为这是我们进化的地方。在这个宇宙中，无论我们走到哪里，都需要以水、暖度、氧气、辐射防护、重力和气压等形式带着地球的一部分——哦，也许还需要一把吉他。

为何要冒险出走?

所以，我们必须要问，为什么要离开地球去其他地方生活呢？当然，只是去月球或火星看看也不错。但是，如果在那里定居并且在那里生儿育女，让他们暴露在缺乏地球保护的所有风险之下，又没有充分的理由，这不是疯了吗？自己去冒险是一回事，带着全家老小去一颗小行星定居则完全是另一回事。这是反对太空定居的一个合理论据。另一个论据是，我们在地球上还有很多问题没有解决，为什么要去太空？根据世界卫生组织（WHO）的数据，在地球上，有超过 20 亿人无法获得干净的水，而为了确保少数几个到访月球的人有水喝，却要花掉这么多钱，你怎么证明其合理性呢？这在道德上似乎很难选择。有一点无论怎样强调都不过分：政府每天要为造访 ISS 的每位宇航员支付大约 750 万美元。[1]

但是，太空探索并不是造成地球苦难的原因，追求太空探索也不等于逃避和忽视地球上的问题。事实上，太空生活有助于地球上的生活。我坚信，空间科学就是地球科学，它从一开始就是我们的目标。我们在污染以及温室气体方面积累的了解来自空间观测。通信和气象卫星方面的空间技术提高了每个人的生活水平，而不仅仅是富人的生活水平。与机器人和其他机器相比，人类在太空中的存在，是造成太空活动天文价格的主要原因……目前来说是这样。

020

太空活动倡导者就为什么必须进入太空提出了不少观点，对此我大多表示反对。一种观点认为是人口问题：人口太多，资源太少。21 世纪初，世界人口超过了 70 亿大关，根据联合国的估计，到 2100 年将接近 120 亿。[2] 但无论出于何种原因，如果我们没有能力在地球以外的其他任何地方生活，那么人类再这样持续繁殖下去，最终会导致整个系统的崩溃。在最坏的情况下，事情可能在短时间内就会变得糟糕，会发生食物和水短缺，以及争夺资源的小规模战争——但人类物种不会消失。人口自然会趋于平衡从而与资源相匹配。不能将移民太空视作减少地球人口的一种手段，而应该将太空视作一个允许人口达到数万亿甚至更大规模的地方。

21 世纪可能出现的人口情况是，全球将有更多的人摆脱贫困，但是生育数量减少，全球人口增速放缓。这是目前的趋势。人口统计学家的统计数据表明，随着各地预期寿命的延长、随着妇女文化和受教育程度的提高、儿童死亡率的下降，以及科技的发展，人们不再需要一个大家庭来种植或采集食物，人口生育下降到一个稳定的人口替换水平，即平均每个妇女生育 2.33 个孩子。[3] 技术将极大改善食物分配体系，用污染更少的可再生资源取代化石燃料，将沙漠恢复成绿洲，在上面建造房屋、开垦农田。只要我们提高效率，地球就能多容纳数十亿或更多的人口。目前由人口带来的污染和饥饿问题，其最主要原因是效率低下。美国扔掉了 40% 的食物，而且浪费掉了其开采的 2/3 以上的能源。[4] 这只是一个国家。我们还有很大的改进空间。

归根结底，要解决人口过剩问题，太空移民是非常不切实际的想法。在我们拥有在太空养活数十亿人口的技术之前（这是显著减少地球人口所需的数量），其他解决方案早就出现了。但是，如果我们想要生存空间（Lebensraum），那么小行星带的资源可以养活 100 万亿人（详见第 5 章）。[5]

太空旅行狂热分子提出的另一种观点，是某种灾难（可能是天灾也可能是人祸）将会毁灭生命。这在短期内也不太可能发生。到目前为止，瘟疫无论多么可怕，都未能做到这一点。由鼠疫杆菌引起的黑死病杀死了欧洲一半以上的人口，在中国也造成了巨大灾难，但世界其他地区却得以幸免（欧洲文艺复兴的灵感，部分来自那场毁灭性瘟疫所带来的世界观的转变，尤其是在意大利的佛罗伦萨。这场瘟疫在短短 12 年里夺去了

60% 的人口，约 7 万人的生命[6]）。由欧洲人带到美洲的天花病毒，消灭了几乎所有的土著人。但是仍有一些人幸存下来。再看看其他物种，我们发现所有非人类影响和非外来天体造成的物种灭绝发生得非常缓慢，原因多来自它们进化成了一个新物种，或被大量捕食，或失去了栖息地。

的确，大规模的核战争会杀死大多数人。但也有一小部分人可以在防御严密的掩体中，或者在极地附近受核冬天影响较小的偏远地区生存下来。大气和海洋学家欧文 · 布莱恩 · 图恩（Owen Brian Toon）估计，全球核战争后，由于地球变得太黑暗太寒冷，无法维持农业，将有 90% 的人死于饥饿。难以想象的恐怖。然而地球上仍然会有 7.5 亿人生存下来。★ 即使只有 1% 的人幸存，也会留下数百万人。只有当火星已经是一个自给自足的殖民地时，它才会成为地球核灾难的避难所。而真正的自给自足（即不需要来自地球母亲的食物或工具），最乐观的估计也要几个世纪以后。没错，你必须从某个时间开始。但是现在开始建立火星殖民地的需求并不紧迫。的确，只有在技术完全允许的情况下，才更容易在火星定居；也就是说，如果 2050 年可以借助 3D 打印和人工智能技术，以我们今天无法理解的水平建造临时定居点，那么在 200 年的时间里，从 2020 年开始与从 2050 年开始相比，并不一定会让我们获得 30 年的先机。与此同

022

★ 布莱恩 · 图恩创造了“核冬天”这个术语。他向我解释说，7.5 亿这个数字是一个估值，指有多少人可依靠原始农业方式维持生活。

时，我们只能寄希望于核威胁将在今后几代人中减少。★如果不能，那么21世纪建造的依赖于地球的火星殖民地将只能惊恐地看着地球母亲被毁灭，而他们也开始数着日子走向末日，就像一只没有蜂巢的蜜蜂那样。

小行星一直持续威胁着地球上的生命。地球已经被撞击了很多次，每一次巨大撞击都导致了生命的大范围灭绝。需要知道的是，远处有一颗巨大的小行星正处在与地球碰撞的轨道上，它肯定会在未来10万年内撞上地球。但更有可能的是，在一个世纪之内，在拥有能够自我维系的太空殖民地之前，我们就已经拥有探测及消除小行星威胁的技术，而在此之前小行星也有可能偷偷溜进来，但发生的概率极低。如果真的发生了，是否意味着人类的终结？恐龙不知道如何生存下去，但人类知道。此时此刻，一些非常富有的人已经拥有地下掩体，可以在地下生存数年度过核冬天。民选官员和他们的家人也是如此。焦虑和偏执的人也在进行储备，等待世界末日善恶大决战的到来，不管这场大决战会以什么样的方式到来。在整个世界都陷入火海的情况下，他们能至少维持一年。大多数人会死亡，但也有相当一部分人会幸存下来。

有趣的是，2017年，外太空一个非常大的“物体”进入了太阳系，并与地球擦肩而过。正式代号为1I/2017 U1，绰号“奥

★ 目前地球上约有1万枚核弹头，大大少于20世纪70年代的约7万枚，这显然是一个积极的趋势。

艺术家想象的“奥陌陌”

奥陌陌是类似小行星的天体，是第一个被确认的星际闯入者。它来自一个未知的恒星系，从我们的太阳系穿过。这个独特天体是在2017年10月19日被发现的。未来的人类后代可能会在小行星内核深处构筑起保护完好的城市，乘着小行星去往其他恒星系。

陌陌”（Oumuamua），它是一块400米长的雪茄形状的石头，来自星际空间，让人想起阿瑟·C.克拉克（Arthur C. Clarke）1973年的小说《与罗摩交会》（*Rendezvous with Rama*）中神秘的外星飞船。[7]假如该天体撞上地球（当时它连接近地球都算不上），那么冲击点附近几百公里范围内的所有生命就会被烧成灰烬，造成难以想象的严重破坏，但依然不会造成人类灭绝。[8]

还有一个威胁，即气候变化，却是真实且可怕的。联合国报告指出，气候变化正在影响着每一个大陆上的每一个国家，其形式包括不断变化的天气模式、不断上升的海平面和不断增加的极端天气事件，所有这些都威胁着粮食安全和清洁用水的获取。[9]在最坏的情况下，到2100年，地球上的平均气温可能上升4℃（7.2 ℉）以上，这听起来不多，但实际上会带来一系列巨大变化。[10]极地冰盖将会融化；海平面会上升数米；密克罗尼西亚以及其他地方的小岛将被吞没；大多数沿海地区也将被淹没，无法居住。森林将变成不毛之地，林火频发，数以亿计的难民将涌到现在人口稀少的北极和南极地区寻求庇护。[11]然而，这并不是人类的末日。至于我们的太空逃亡，关键问题在于：你要有钱，而且要有个运转良好的政府来建立并维持太空定居点；但在上述灾难情况下，全球市场将陷入混乱，没人拿得出钱离开地球启动太空殖民。当地球无法帮助到你的时候，你真的想待在火星上吗？

024

因此，同样的逻辑也适用于气候变化，就跟核战争和小行星撞击一样：我们至少需要100年的时间才能拥有自我维系的太空定居点，一种即使地球毁灭也能繁荣发展的定居点。然而100年后，如果我们拥有了全体生活在太空的技术，那么我们很可能也会拥有减轻甚至逆转气候变化影响的技术，比如超级高效的太阳能电池板、核聚变和将二氧化碳变废为宝的地球工程。也就是说，如果我们有技术将火星或月球地球化，那么我们也应该有技术将地球再地球化回地球。如果我们能生活在那里——一个地球化的伊甸园或一个舒适的穹顶世界——那么我们也能以同样的方式生活在这里。在太空中有其他选择很好，但这并不是把人类从气候变化中拯救出来的必要条件。

025

对地球生命来说，一个真正现实的、不可避免的威胁很少被讨论，那就是附近伽马射线暴（Gama Ray Burst）的直接冲击。几乎每天都能探测到来自遥远星系的伽马射线暴，这些射线暴是由灾难性事件产生的，比如形成黑洞的大质量恒星的爆发，或者两颗中子星的合并。如果伽马射线暴发生在银河系内，距地球不超过7000光年，且朝向地球的方向，就可以立即消耗掉保护地球的大部分臭氧层，引发酸雨，并且由于地球的快速冷却以及杀死细菌的紫外线辐射的大量涌入，许多物种都将被毁灭。[12]可能正是伽马射线暴导致了4.4亿年前奥陶纪晚期的大灭绝（发生在使恐龙灭绝的小行星撞击地球之前很久），其间70%的海洋物种灭绝了。[13]你可以使小行星偏离轨道，但你无法阻止伽马射线暴。事实上，引起你警觉的东西——即击中太空探测器的高能光子——也正是几毫秒后杀死你的东西。短期内遭受这种打击的可能性极其罕见，但愿这能给你一些安慰。我们可以监测附近宇宙中任何即将死亡的大恒星。

2017年，著名理论物理学家史蒂芬·霍金曾说过，如果我们在100年后不离开这颗星球，人类就会灭亡。这一说法修正了他在2016年发表的言论。他当时说我们有1000年的时间来寻找新家园。[14]他列举了战争和瘟疫。这个聪明的家伙，在他2018年3月去世后，当然值得纪念。但是，以如此速度消灭人类物种的灭绝场景需要一个好莱坞式的惊悚情节，理论上是可能的，但不太可信。

026

同样，伟大的卡尔·萨根（Carl Sagan）在他的《暗淡蓝点》(*Pale Blue Dot*)一书中写道:"所有文明要么进入太空,要么灭绝。"这也不太准确。不管我们做什么,人类都会灭绝。库尔特·冯内古特(Kurt Vonnegut)在他的小说《加拉帕戈斯群岛》(*Galápagos*)中设想,我们的进化之路可能会让我们变成脑容量更小、以捕鱼为生的水生动物。作者在书中质疑了人类大脑的优势。或者更有可能的是,我们会进化成一个更高级的物种,从主观上讲,就像我们之前的直立人和海德堡人一样。100万年后,居住在周围其他星系行星上的人类后裔将不再是人类,我们在那之前很久就进化成新的物种了。

因此,尽管人类物种面临的不可否认的生存威胁徘徊在我们现世,但直接威胁仍然不太可能,无法迫使或激励人们迅速建立太空定居点。这仅仅是科幻小说里的情节和世界末日的猜测。我们真的没有冒险进入太空的迫切性。事实上也正因如此我们现在才没有在太空,当然除了我们的ISS——如果你把那称作太空的话。我们的空间站飘浮在地球上方250英里,是与月球距离的1/1000(如果你把地球想象成小学时代的地球仪,ISS就在地球仪表面几毫米高的地方——只比纽约到华盛顿特区的距离远一点点)。

然而,人类太空探索有一个不可忽视的激励因素,那就是好奇心,即探索的欲望。一部分人类被前沿事物所吸引,愿意去冒险。让我们套用攀登珠穆朗玛峰的著名登山家乔治·马洛里(George Mallory)的话,只不过把他的观点移植到一个完全不同的领域——人类最初去南极洲的原因只有一个:因为南极洲就在

地球上海拔最高的山峰——珠穆朗玛峰

登顶珠峰已成为人类终极奋斗的象征。但是没有人住在珠穆朗玛峰上。月球、火星和太阳系中的其他天体仅仅“因为它们就在那里”就成为需要征服的对象吗？人们会住在那里吗？

那里。我们去南极洲，长途跋涉到南极点，纯粹是为了挑战和好奇，而不是为了利益。直到20世纪50年代，才有许多国家出于军事原因加强了在南极洲的存在，我将其称为“冰上竞赛”，这比太空竞赛早了10年。如果利润更高的话，出现在南极洲的人会更多。但我们不能否认，最初去南极洲是出于好奇和挑战。

马洛里关于登顶珠峰的原因，来自其1923年3月18日在《纽约时报》发表的一篇文章——“因为山就在那里”。记者接着又问，以前的探险是否为登顶创造了金钱或科学价值，马洛里回答说：“第一次探险进行了非常有价值的地质调查，两次探险都进行了观察，而且收集了地质学和植物学的标本。”但是，马洛里把科学探索看作一种副产品，他接着说：“珠穆朗玛峰是世界上最高的山，还没有人到达过它的顶峰。它的存在就是一项挑战。答案是，或者一部分是，人类征服宇宙的本能或欲望。”[15]

值得注意的是，一年后，马洛里在尝试登顶的过程中遇难。又过了29年，埃德蒙·希拉里（Edmund Hillary）和丹增·诺盖（Tenzing Norgay）才在1953年成为登顶珠峰的第一人。从那时起，成千上万的登山者登上了顶峰（超过200人在尝试中死亡）。马洛里的精神鼓舞了他们，我认为它将继续鼓舞那些冒险进入太空的人。没有其他原因，就是因为太空就在那里。

028

但冒险是一回事，留下并定居又是另一回事。我们并没有住在珠穆朗玛峰的顶点。我们很可能去火星上插一面旗帜，然后离开，因为火星就在那里，挑战在召唤着我们。但是如果没有留在火星的理由，我们就不会生活在火星上。

太空生活的前奏

如前所述，要冒险进入太空，我们需要带上一部分地球，比如空气、水、食物和各种各样的保护。为准备好这次航行，研究人员正试图把太空的各种困难集中到地面实验中，有些实验是自然实验，也有些实验是极端实验。也就是说，在地面营造太空环境进行大量实验，研究人们在遥远的环境中（如南极基地），如何在寒冷、封闭或孤立的情况下执行任务和相互交流。

029

南极洲的发现和随后的探索，能够在很大程度上反映我们冒险进入太空时所预期的情况。早在 2000 多年前，亚里士多德和其他人就已经推测出南极这片冰封大陆的存在。他们的推测仅仅基于地球的对称性，以及南半球一定有类似于北半球的陆地的假设。在接下来的 1000 年里，“未知的南方大陆”（Terra Australis Incognita）就像它的名字一样让探险家们痴迷不已。亚里士多德在这方面很幸运。陆地并不是对称分布的，但南极洲却在“下面”等待着被发现。1773 年和 1774 年，詹姆斯·库克（James Cook）距离成功又近了一步，他的船进入南极圈，看到了岛屿。南极大陆通常被认为是费比安·戈特利布·塔迪厄斯·冯·别林斯高晋（Fabian Gottlieb Thaddeus von Bellingshausen）——一名具有德国血统的俄罗斯海军军官，于 1821 年发现的[尽管英国的爱德华·布兰斯菲尔德（Edward Bransfield）和美国的纳撒尼尔·帕尔默（Nathaniel Palmer）可能分别于 1820 年发现过这片大陆]。

早期基于海洋的探险很快就跟上了，整个南极大陆的地图在 19 世纪末基本上就被绘制出来。随后在 1897~1917 年，南极探险进入了英雄时代。在这段时期，人们绘制出了南极内陆地区的地图，并到达了南极的磁极和地磁极。我们之所以称之为“英雄”，是因为许多探险家都牺牲了，包括罗伯特·法尔肯·斯科特（Robert Falcon Scott）领导的著名探险队。1911 年，在罗尔德·阿蒙森（Roald Amundsen）到达南极的 33 天后，斯科特在返回途中去世。这一时代以欧内斯特·沙克尔顿（Ernest

Shackleton）试图首次横越南极大陆的尝试而告终，这次尝试虽然未能成功，但却用沙克尔顿团队的英雄壮举以及活着回来，成功激励了下一代探险家。

030

在接下来的40年里，在诸如空中飞行和医疗耐用设备等新技术允许建立永久性科学基地之前，探险活动非常少，间隔也很长。首先，对南极探索更持久的回归计划是由于地缘政治。德国和其他许多国家一样，在20世纪初探索过南极洲，希望建一个捕鲸站来获取鲸油，用于生产人造黄油、润滑剂和甘油（用于制造硝酸甘油）。那是1939年，战争即将爆发。德国开辟了一个他们称之为新斯瓦比亚（New Swabia）的地区。[16]这些计划没有持续多久，捕鲸站也没有建立起来。但是这一举动——加上德国与阿根廷的亲密关系，阿根廷靠近南极洲——让英国人感到不安。1943年，英国人发起了"塔巴林计划"（Operation Tabarin），在南极洲建立了一个庞大的永久性基地。这反过来又在"二战"后引发了一场土地争夺战，或称冰上竞赛。不到10年的时间，邻近的智利和阿根廷建立了基地，苏联、挪威、瑞典、法国和美国也都建立了基地。

冰上活动在升温。到1959年，已经有十几个国家提出了土地主权要求，只是为了参与其中，甚至没人知道这是一场什么游戏。南极洲有什么好处？没人清楚。经过几十年的勘探，发现了矿藏和其他有价值的资源，如煤和石油。但是，严酷的气候环境以及与全球市场遥远的距离，使这些资源变得昂贵、危险，从而不适于开采。

尽管如此，在冷战前夕，土地就意味着权力，紧张局势开始蔓延。由于以前是欧洲的殖民地，智利和阿根廷对北半球国家的主权要求尤其感到恼火。南美洲的顶端距南极洲只有1200公里，其与南极洲的距离大约是到新西兰或澳大利亚距离的1/5。不同寻常的是，也许是考虑到潜在的冲突，在南极洲有重要利益的12个国家在1959年签署了《南极条约》（Antarctic Treaty）。该条约禁止在南极洲进行军事活动，并将南极洲划为科学保护区。截至2015年，已有50多个国家签署了该条约。[17]

031

你可能已经注意到，南极洲和月球间的相似性太多：遥远、环境恶劣、资源丰富、一个天然的实验室。如果一个国家设法在那里插上一面旗帜，建立一个基地或定居点，就会成为民族自豪感的源泉。从人类第一次踏足南极洲到建立永久性基地，大约用了50年。而且，你瞧，从人类第一次踏上月球到计划永久返回月球，也是用了50年。

现在还不清楚人们什么时候第一次意识到南极洲和月球之间的相似之处，但前者无疑为后者提供了一个模板。与《南极条约》类似的是《外层空间条约》（Outer Space Treaty），其正式的名称是《关于各国探索利用包括月球和其他天体在内的外层空间活动的原则条约》（Treaty on Principles Governing the Activities of States in the Exploration and Use of Outer Space, Including the Moon and Other Celestial Bodies）。该条约是在月球竞赛过程中制定的。当时各国都在担心会出现一场脱缰式的（月球）圈地，或者更糟糕，在月球上建立军事基地。《外层空间条约》第二条规定:“外层空间，包括月球和其他天体，不受国家主权要求以及使用或占领或任何其他手段的支配。”[18] 从本质上讲,《外层空间条约》为月球像南极洲一样成为一个巨大的科学实验室奠定了基础(后面我将讨论为什么一些人认为该条约阻碍了太空商业化)。我们完全有理由相信，至少在开始阶段，在月球工作将跟在南极洲工作完全一样。甚至还会出现旅游业。正因如此，南极洲成了月球和太空探索的试验田。下面让我们更仔细地研究一下。

032

冰上生活

南极洲是地球上最后一块尚未被开垦的大陆。没错，有人在那里生活，在几乎没有阳光的冬季有 1000 人左右，夏季 4000 人左右，12 月到来年 2 月之间达到高峰。但是没有永久居民。有些人会待上一两年，在几乎或完全黑暗的 6 个月的时间里维持科学基地。然后他们就会回家。在过去几十年，有数个国家在南极建立了捕鱼定居点。这些定居点也不是一直有人居住。根据《韦氏词典》(*Merriam-Webster*)的定义，只有当南极洲有“一群人生活在新的领地上，但仍与母国保持联系”，南极洲才有可能成为“殖民地”。但没有人在那里养家糊口。在我看来，相较于科学前哨站或工作场所,“家庭”这个概念是对殖民地更完整的定义。在我的书中，殖民就是建立一个社区，成年人可以在那里生活、工作、养家糊口，说得很直白。

我跟大家说一说阿根廷和智利是如何对外宣布对南极洲拥有殖民权的。这件事可能不重要。为了确保他们对南极洲土地的权利，两国在南极大陆各建立了一个民用基地，这是非民用科学前哨站中唯一的两个民用基地。智利人将他们的基地［星星别墅（Villa Las Estrellas）］称为城镇。智利人可能会在那里过冬，维持附近的非民用科学基地，但他们在那不会停留超过几年。1977 年，阿根廷在埃斯佩兰萨站（Esperanza Base）安置了五个家庭；1978 年，埃米利奥 · 帕尔马（Emilio Palma）成为在南极大陆出生的第一人。该“殖民地”更多的是噱头或白日梦，033而非现实。它很快就解散了。南极洲还有八座教堂：四座天主教教堂，三座东正教教堂，一座无教派基督教教堂。然而，牧师和其他工作人员一样，只待一两年。

谁会去南极洲？这些人与去往月球的人是同一类型：科学家、工程师，以及寻求冒险或逃避的穷光蛋，还有富有的游客。有些会待上几个月，有些会待上几年维持基地。大约有 30 个国家在南极洲拥有 70 个科考站，其中 45 个全年运行。到目前为止，最大的是美国主导的麦克默多站（McMurdo Station），夏季约有 1200 人，冬季约有 250 人。南极大陆上的科学研究从天文学到动物学都有。在南极洲进行的一些实验，在地球上其他任何地方都无法进行得那么好。在这些科考站中包括冰立方中微子观测站（IceCube Neutrino Observatory），它可以观测到称作中微子的几乎没有质量的基本粒子。人们在这些粒子穿过南极 1000 米厚的纯冰时对其进行观测。另外，通过分析深埋在冰层中的二氧化碳和其他分子，我们还可以研究地球将近 100 万年前的气候。沃斯托克湖（Lake Vostok）是一个极其诱人的地方。这是一处位于地球最寒冷地区 4000 米厚冰层下的液态湖泊。科学家曾尝试采集湖水，他们在水样中发现了生命存在的证据，但也有可能是样品受到了钻头上细菌的污染。沃斯托克湖已经冰封了数百万年，可能就像木星的卫星木卫二（Europa，欧罗巴）和土星的卫星土卫二（Enceladus，恩克拉多斯）上被冰层覆盖的海洋一样。如果冰层下面有生命，那么在这些卫星上存在生命的可能性也会增加。

034

南极洲也是最容易找到火星陨石的地方，因为那里一切都是白色的，深色的火星陨石很容易被发现。其中一颗陨石叫艾伦·希尔斯 84001（Allan Hills 84001），它所包含的结构看起来像是微小的外星人化石，但大多数科学家认为相关证据并不令人信服。

2014 年 4 月，南极研究科学委员会（Scientific Committee on Antarctic Research）召集了来自 22 个国家的数十名科学家和决策者，为未来几十年的南极研究确定优先事项。该小组确定了 6 个优先事项，包括气候学和天文学。[19]冰上科学的一个自然副产品，就是提高了人们对极端环境下生活、工作的认识水平，而这些知识可直接应用于在月球和更远地方的生活。想想那些冬季在阿蒙森－斯科特站（Amundsen–Scott South Pole Station）工作的 50 位强者的生活吧。太阳在 3 月 22 日左右下山，一直到 9 月 21 日才会再次升起。在这段时间里，没有人来，也没有人走。从 2

月中旬到 10 月下旬，没有飞机，因此物资无法空运进来；天气实在太恶劣了，无法飞行。气温下降到接近 −73℃（−100 ℉）。狂风撕扯着为避免被积雪掩埋而抬高的南极基地。在户外工作，尤其是在黑暗的冬季，需要的装备又厚又笨重，就像穿着宇航服一样。

南极设施内的生活可以很舒适，但在漫长的冬季有点单调。阿蒙森－斯科特站的越冬人员相对较多，这有助于保持站内的活力。俄罗斯人管理的东方站（Vostok），在冬天只剩下 13 人。挪威的托尔站（Troll）只有 6 名骨干成员。这些都是“火星任务”式的人数。在这种令人难以忘怀的隔离状态下保持礼貌和工作效率，可以学到很多东西。有互联网是一件幸事，但连接可能既慢又不可靠。

保持情绪高涨的一个要素是食物，尤其是新鲜食物。我在 2005 年为国际劳工组织撰写的有关工作场所膳食计划的书中，描述了麦克默多站的餐饮服务。[20] 和其他南极基地一样，新鲜食物是在 11 月至次年 2 月的夏季高峰期，大多是从新西兰空运到麦克默多站的。生活是美好的。这里的食物美味而且免费。因为管理层明白，在偏远的工作场所吃上一顿好饭可以鼓舞士气，这是他们从世界各偏远地区采矿作业中学到的经验。然而，在冬天供应新鲜食物却相当困难。至少有 7 个月的时间，新鲜食物无法送达。冬季，工作人员必须依靠干制、罐装以及冷冻食品生存。这类食物往往缺乏新鲜蔬菜那种脆生生的口感，缺乏一种心理上的愉悦。

菲尔·萨德勒（Phil Sadler）是一名机械操作工，也是一位“万事通”，拥有植物学背景。20 世纪 90 年代，他开始在麦克默多站进行室内水培温室试验，为站里提供新鲜食物。水培温室最后发展成为一间 200 平方米的温室，在隆冬季节每月可生产超过 145 千克的食物，如绿叶蔬菜、西红柿、黄瓜、草莓和甜瓜，所有这些食物都是在 LED 灯下种植的。该温室一直维持到 2013 年。那年，美国国家科学基金会（National Science Foundation）开通了飞往麦克默多站的冬季航班，新鲜食物可以空运进来，对温室的需求也就不存在了。阿蒙森 – 斯科特站仍然有一间温室，确切地说是一间生长室，完全依靠人工照明，而不是太阳光。这间温室也是萨德勒建立的，然后他与亚利桑那大学受控环境农业中心（Controlled Environment Agriculture Center，CEAC）的同事进行了拓展。《南极条约》禁止进口土壤，因此所有植物都是水培的。不管怎样，水培法是一种可在有限空间内种植各种蔬菜水果的很不错的系统，前提是要有足够的能源来提供照明。

萨德勒生机勃勃的温室试验，最初是用一些边角料完成的。这些试验在世界上最恶劣的环境中取得了巨大成功，因此萨德勒和其他研究人员正在为地球其他边远地区开发自动化系统——显然也考虑到了太空。萨德勒和受控环境农业中心已经有了一个成熟的月球 – 火星温室原型，可以生产 1000 千卡的热量和一个人每天所需的氧气。这部分内容我将在第 4 章详细讨论。也是在南极，德国人安装了一间船运集装箱大小的生长室，在人工照明下种植植物，不需要土壤。由欧洲发起的这项

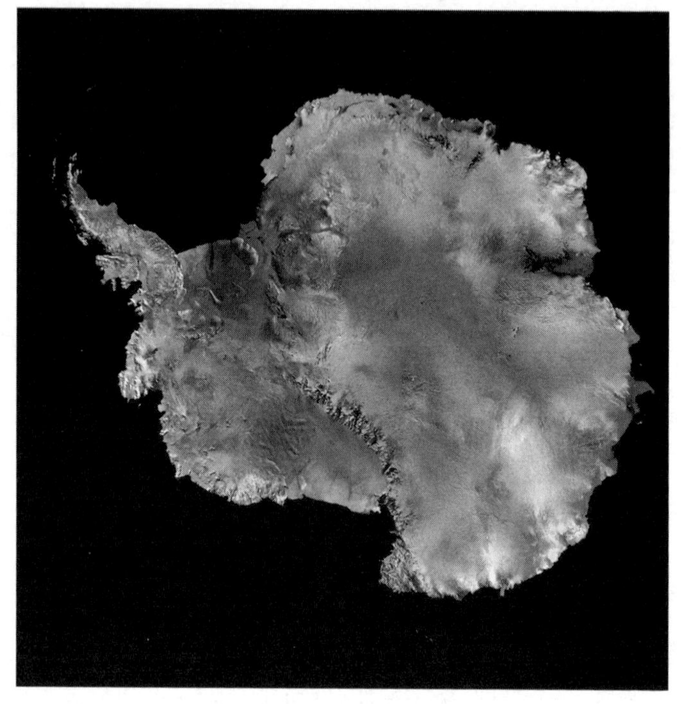

从太空看到的南极洲

这片冰雪覆盖的大陆，其面积几乎是澳大利亚的两倍，但居民不到4000人，而且都是临时的。火星更冷，更干燥，而且缺乏可供呼吸的氧气和合适的气压。人类会不顾挑战，选择在火星定居吗?

计划由阿尔弗雷德·韦格纳研究所（Alfred Wegener Institute）的亥姆霍兹极地与海洋研究中心（Helmholtz Centre for Polar and Marine Research）领导。2018年1月，用于太空安全食物生产的植物栽培技术地面示范实验室（Ground Demonstration of Plant Cultivation Technologies for Safe Food Production in Space，EDEN

ISS）被送往德国诺伊迈尔 3 号站（Neumayer III），作为在沙漠、地球低温地区以及未来人类登陆月球和火星任务中种植作物的试验田。到 2018 年 8 月，在南极的隆冬季节，这个示范实验室每周可生产几千克西红柿、黄瓜、甘蓝、萝卜和其他蔬菜，供那里的 10 名工作人员食用——相当于大约每周每人一份沙拉，或满足大约 10% 的热量需求。也出现过一些问题，比如风暴导致电力中断并损坏了一部分系统。但站里的工作人员对它们进行了修复。在火星上也要做这样的工作。[21]

最早将于 2030 年建立起来的月球科考站，看上去会跟南极的一样：那些从事天文、太阳物理、地质和材料科学研究的无畏的研究人员，为商业开发和最终的旅游业奠定了基础。他们将尽量减少户外活动时间，主要工作和生活在狭窄的栖息地，食物从地球运来，辅以在人工照明的月球温室里种植的蔬菜。水将从月球当地的资源中获取。工作人员可能会在那里待上几个月到几年。巧合的是，建立月球基地的最佳地点之一将是月球的南极（我将在第 4 章关于月球的内容里对此进行详细叙述）。

037

海底生活

038

尽管南极洲的环境恶劣，但这片冰封的大陆仍然有一样东西是月球和火星所没有的，那就是空气。当我们进入太空时，我们需要携带空气，或者以其他方式制造空气——不仅是为了呼吸，也是为了给宇航服加压。这是生活在地球之外的另一项挑战。

然而，地球上有一个地方与深空完全一样。这是一个脱离尘世的环境，完全黑暗，低温，异常的环境压力，没有自然供应的可供呼吸的氧气，狭窄的空间，令人恐惧的与世隔绝，与其他任何人联系的能力有限——在这里你和其他艇员要自己发电供照明和设备使用，自己制造供呼吸的空气和供饮用的水，并且要保持食物供应的完善。我所指的环境就在地球海洋深处的核潜艇上。

核潜艇上的生活是最接近在月球、另一颗行星或太空航行生活的例子。核潜艇上的人们一直与四周的恶劣环境进行着生死搏斗。这样说一点也不夸张。这是一种痛苦的、让人心惊胆战的生活。任何一次事故——火灾、失压、船体泄漏、气体泄漏——都可能导致全体艇员死亡。发生在海底一英里处的灾难如同发生在太空数百万英里处的灾难一样神秘莫测。

第一艘核潜艇的设计者肯定没有考虑过太空定居的问题，但这些潜艇包含了太空生活所需要的所有技术。通过这些技术的使用，我们学会了如何在一个完全人工、自给自足的环境中生活。事实上，这些潜艇是有史以来最为复杂的工程杰作之一。039它们的核心是一台结构紧凑的核发动机，在不添加燃料的情况下可为潜艇及其所有子系统的运转提供 25 年的动力。第一艘核潜艇是 1954 年命名的美国海军“鹦鹉螺号”（Nautilus）核潜艇，可以用 4 千克核燃料航行 10 万千米，相当于环绕地球 2.5 圈。美国海军“宾夕法尼亚号”（Pennsylvania）是目前服役的最大的核潜艇之一，它可以将17000吨重的钢架船体加速到45千米/小时以上，且仅用拳头大小的铀块就可为这艘170米长的核潜艇上的无数机器设备提供数年的动力。[22]一次航行通常持续3个月，基本上都在水下。这艘潜艇重新浮出水面只是为了补充食物或让艇员见见家人。

NASA正在研究核潜艇的设计，目的是探索木卫二上被冰覆盖的海洋，以及土卫六上的碳氢化合物湖泊。这些任务可能几十年后才能实现。仅仅是核裂变所提供的燃料效率，就会促使航天机构考虑应当采取什么样的类似方式为月球和火星基地提供廉价可靠的动力。在尘土飞扬的火星上获取可靠、丰富的太阳能依然是个问题，我们将在第6章进行详细阐述。而在火星之外，从遥远的太阳那里获取太阳能是很不现实的，只有核裂变才是最有可能的燃料来源（除非研发出核聚变发动机）。

然而，从核潜艇学到的更重要的一课不是能源，而是如何利用能源：在不利于人类生活的环境中创造出一个自给自足的人工“地球”。在水下或太空生活的第一个要求是生成氧气。拥有150名艇员的潜艇，每人每天至少需要550升氧气。如果没有氧气发生器，潜艇内的氧气7天就会用完。[23]在核潜艇上，珍贵氧气的来源之一就是周围的海水。每个水分子（H_2O）包含2个氢原子（H）和1个氧原子（O）。采用电解的方法，机器将电流加到蒸馏过的海水中从而产生氧气（O_2），并将氢气（H_2）释放回海洋。这个过程或许模拟了在月球和其他地方从水冰沉积物中提取氧气的过程。

当然，产生氧气只是第一步。我们吸入氧气，但呼出二氧化碳（CO_2）。潜艇必须在空气中的二氧化碳含量上升到有毒水平之前将其清除。由于没有植物可以自然吸收二氧化碳，只能用一台机器让气体通过单乙醇胺（一种分子式为 $HOCH_2CH_2NH_2$ 的有机化合物）水溶液，“去除”空气中的二氧化碳（顺便说一句，不要陷到化学里，但要注意分子式里的 N，N 代表氮。美国海军表示，核潜艇上的空气比你在陆地上呼吸到的空气更干净，但这只说对了一半。没错，那里的氧气相当纯。但是任何一位经验丰富的潜艇人员都会告诉你，潜艇上弥漫着有机胺一样的恶臭。这是在滤除二氧化碳的过程中由氮生成的东西）。另外，我们还会呼出水蒸气，必须在封闭系统里用除湿器将其去除。而机器们也在呼气。炉灶会产生少量的一氧化碳（CO），即使微量的一氧化碳也是有毒的。而电池会释放氢气。这两种气体都需要过滤、收集并燃烧掉。

NASA 曾经花了好几年时间模仿美国海军设计的空气回收模块，并将该技术发展到了一个新高度，现在是美国海军回过头来请 NASA 帮助他们改善潜艇的空气质量，主要是实验各种去除二氧化碳的方法。[24] 植物可以帮助吸收二氧化碳，产生氧气。但在潜艇或太空栖息地这样的封闭系统中，每人需要几百株植物才能复制这种自然循环。而且在室内种植植物需要电力照明，因此还是电解水更可靠，所需能量更少。植物最多作为机械空气交换的补充，减少点气味，增加点氧气。

041

潜艇上的饮用水也来自海水，通过高能耗海水淡化过程获得。当潜艇从水面潜至半英里深的巡航深度时，也需要能量来保持 1 个大气压的恒定气压。这种压力调节在某种程度上与飞机和太空所需要的压力调节正好相反，太空天体上的压力很小或没有压力。以海平面为例，地球大气层的全部重量都压在我们身上，压力约为 15 磅力 / 英寸 ^{2}（PSi）。我们把这个量称作 1 个大气压，这样用起来很方便。在珠穆朗玛峰的顶部，气压只有 5 磅力 / 英寸 ^{2}，即 1/3 个大气压，因为压在你身上的空气变少了。

火星上的气压大约为 0.09 磅力 / 英寸 ^{2}，因为那里几乎没有空气；在月球上，气压基本上为 0。但是你一旦到了水下，水和空气的压力都压在了你身上。水深每增加 10 米，压力就增加 1 个大气压。所以，在半英里或 800 米深的地方，压力高达 80 个大气压。出了潜艇的安全范围，你会立刻被碾碎。潜艇由双壳系统保持恒定压力，包括外部防水船体和内部耐压船体，全部用坚韧的钢或钛制成。人们用一个可保持各种空气量或水量的先进压载系统来防止船体被压缩变形。

核潜艇很先进，同时也是危险的野兽。危险不仅潜伏在寒冷黑暗的海洋深处，也潜伏在潜艇内部。毕竟，大多数核潜艇是武装到牙齿的战争机器。火很容易引发爆炸，把潜艇炸开。2000 年 8 月 12 日，一艘叫“库尔斯克号”（Kursk）的俄罗斯潜艇就遭遇了这样的悲剧：过氧化氢泄漏引发了一系列的弹头爆炸，随后煤油被点燃，引起的大火将潜艇撕裂。118 名艇员中的大多数在最初的爆炸中就已丧生，还有 23 名艇员显然在潜艇的

042

另一端存活了几小时，直到又一次爆炸耗尽了剩余的所有氧气，使他们窒息而死。

航天机构从潜艇人员的生存和死亡中吸取了经验教训。俄罗斯政府对“库尔斯克号”灾难的调查报告，几年后发表在俄罗斯官方日报《俄罗斯报》(*Rossiyskaya Gazeta*)上，披露了“各级指挥部门令人震惊的疏忽、违纪行为，以及劣质、陈旧并且维护不善的设备”[25]。也就是说，这次事故完全可以避免。在这方面，NASA 对 ISS 工作场所的安全采取了军事化的管理方式，即每天要进行超过一小时的例行安全检查。在“库尔斯克号”事故发生后不久，即从 2002 年起，NASA 正式与美国海军合作，开展 NASA/ 海军标准化交流，其中包括来自 NASA 安全与任务保证办公室（Office of Safety and Mission Assurance，OSMA）以及海军 07Q 潜艇安全与质量保证处（07Q Submarine Safety and Quality Assurance Division，SUBSAFE）的高级代表。该小组确定了 NASA 从 SUBSAFE 的成功经验中获益的多个项目。[26]如果致命事故可以发生在地球上，可以发生在海底，那么它也可以发生在太空。

航天机构对潜艇上的生活安排也非常感兴趣，因为太空生活，至少在早期，也是十分拥挤闭塞的，也有可能造成心理焦虑。潜艇的保密性要求更高，他们称其为“沉默舰队”。核潜艇要对全球范围的监视网隐身，因此艇员不能给家里打电话，也不能像 ISS 上的宇航员那样与亲人或好奇的学童视频聊天。在执行任务的第一天，当你走进其中一艘潜艇，听到身后的舱

043

门关闭，一种幽闭恐惧症的感觉可能会瞬间袭来。美国海军的“宾夕法尼亚号”可能是世界上最大的核潜艇，长 170 米（大约两个足球场的长度），但宽度只有 13 米，龙骨深度 12 米。那里没有窗户，只有朦胧的人工照明引导你穿过迷宫般的狭窄通道，从地板到天花板布满似乎永无尽头的金属配件、管道和电线——非常原始，就像一个未完工的建筑项目。几乎所有东西都是灰色的，像是专为压力训练而设。机器间里发出持续不断的嗡嗡声，润滑油和柴油的气味与无处不在的胺的气味混合在一起，形成了独特的“苏马林水下香水”（eau de sous-marin）。净空低，不到 6 英尺——最好不要太高。日复一日都是同样的面孔。睡觉的床铺是三层的，9 个人住在一间比牢房还小的房间里。没有太阳来指引你的生物钟，你可能要等上 90 天才能再次见到阳光。

正如在南极洲所见，用餐可以提升士气。美国潜艇艇员声称，到目前为止，他们的餐食是美国海军中最好的。除此之外，美妙单调乏味的日常工作，以及对“库尔斯克号”悲剧的记忆，让艇员们保持了继续工作下去的动力：向站点报告，检查机器，进行维护、清洁，从床上跳起来完成突击演习，训练，体能锻炼，从床上跳起来完成另一次突击演习，吃饭，睡觉，不断重复。新手要取得大量任职资格才能成为一名潜艇专业人员，才能“赢得海豚勋章”。海豚勋章是一种制服胸针，是三大主要服役作战勋章中的一种。赢得海豚勋章在美国海军可是一件大事。 044

让潜艇艇员保持头脑清醒的还有一个因素是他们强烈的使命感，

即控制一部能够发动核打击、行动隐秘的战争机器所产生的令人敬畏的责任感。

潜艇艇员经常哀叹他们没有窗户。要安装承受巨大压力的窗户实在太难了，而且起不了什么作用，因为1000米以下的海洋中根本没有光。但他们的抱怨成为ISS安装窗户的主要原因，这对宇航员来说主要是一种慰藉。

美国海军研究了潜艇艇员的心理健康状况，发现拥挤的环境会导致睡眠不良、易怒、抑郁。这并不令人意外。创造一种空间更大的假象，拥有更整洁的娱乐场所，比如食堂和卧铺，可以提高幸福感。[27]对潜艇艇员来说，一次出海的时间很少超过3个月。拥挤的火星之旅预计将持续9个月，然后要在狭窄的栖息地度过两年，再然后是拥挤的长达9个月的回家之旅。乘员小组会出现什么样的状况？NASA与美国海军在康涅狄格州格罗顿的潜艇基地启动了一个项目，试图找出答案，详见下文。[28]

显微镜下的生活

幽居症。监狱狂人。人类越是封闭和孤立，就越容易出现行为问题或精神障碍。据说，阿根廷南极洲布朗海军上将站（Almirante Brown）的一名医生在1984年为了避免在那里再过一个冬天，一把火烧了科考站，差点置自己和同伴于死地。[29]在去往火星的长途旅行中，这种情况会如何演变呢？你肯定能想到《阿波罗13号》（*Apollo 13*）与《闪灵》（*The Shining*）中的噩梦场景。这种恐惧是真实存在的，而且有的人认为，这是我们探索太阳系深处的一个致命障碍，因为这个问题在太空中可能会加剧。太空中缺少重力会影响睡眠，会让宇航员更加暴躁。在任何一个“夜晚”，宇航员的踏实睡眠通常都不会超过 6 小时。美国和俄罗斯的航天机构都注意到，ISS 和“和平号”空间站（Space Station Mir）上的宇航员有明显的幽居症症状。已经有宇航员“心理封闭”的案例记录了。在这些案例中，病人有选择地与一两个任务控制人员互动，而不理睬其他人，就好像他们是敌人一样。[30] 关于俄罗斯人在“和平号”和“礼炮号”（Salyut）任务期间发生的传言很难证实，但其中的奇闻逸事包括：宇航员故意一连数日关闭无线电通信，令人不安地梦见自己牙痛或得了阑尾炎，在不是完全安全的情况下冲动地冲出空间站。[31] 据报道，宇航员瓦连京 · 维塔利耶维奇 · 列别杰夫（Valentin Vitalyevich Lebedev）和阿纳托利 · 别列佐沃弗（Anatoly Berezovoy）在其“礼炮号”飞船 211 天的飞行中，大部分时间都在沉默中度过，因为他们都无法忍受对方。[32]

为了解宇航员在此类航行中及随后遥远世界的营地中如何互动，并就此做出相应的改进，NASA 创造了被称为模拟物的人工环境，以模拟预期的旅程。简而言之，研究人员像研究笼子里的实验动物一样研究志愿者。其中一个这样的“笼子”被称为人类探索研究模拟项目（Human Exploration Research Analog，HERA，赫拉），一个大约两居室公寓大小的太空舱，位于休斯敦约翰逊航天中心（Johnson Space Center，JSC）的一个普通仓

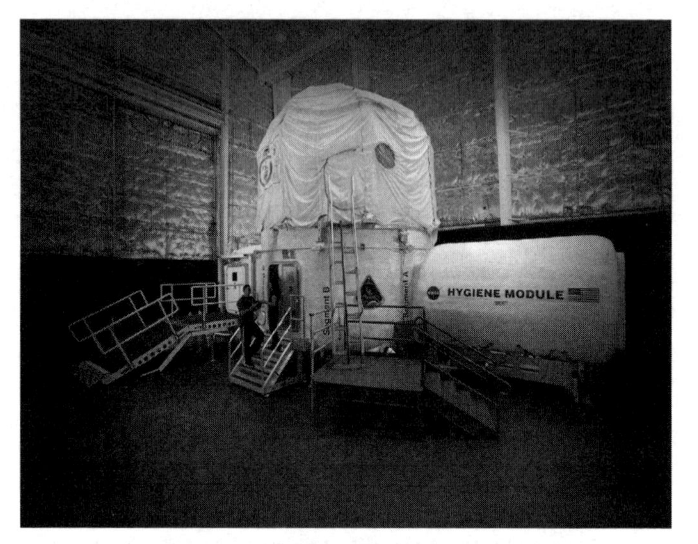

NASA 的人类探索研究模拟项目（HERA）

“赫拉”位于得克萨斯州休斯敦的约翰逊航天中心的一个仓库里，由一个中央核心实验室舱段及一个与之相连的用作生活区的第二层和第三层组成。付费参与者每次在这个单元里住上几个月，模拟火星或小行星之旅。

库里。4 名志愿者大部分互不相识，每次在“赫拉”栖息地 / 飞船上居住和工作 45 天，有时更长。他们不能离开，除非要完成一次“太空行走”，那里甚至还有一个气闸。在志愿者执行“任务”时，NASA 的研究人员收集他们的视频和音频记录，有时还会把磁带送到位于格罗顿的海军潜艇实验室，利用海军跟踪潜艇艇员行为的专业知识来分析志愿者的行为。

听起来有点像电视真人秀。具有讽刺意味的是，这类真人秀电视节目并不真实，而“赫拉”实验却是精心设计的，以便在休斯敦尽可能逼真地模拟真实的火星之旅。任何有“戏剧成分”的潜在参与者都会被果断拒绝，决不会因其娱乐价值而被选中。潜在参与者从普通人中选拔；但是像所有宇航员一样，他们必须是健康的；要有一个好的身体，体质指数要小于 29，理想身高低于 74 英寸；视力要能矫正到 20/20★，而且没有梦游史；必须拥有工程学、生物科学、物理科学或数学方面的至少一个硕士学位。有了这些基本资质，你就可以登记，申请在“赫拉”里待上 45 天，以每小时 10 美元的酬劳昼夜不停地做一些普通的工作，比如虚拟维护检查、假装太空行走，甚至驾驶静止不动的“赫拉飞船”。你在固定自行车上锻炼，吃冻干食物，有时每晚只睡 5 小时，只允许给家人和朋友打简短的、计划好的、有延迟的电话。NASA 有时也会制造一些紧急情况，让你在紧急情况下驾驶一两次飞船。一个不错的工作，收入比最低工资高一点点。

NASA 每年都要实施几次“赫拉”实验。他们可能会模拟在小行星上着陆，也有可能模拟一次火星之旅。工程、医疗和团队任务将模拟真实任务中可能发生的情况。我们已经从“赫拉”项目学到了很多东西。例如，NASA 的研究人员已经找到通过全天调节灯光来改善睡眠和行为表现的方法。并通过改进栖息地的设计——即同样的空间、不同的布局——减少幽闭恐惧症的

★ 英制视力表示法，代表站在距离物体 20 英尺处可以看清物体的视力，即正常人的平均视力。换算为我们常用的小数表示法即 1.0 的视力。——译注

感觉。

“赫拉”只是 NASA 及其国际合作伙伴的十几个模拟项目中的一个，其中每个项目模拟太空生活的某一个方面。还有 NASA 极端环境任务行动（NASA Extreme Environment Mission Operations，NEEMO），该项目的“水下作业员”要在佛罗里达海岸附近的水下生活、工作一个月，模拟其他行星及其卫星上的低重力环境。他们穿着特殊的衣服在水下行走，收集土壤样本，测试工具和其他设备，然后返回他们的水下基地“宝瓶号”（Aquarius）。“宝瓶号”与 ISS 生活区的大小差不多，放置在水下 60 英尺的地方。由欧洲航天局（European Space Agency，ESA）领导的南极康科迪亚站（Concordia），是世界上最为偏远的基地，就距离来说比 ISS 还要远。康科迪亚站主持了一些项目，测试在 6 个月的冬季不可能撤离的情况下，在寒冷的隔绝环境中工作的效果。NASA 主导的称作 VaPER 的卧床休息研究，让志愿者花 30 天时间躺在头向下倾斜 6 度的床上，并且呼吸含有 0.5% 二氧化碳的空气（该二氧化碳含量是常规空气的 10 倍），模拟高二氧化碳环境及超流体压力对眼睛和视神经的影响。这些正是宇航员在太空驻地所要经历的东西。这些都是志愿者和研究人员必须忍受的极端情况，撤走地球上环绕我们的舒适感。

由 NASA 资助的另一个模拟项目 HI-SEAS 也值得一提。HI-SEAS 一词从夏威夷太空探索模拟与仿真（Hawaii Space Exploration Analog and Simulation）缩写而来。这是打了类固醇的“赫拉”升级版，专注于火星生活。HI-SEAS 栖息地位于夏威夷岛莫纳罗亚火山上贫瘠、干旱、高海拔、类似于火星的地方。那里可不是什么天堂。基地紧邻一串曾喷发过火山灰和熔岩的火山锥。悬崖上几乎没有植被，也没有任何生命迹象。由破碎玄武岩构成的富铁土壤，在质地和生锈的颜色上都很像火星。事实上，NASA 还出口同一山坡上采集的粉碎的熔岩，用于测试在类火星条件下机动车的机动情况和蔬菜种植情况。NASA 的天体生物学家克里斯托弗 · 麦凯（Christopher McKay）指出，莫纳罗亚火山的确是一处与火星条件很相像的地方。

HI-SEAS 穹顶单元大约有 13000 立方英尺（370 立方米）的居住空间，大致相当于 24 英尺 ×24 英尺 ×24 英尺的体积，由一层和阁楼组成，两层的可用面积加起来约 1200 平方英尺。不是很宽敞。在穹顶内生活和工作的 6 名任务成员（有男有女）模拟在火星上执行任务。他们每天穿着笨重的加压服外出采集样本，进行科学实验，就像在火星上一样；他们要照料太阳能电池板；每天大部分时间在室内做实验；很少吃到开胃食物；等等。每名任务成员在阁楼层配有一个小小的私人睡眠区。他们共享一个公共区域，有厨房、厕所、淋浴、锻炼区、实验室、模拟气闸，还有一个类似于玄关的地方。[33] 与外界的任何通信都要延迟 20 分钟，以模拟在地球和火星之间发送无线电波往返所需的平均时间。与“赫拉”一样，NASA 希望从压力管理、问题处理和士气方面了解任务成员的动态。

NASA 与康奈尔大学、夏威夷大学马诺阿分校合作，已经实施了多项 HI-SEAS 任务。第一项任务 HI-SEAS 1 号于 2013

年启动，由 6 名成员组成。他们被隔离了 4 个月，主要进行食物准备。具体来说，他们对预先包装好的“即食”食品与任务成员利用耐储存、大包装原料制作的食品进行了比较。按照 NASA 人类研究计划路线图（Human Research Program Roadmap）的定义，这是为了解决所谓的认知差距。然而，一些国会议员认为这个项目是在浪费钱。为什么要把他们关在夏威夷的山顶上进行品尝味道的实验呢？他们问道。谁也给不出一个很好的答案，但根据 HI-SEAS 1 号任务成员——指挥官安吉洛 · 韦尔默朗（Angelo Vermeulen）的反馈，我们确实知道一种叫作“功夫鸡”的食品是最不受欢迎的预制食品。[34]

050

HI-SEAS 2 号也持续了 4 个月，目的是检查团队里的技术、社会以及任务角色如何随时间变化而变化，以及任务角色如何影响任务的实施。[35] 通过这项任务，人们确立了各种例行工作的内容，包括食物准备、锻炼和科学研究，根据 NASA 行星探测预期标准进行野外地质调查，测试设备，以及跟踪食物、电力和水等资源的利用情况。HI-SEAS 3 号将停留时间延长到 8 个月，而 HI-SEAS 4 号则持续了整整一年。任务仍在继续，每项任务都会调整生活安排以减少压力，同时为了完善火星之旅也在进行着一些新的实验。例如在 HI-SEAS 2 号任务期间，没有受过正规医学训练的任务成员成功运用 3D 打印方式打印出热塑手术器械，并且完成了模拟外科手术任务。[36] 在 HI-SEAS 3 号任务中，任务成员使用了一种叫作虚拟空间站的东西，这是一套通过计算机运行的交互式的心理训练和治疗程序，以一种私密方式自我诊疗初发的压力或抑郁。[37]在所有这些任务中，NASA 的工作人员几乎把成员们在公共场所的每一个动作都记录了下来，并特别注意那些显露出厌烦或厌恶情绪的面部表情。

HI-SEAS 栖息地的压力水平应当低于真正的火星任务，因为任务成员处于生命威胁风险很低的环境中。环境中不存在会杀死他们细胞的宇宙射线。如果宇航服破裂，也不用担心肺里的水会在极低压力环境下几分钟就蒸发掉。如果他们再也不能忍受这种隔离，或者遇到紧急医疗情况，可以在一小时内用直升机撤离。能在紧急情况下离开是一种安慰，这在火星上显然是不可能的，甚至从地球发射升空一天之后、不能再实施 U 型转弯的时候，就不可能撤离了。2018 年进行的 HI-SEAS 4 号任务确实发生了严重事故。任务刚进行 4 天就有一名参与者触电。医护人员赶到现场并撤离了受伤的参与者，整个任务实际上也就结束了。考虑到实施 HI-SEAS 4 号任务需要几个月的准备工作，这次事故绝不是一件小事。

那些真正要去火星的人会因为他们要去火星而感到安慰。到达这颗红色星球的第一人将得到永生。而那些被困在地球上的 HI-SEAS 栖息地的人只会默默无闻。他们在严酷环境下度过了生命中的一年，而这一切都是为了科学，或者说是为了另外某个人的荣耀。这本身就是一种压力。事实上，NASA 已经发现 HI-SEAS参与者的“四分之三现象”（third-quarter phenomenon）：一项长期任务进行到一半时，新奇感已经消失，而事情还没有结束，人便会变得更加焦躁，动力和士气也逐步下降。

西普里安·维尔苏（Cyprien Verseux）是 HI-SEAS 4 号任务的成员，是一位太空生物学家。他很好地总结了这种情绪。或许是巧合，他恰恰在任务完成一半的时候进行了这次总结。“如果在火星上，我们知道自己是历史的一部分，”他说，“但是在这里，哪怕我们在历史书中能有一个注脚，就已经很幸运了。”说得对，维尔苏先生。你的第一个注脚，或者更准确地说，你的第一个尾注来了。[38] 愿你拥有更多的注脚或尾注。这是你应得的东西。★

052 来自俄罗斯

拥有隔离室、可以研究长期封闭环境对心理和生理影响的机构，NASA 并不是独一家。俄罗斯生物医学问题研究所（Institute of Biomedical Problems）与 ESA 合作，启动了一项名为“火星 500”（Mars500）的项目，想从头到尾模拟一次载人火星任务。该项目于 2007 年启动，耗资 1500 万美元，于 2010 年达到高峰。当时有 6 名国际任务成员进入一个密封装置，执行为期 520 天的任务。最初 250 天在一个模拟火星飞船中度过。该飞船带领任务成员进行一次虚拟的火星之旅。在接下来的 20 天里（他们成功着陆了），他们在一个独立的柱形舱里探索了火星。这个柱形舱专为该实验任务而设计。在完成基本实验并把旗帜

★ HI-SEAS 6 号任务期间发生的事故有可能终结了 HI-SEAS“载人”任务。2018 年 12 月，NASA 批准了 100 万美元的拨款以延续 HI-SEAS 项目，但这些钱仅用于分析前 5 次任务的数据。

插到火星之后，宇航员回到第一阶段的太空舱，进行为期 250 天的返回地球之旅。

我事先应该解释一下，首次尝试此类实验任务并不顺利。俄罗斯在 1999 年就进行过尝试，但是斯芬克斯 −99（Sphinx-99）任务很快陷入混乱。4 名俄罗斯人在模拟器里待了 180 天后，一名来自加拿大的女性科学家和两名分别来自日本和奥地利的男性科学家也加入进来。头几个星期还可以忍受。然后，一场伏特加刺激下的新年聚会让场面失控。于是，这项研究没有获得任何重要数据。

于是俄罗斯决定排除女性，“火星 500”项目也就变得更加顺利。但是项目完成已近 10 年，还是没有什么数据发表。该项目设施建在生物医学问题研究所的一个仓库内，该研究所隶属于著名的俄罗斯科学院，位于莫斯科。也就是说，6 名任务成员在世界最大城市之一的核心地带，与其他人类分离了一年半，而那里生活着 1100 万莫斯科人。这个超现实的设施有 5 个部分，或者说 5 个舱。其中 3 个舱——生活舱、医疗舱和存储舱——作为往返火星的“飞船”。这些舱让人想起潜艇，又长又窄，每个舱宽 3~4 米，长 12~24 米。令人费解的是，这些舱与火星飞船的任何建议尺寸都不匹配，而且使用了舒适的木质护墙板和地板。火星着陆舱约 6 米长、6 米宽，有 3 层铺位和有限的工作空间，要简陋得多，与首个火星着陆器的预想外观更为接近。在火星着陆舱为期 20 天的探险中，有 3 名宇航员住在里面（着陆舱在任务的后半部分也塞满了食物，又不得不清空，这是该项目规划另一个奇特之处）。

来自 40 个国家的 6000 多人申请了这个项目——一个连续 17 个月看不到蓝天而且呼吸不到新鲜空气的项目。[39] 他们需要向亲人告别，而且更糟的是，在整个任务的后半程他们只能吃俄罗斯食品。不过，这份工作的报酬很诱人：完成整个任务的报酬是 99000 美元。由于任务期间无处可花，这笔钱可能会直接存入银行。项目组织者选定的团队全部由男性组成：法国的罗曼 · 夏尔（Romain Charles），意大利的迭戈 · 乌尔比纳（Diego Urbina），中国的王跃，俄罗斯的苏赫罗布 · 卡莫洛夫（Sukhrob Kamolov）、阿列克谢 · 西特夫（Alexey Sitev）和亚历山大 · 斯莫列夫斯基（Alexander Smoleevskij）。他们相处得相当融洽，或许因为他们执行的是一项到处都镶着木板、条件比较优越的任务。一个中国研究团队发现，任务成员对负面情况的反应比预期的更积极。[40] 6 名任务成员中有两名既没有表现出行为障碍，也没有报告有严重的心理困扰；6 人中只有 1 人有严重的嗜睡和抑郁症状，这可能是失眠造成的。[41] 此外，任务成员有困倦、无聊和急躁方面的表现。没有出现意外，没有拳脚相加，也没有关于如何提高士气的报告，因为除了 520 天的时长之外，作为一项模拟任务它看来并不真实。

054

植根于现实?

有些人质疑这些模拟研究的实用性，因为这些模拟研究要给参与者付费，而且几乎不会受到严重伤害的威胁。因此，作为对这些模拟研究的补充，研究人员希望通过研究几个世纪前伟大探险家的日记来确定太空旅行中可能存在的心理压力。[42] 杰克·斯塔斯特（Jack Stuster）是一位文化人类学家，也是 NASA 人体工程学领域的首席研究员。他认为困在被冻住的小木船里和被困在飞往火星的铁罐子里没有什么区别。他通过研究北极和南极的探险日志，发现导致士气低落的因素与如今在 ISS 上的完全吻合：缺乏与外部世界的沟通、废物处理、个人卫生、单调，等等。在危险时期，让船员们团结在一起的是以平等为基础的强有力的领导，而这在船舶管理专制时代是不常见的。[43]

让我们看一下弗雷德里克·A. 库克（Frederick A. Cook）的部分日记。他是 1898~1899 年比利时南极探险队的医生。1898 年 5 月 20 日，队员们被困在冰中间过冬，他写道：

> 哪怕只是彼此分开几小时，也许我们就能学会从新的角度看待同伴并对其产生新的兴趣；但这是不可能的。事实上，此时我们对彼此的陪伴感到厌倦，正如我们对黑夜的寒冷和食物的单调感到厌倦一样。我们时不时会郁郁寡欢，然后又试着用一种表面上的兴高采烈来激励彼此，但这种表面上的快乐情绪是短暂的。然后我们身体上、精神上，也许还有士气上，都会很沮丧，很低落。根据我过去在北极的经历，我知道这种沮丧和低落会随着夜幕的降临而加剧，一直持续到明年夏天黎明到来前。[44]

此时至少有一位成员已经死亡，似乎是出于绝望。其他人则表现出偏执或痴呆的迹象。一人则陷入歇斯底里的状态，失去了说话或倾听的能力。起初，库克尝试通过锻炼来治疗他们的疾病。但绕着船在冰面上行走，却变成了所谓的“精神病院散步”（madhouse promenade）。后来库克发明了一种名为“烘烤疗法”（baking treatmeat）的治疗方式：让病人每天坐在船上温暖的火炉前一小时。这种倾尽全力服务大家的奉献精神鼓舞了队员。库克推测，心情不好的部分原因是缺乏光照和维生素。暴露在炉火前，再加上饮食中加入了新鲜的企鹅肉，可能会扭转这一局面，但库克最终得出的结论是：燃起希望和培养“良好的幽默感”才是让这些人熬过冬天的真正原因。这种策略被后来的探险队所采用。[45]

结论是，进入深空的旅程将会非常艰难；飞船设计得好，心情可能会轻松一点；选择合适的团队成员以及领导者，可能是防止暴动或叛乱的最重要因素。但是，一旦在其他星球着陆，我们能否像科幻小说和科幻电影里那样，以建立永久的、受保护的、封闭的城市为长远目标，建立起自给自足的栖息地？从一项声名狼藉的地面研究来看，这可能也很困难。

玻璃下的生活

沿着 77 号公路从亚利桑那州图森市向北行驶，匆忙修建起来的郊区和购物中心一闪而过，取而代之的是一片阳光普照的沙漠灌木丛的景象，有假紫荆树、牧豆树、墨西哥刺木以及无数的仙人掌。当你从卡特琳娜州立公园经过的时候，几乎看不到人造建筑，直到你来到寂静的奥拉克尔小镇，看到在高速公路右边很远的地方，有一处由金字塔和穹顶组成的庞大钢构玻璃建筑群——被称作生物圈 2 号（Biosphere 2）。生物圈 2 号采用未来主义设计风格，覆盖 3 英亩的沙漠，并将之转化为多种生物群落——有珊瑚礁的海洋、红树林湿地、热带雨林、热带草原、沙漠以及农场——该设计令人想起古巴比伦的空中花园，同时向新时代运动致敬，注重整体观念和神圣的地球母亲。生物圈 2 号是有史以来人类建造的最大的封闭生态系统，是一个完全封闭的、自我维持的植物园，也就是我们在火星上定居需要的那种，与外界没有空气交换。它是 20 世纪 90 年代的一项工程奇迹，同时也是一次巨大的失败。但是这一失败具有巨大的教育意义，详见下文。

某个年龄段的读者可能还记得生物圈 2 号的起源，以及那 8 位热情的理想主义者。他们穿着时髦的蓝色连身裤，告别了生物圈 1 号（也就是地球），在生物圈 2 号上生活了两年。生物圈 2 号将成为另一星球上的工作居住地的原型——人们把地球上的所有东西都塞进了这 3.14 英亩，蜂鸟、猴子、蚯蚓，以及将近 4000 种其他动物和植物。生物圈 2 号工程无疑是坚固的，是一座雄伟的生态水晶巨大建筑。项目创始人约翰 · 艾伦（John Allen）和艾德 · 巴斯（Ed Bass）招募专家来建造这座巨大的密闭温室及包含其中的生物群落或生活环境，如受人尊敬的瓦尔特·阿迪（Walter Adey）——史密森尼学会的地质学家，负责海洋方面的事务。世界著名植物学家、后担任纽约植物园园长的吉尔林·普兰斯（Ghillean Prance）爵士，负责管理热带雨林。

生物圈 2 号的钢架和玻璃板的连接比以往任何建筑都要紧密，空气交换损失甚至少于 ISS。私人生活区宽敞、现代；厨房华丽，采光充足。整个结构的基础是不锈钢，以防止与下面的土壤进行任何交换。隐藏的地下一层让空气和水循环起来，并提供能量。那里有大量管道、电缆以及空气处理设备，是所谓的技术领域，其阴森森的坟墓一般的氛围与上面郁郁葱葱的生活形成了鲜明对比。这个建筑用了 4 年的时间，到 1991 年初才完工，费用为 1.5 亿美元，全部由巴斯出资。所有的动物、植物、真菌、藻类和细菌都被密封其中，等待那年晚些时候到达的第一批成员。其中年纪最大的是 67 岁的罗伊·沃尔福德（Roy Walford），是这个小组的医生。其他 4 名女性和 3 名男性都是二三十岁的年轻人，均具有理工科的教育背景。新闻媒体大张旗鼓地宣传这个项目，《探索》杂志更是称其为“自肯尼迪总统将我们送上月球以来，在美国进行的最激动人心的科学项目”。这 8 人自称生物圈人（Biospherians），1991 年 9 月 26 日走进了他们的新家园，承诺两年内不会走出来。

058

事情很快就变得糟糕起来。任务开始 12 天后，其中一个生物圈人在用脱粒机碾米时，她的中指指尖被切了下来。沃尔福德试图缝合，但不成功，最终她只能离开生物圈 2 号，到医院接受治疗。她回来的时候，偷偷带了一些神秘材料。后来，这些材料对玻璃下的生活起到了帮助作用。而且，任务开始后不久，大气中的二氧化碳含量就开始上升，最高时达到地球大气的 20 倍。起初没人知道为什么。动物开始死亡。传递花粉的昆虫——蝴蝶和蜜蜂——是最先死掉的（后来人们了解到，生物圈 2 号的玻璃减少了蜜蜂寻找花朵所需的偏振光的数量，这对蜜蜂在火星上生存是一个至关重要的经验教训，如果我们能到达那个阶段的话）。蔬菜产量很低，部分也是这个原因。而且鸡下的蛋也没有那么多。蛋鸡和奶羊很快就被杀掉了，因为它们吃进的比它们产出的要多。

为帮助分解落叶而特意引进的蟑螂大量繁殖。还有蚂蚁，许许多多亚马逊蚂蚁。没有人确切地知道那些蜂鸟到底发生了什么事，但猴子是罪魁祸首。虽然猴子也有自己的食物，但它们还是去抢夺蜂鸟的食物。蜂鸟死了，可能是死于饥饿。事实上几乎所有的脊椎动物都死了——鱼、鸟、哺乳动物。那 8 个生物圈人也快要饿死了。在 30 多种作物中，只有红薯长势良好。他们一日三餐吃红薯，摄入的 β - 胡萝卜素足以让他们的手变成橙色。他们也需要吃种子食物来生存。

有人彻底弄明白了 O_2—CO_2 的问题：大量淤泥和堆肥被运入穹顶来给农田施肥，其中的细菌就像人类一样吸入氧气，呼出二氧化碳，只是数量要大得多。更糟的是，珍贵的氧气正在慢慢消失。几个月后，实验成员们才搞明白，其中一个生物群落中的混凝土正在吸收氧气。在生物圈 2 号待了一年之后，氧气在大气中的比例从 20% 下降到 13%，相当于登山者在 1.7 万英尺高空呼吸到的氧气水平。成员们一天到晚气喘吁吁，晚上还患上了睡眠呼吸暂停症。到了 1993 年初，他们必须打开气闸，让新鲜的氧气进入人造生物圈，从而破坏了这项任务的主要协议。同时，8 名任务成员分裂成了两组，每组 4 人，在任务的最后一年里两组人员之间不说话，因为他们对项目的关键问题存在争议。但是他们都活了下来。在离开 2 年零 20 分钟后，他们回到了生物圈 1 号。他们平均瘦了 30 磅，但在其他方面都很健康。

第二项任务始于 1994 年，召集了一组新成员。但是，这次只持续了 6 个月。为了降低项目成本，人们雇用了史蒂夫 · 班农（Steve Bannon）（没错，就是那位史蒂夫 · 班农，后来在总统竞选中出了名的那位）后，冲突便层出不穷。然后是武装警卫解职管理层、蓄意破坏、污言秽语、法律诉讼、指责羞辱……就是典型的火星殖民那些玩意儿。哎呀，也许我们应该取消这个伊甸园计划。[46]

《时代》将生物圈 2 号列入“20 世纪最糟糕的 100 个主意”的榜单。[47] 然而，该杂志大错特错，因为无论用什么理性标准来衡量，生物圈 2 号都是一个非常好的想法。失败更多的是因为管理不善和傲慢自大；但这并不能说明生物圈 2 号是个坏主意。该项目确实做了几件正确的事情。首先，生物圈 2 号成功营造了一个完全封闭的环境，这正是 NASA 后来从中学到的东西。其次，基础设施从来没有出过问题。该设施还回收了所有废水和污水。实现了 NASA 在 ISS 上从未实现过的水的完全回收利用。对所有

060

亚利桑那州奥拉克尔小镇的生物圈 2 号

最初是为了证明封闭生态系统支持人类在外太空生活是否可行。20 世纪 90 年代初，8 位“生物圈人”在这里生活了两年。尽管实验并不顺利，大多数动植物都死了，氧气供应下降到接近致命的水平，但我们从生物圈 2 号学到了很多。

太空栖息地来说，水的完全或接近完全回收利用非常重要。

因为生物圈 2 号，我们如今知道在火星和其他地方不应该做什么。不要把农场和生活空间混在一起，要把它们放在单独的穹顶里。不要依赖植物为你提供所有的氧气，至少一开始不要。不要建得太大，要从小的开始，逐渐扩展。不要以为可以通过引进某种动物来控制另一种动物，从而掌控生命之网。不要低估细菌的力量。还有，看在上帝的分上，请不要再种牵牛花了。它们会霸占你的整个雨林。

1995 年，哥伦比亚大学接管了生物圈 2 号的管理工作，希望把它变成一个巨大的研究实验室，但这一关系在 2009 年结束。2011 年，亚利桑那大学接管了所有权和管理权，并且从艾德·巴斯那里获得了额外的 2000 万美元来支持相关研究。亚利桑那大学的科学家们在这个目前未封闭的设施中工作，研究气候变化、水流动力学和能源可持续性。他们正在进行一些独特的实验，例如在景观演化观测站（Landscape Evolution Observatory）“观察泥土的生长”，研究物理和生物过程如何在极长时间内相互作用，影响景观的演化。因南极温室而出名的菲尔·萨德勒，希望在生物圈 2 号的一个房间里建造火星栖息地。具有讽刺意味的是，这曾是一项野心勃勃的计划：要创建一个迷你地球。

061

因此，无论是从心理学和工程学的角度，还是从我们在地球上掌握的现有知识来看，建立太空定居点将非常困难，但随着新技术的出现，又将具有可控性。但是从人类生物学角度呢？太空会杀死我们吗？在我们起飞之前，这个问题值得研究。

2
倒计时前的检查

外层空间的什么是最有害的：没有空气，且充满了致命粒子，这些粒子以高能光子和高能原子核的形式存在。重力不足影响着身体的方方面面，你身体里的蛋白质甚至无法确定哪个方向朝上。

有关太空航行的书籍和杂志文章经常把这种冒险比作穿越变幻莫测的海洋，前往新大陆。我们的祖先是乘坐用原始工具手工制作的独木舟横渡南太平洋的。他们出发时从没想着要回来。他们在浩瀚的水面上度过几天、几周甚至几个月的时间，暴露在自然环境中，只有少量宝贵的食物和水。许多人在途中死去，但也有少数人抵达目的地并开始了新生活。数万年前的这些早期迁徙无疑非常危险，但是水滴不会破坏你的DNA；海雾不会破坏你的脑细胞；波动的海浪也不会导致液体在你的眼睛里堆积并造成永久性的视网膜损伤。当最终到达陆地时，你仍然可以行走，不会因为双腿太过虚弱无法支撑自己而需要医生和工程师把你抬下船。而且，当到达目的地时，你很有可能会找到食物和水。

简而言之，生物可以在水里生存，不能在水里生存的生物则可以利用浮木穿过水面到达陆地。但太空是无菌的并且具有杀菌作用。在过去的成百上千年里，地球上的每一次旅行无论多么艰巨，与月球以外的太空旅行相比都相形见绌。如果换一个想法，那么第一代太空人的牺牲就会降到最低。需要明确的是，从工程学的角度来看，太空旅行如今在技术上是可行的。毕竟 50 年前我们就把人类送上了月球。我们已经将探测器送到太阳系以外，并且已经有探测器在金星、火星、土卫六、彗星 67P/ 楚留莫夫 - 格拉西门科彗星（Churyumov-Gerasimenko）和一些小行星的表面实现了软着陆。但是，许多医生认为，把人类送到月球以外的地方是非常危险的，几乎等同于杀人。

坏到什么程度？

在美国，将人类送上火星是违法的。原因是宇航员作为一名联邦工作人员，他所遭受的预期辐射远远超过了美国职业安全与健康管理局（Occupational Safety and Health Administration，OSHA）规定的工作场所活动所允许的水平。在有些国家可以，因为他们没有这些讨厌的规定。但从法律上讲，在美国不行。NASA 要么找到方法减少辐射暴露，要么改变规则允许更高的辐射暴露。他们正在研究前一种解决方案，但实际上是在朝着后一个方向努力，否则他们可能永远不能让火星宇航员离开地球。

然而，辐射暴露只是危险之一。NASA 人类研究计划路线图确定了 34 种已知健康风险和 232 个风险知识“缺口”。例如，4 种已知健康风险与辐射有关，包括太阳耀斑造成的辐射中毒、脑损伤、心脏损伤，以及普通癌症。但有关知识缺口方面，则在太空辐射对遗传、生育能力和不孕症的影响方面存在疑问。因此，健康风险可能比我们意识到的多得多。以下是太空旅行的 34 种已知风险——这些风险大大超出了诸如火箭爆炸这一类的基本机械风险。

064

- 关切：临床相关不可预测的药物效果
- 关切：再次暴露于重力环境后对椎间盘造成瞬间损伤
- 风险：飞行期间（急性）以及飞行后辐射对中枢神经系统产生的影响
- 风险：太阳粒子事件导致急性放射综合征
- 风险：不良认知或行为状态，以及精神障碍
- 风险：暴露在天体尘埃中对健康和工作表现产生不利影响
- 风险：宿主与微生物相互作用而造成对健康的不良影响
- 风险：免疫反应改变导致不良健康事件
- 风险：因飞行中的医疗条件导致不良健康结果及工作表现欠佳
- 风险：航天器 / 栖息地设计不兼容
- 风险：太空飞行引起的骨骼变化而导致骨折
- 风险：心律问题
- 风险：辐射暴露和太空飞行的压力因素导致心血管疾病

065

和其他组织的退行性效应

- 风险：患上减压病
- 风险：因太空飞行而导致早发性骨质疏松症
- 风险：与太空飞行相关的前庭 / 感觉运动改变而导致航天器 / 相关系统控制受损以及机动性降低
- 风险：由于肌肉量减少、力量 / 耐力降低而导致动作障碍
- 风险：人类和自动化 / 机器人结合方面设计不佳
- 风险：人机交互不足
- 风险：任务、流程和任务设计不佳
- 风险：营养不良
- 风险：由于长期储存而导致药物无效或有毒
- 风险：舱外活动操作导致损伤和工作能力受损
- 风险：动态加载引发损伤
- 风险：重新暴露于重力的过程中出现立位耐力不良
- 风险：团队中由于缺乏合作、协调、沟通和心理适应而导致工作表现不佳、行为健康下降
- 风险：因食物结构不良而导致工作表现不佳、宇航员患病
- 风险：由睡眠不足、昼夜节律失调和超负荷工作而导致工作表现不佳、健康不良
- 风险：由于培训不足导致工作失误
- 风险：辐射致癌
- 风险：低压缺氧影响宇航员的健康状况和工作表现
- 风险：有氧能力下降导致身体机能下降

- 风险：肾结石
- 风险：太空飞行相关的神经 - 视觉综合征

在这 34 种风险中，有 3 种是潜在的障碍因素：辐射、重力（或无重力），以及需要手术或复杂的医学治疗。这些风险有多么严重，人们更多的还是停留在理论层面上，并没有生物学上的事实验证。

在此我要明确指出，正是在这个健康问题上，包括我自己在内的许多人与 NASA 之间形成了一种爱恨交加的关系。我们必须尊重 NASA 研究人类健康问题的诚意。任何其他组织都没有在这个课题上投入这么多的资金。NASA 是该领域无可争议的领导者，全世界都要向 NASA 寻求指导。我们都喜欢 NASA。如果没有 NASA，我们现在仍然被完全限制在地球上。但 NASA 也不是绝对正确的。关于其健康研究的方向、效率以及实用性，意见分歧很大：NASA 的首要重点似乎是微重力环境下宇航员的健康和保护，但这种环境是可以避免而且应该避免的。

重力问题

让我们来探讨重力问题。如前所述，我们从 ISS 只学到了一样东西：生活在微重力环境下很糟糕。理想的健康状态需要重力，而长期处于零重力环境是非常危险的——这个观念从未得到充分验证。20 世纪中叶一些科幻小说作家推测，零重力将使人生机勃勃：血液更容易流动，关节炎将成为过去，背痛会被治愈，衰老本身也会减慢。所以，带着祖母一起去旅行吧。我们从早期的太空计划中得到的提示是，这样一个美好的前景是不真实的。宇航员从仅仅几天的失重状态中返回时，就会感到虚弱。但是他们恢复了过来，所以很多人觉得，哦，也许没那么糟。之后我们又花了更多的时间在太空。俄罗斯人在“和平号”空间站上待了几个月，回来后似乎出现了一些严重的、长期的健康问题。不过，俄罗斯人一直没有给出他们宇航员的健康数据，所以我们一直无法确切知道详情。这些被视作英雄的宇航员中，有许多人回来后很少公开露面。正是 ISS 任务让我们明白了这样的事实：长期处于零重力状态对人体健康有多方面的危害。这是 NASA 的功劳。

在继续下面的内容之前，我应该先定义一些术语。零重力，尽管看起来很方便，但在近地空间范围内可能是一个不确切的表述。ISS 上的宇航员并非生活在没有重力的环境中，他们一直处于自由落体的状态，但永远都坠落在地平线之上，与地球擦肩而过。ISS 和其他卫星并不是因为逃脱了地球引力才飘浮在太空中；它们之所以能保持在那里，是因为它们有着惊人的水平速度。ISS 以 17500 英里 / 小时（28163 千米 / 小时）的速度运行。如果用什么办法让它完全停下来，那么它就会直接落到地球上，然后宇航员、飞船和其他一切都会掉下来。事实上，正是地球的引力使运行中的卫星保持在轨道上，地球的引力与卫星在发射期间所获得的横向运动力在向下运动中形成完全平衡的反作用力。如果没有地球的引力（假如地球突然神奇地消失了），卫星就会以直线发射出去。因此，要描述 ISS 上缺乏重力的感觉，更准确的术语是微重力和失重。然而，即使这些术语也仍然是不完美、不准确的。ISS 上的宇航员有重量，大约是地球上体重的 90%，而地球与他们脚下的距离只有 200 英里。实际上他们在月球上会轻得多，只有地球上重量的 16%。绝对零重力是不可能实现的，因为重力是任何两个物体之间的引力。但是在太空深处，远离任何卫星、行星或恒星的引力牵引时，重力则接近于零。在太空旅行方面，我会交替使用零重力、微重力和失重这三个术语。 068

关于重力对人体的影响，我们的理解只有两个数据点：1 和 0。在地球上，我们的重力是 1G。在 ISS 上，宇航员生活在 0G 环境中。对于两者之间的东西我们一无所知。空军飞行员使喷气式飞机加速，可以体验到 5G 或更大的力量，有时会导致他们昏厥。这是正常地球重力的 5 倍，可以将血液挤出大脑。但这种力通常只持续几秒钟，飞行员并不是生活在超重力环境中。不管怎样，我们不太关心大于 1G 的力，因为太阳系内我们想去的任何地方——L2 轨道、月球、火星，等等——其重力都小于 1G。

1G 有什么特别的？没什么特别，只不过它伴随了我们的演化过程。我们的骨头之所以有这样的厚度，就是因为有这样的重力水平。没有了无处不在的重力，没有它向细胞发出的持续信号，骨骼里的矿物质就会开始析出，骨骼就会变得脆弱。肌肉在收缩时也需要一定的抗力。如果没有重力，肌肉就会萎缩，失去弹性。你可以在太空中锻炼。ISS 上的宇航员每天必须锻炼

069 两小时，为的是尽量减少骨质流失，尽量减少肌肉损失。这种方法有一定的作用。但不管怎样，在零重力状态下，骨骼密度下降的速率仍然超过每月 1%，而地球上老年人的骨骼密度损失率为每年 1%。通过一个事实就可以知道宇航员的骨质流失有多严重：在 ISS 上将尿液完全循环成饮用水的主要障碍是，过滤器每天都会被钙沉积堵塞。这些钙从骨骼渗出进入尿液，这种渗出也使得宇航员在短期内面临肾结石的风险，从长期看则面临肾病的风险。

尽管宇航员在特制跑步机上进行了肌肉锻炼，但在太空中待几个月返回地球后，他们还是行走困难，甚至拿不动杯子。对于肌肉来说更为糟糕的是，大多数肌肉无法得到锻炼。锻炼集中在移动四肢和躯干的主要骨骼肌上。但是还有数以百计的其他肌肉，例如心肌、不随意肌、平滑肌以及其他骨骼肌，无法得到锻炼。对抗重力就是它们在地球上的锻炼方式，而在 ISS 上，它们得不到锻炼。脸上和手指上那些细小的肌肉都变得很弱。肌腱和韧带在零重力环境下也开始衰退。脊柱变长，宇航员在太空中的身高会增加 1~2 英寸，这会导致背部疼痛。由欧洲航天局运营的欧洲宇航员中心（European Astronaut Centre，EAC）太空医学办公室（Space Medicine Office，SMC）正在设计一种高科技“紧身衣”，来帮助宇航员在太空克服背部问题。这么说吧，这套服装非常具有欧洲风格。

在体内，更多的事情是在 1G 条件下的细胞层级上进行。正常情况下，由于重力作用，血液会在足部淤积。我们的循环系统经过演化，可以将血液向上推送到大脑，而大脑是一个相当重要的器官。在没有重力的情况下，循环系统就像间歇泉一样将血液向上推动，无拘无束，你的头部会感到有节奏的冲击。你的心脏开始加速跳动，将血液输送到身体下部。你的身体开始认为有多余的血液，问：这些血液是从哪里来的？于是你的肾脏会超速运转，通过尿液排出多余的水分。结果你脱水了，你的血液开始变稠。这反过来又会触发身体停止制造红细胞，因此你会慢慢变得贫血、迟钝、呼吸急促、容易感染，等等。这是一个系统性的医学噩梦。

070

眼睛特别容易受到这种不自然的液体晃动的影响。超过 2/3 的宇航员报告称，在轨道上待了几个月后出现视力下降。[1]液体压力使眼球后部变平，视神经发炎，破坏脆弱的血管。NASA 宇航员约翰 · 菲利普斯（John Phillips）是最早报告这一问题的人之一。随着时间一月一月地过去，望着窗外时，他觉得地球看上去越来越模糊。NASA 在他返回地球时测了他的视力，发现他在轨道上待了 6 个月后，视力从 20/20 下降到 20/100★。这意味着，前往火星的宇航员需要携带各种度数的眼镜，以帮助他们克服渐进的、不可避免的以及永久性的视力下降。NASA 认为视力问题在宇航员中期健康风险中排第一。

像眼睛一样，整个大脑也漂浮在液体中。曾经对 34 名宇航员任务之前和任务之后的核磁共振图像进行研究，发现微重力

★　即从视力 1.0 下降到 0.2。——译注

导致的变化可能是永久性的：说到底，是因为他们的大脑向上移动时受到压迫，大脑的中央沟变窄。中央沟是大脑顶部皮层的沟，将大脑顶叶和额叶分开。这些是大脑中控制精细运动和高级执行功能的部分，在 ISS 上待的时间越长，大脑的这些变化就越严重。[2]

我前面提到，NASA 直到 20 世纪 90 年代末才开始关注太空生活的长期影响。NASA 长期以来一直由工程师和物理学家主导。几乎没有雇用多少医务人员，从事生物医学研究的就更少了。 我们在第 1 章指出，NASA 关注的医学问题主要限于太空旅行的心理学。因此，在 1997 年，随着 ISS 建设的加速推进，NASA 决定将生物医学研究外包出去，并成立了美国国家太空生物医学研究所（National Space Biomedical Research Institute，NSBRI），这是一个由十几所大学的研究实验室组成的联合体。NSBRI 立即对过去 10 年中参加过太空任务的近 300 名宇航员的健康状况进行了研究。果不其然，几乎所有人都因为执行任务而出现了健康问题，有些人比其他人更严重。

071

我们能做些什么？在健康游戏中 NASA 完全是个新手，它仍然更多的是在进行测试而不是干预。例如，ISS 上进行的液体转移研究（Fluid Shifts investigation）正在精确探究液体如何在眼睛内和眼睛周围流动。NASA 称，这项研究可能会帮助地球上那些眼压增高、眼睛肿胀的人（NASA 认为必须把这些研究成果带回地球，以证明 ISS 预算的合理性）。此外，功能性任务研究（Functional Task investigation）探究了太空对于平衡和执行能力的影响，精细运动技能研究（Fine Motor Skills investigation）调查了在失重状态下与计算机设备交互能力的变化。目前，这些研究主要是监测。关于如何使微重力环境变得更加宜居，他们几乎什么也没干，或者说什么也干不了。真正的干预措施仅限于严格的锻炼，服用减缓骨质流失的双磷酸盐类药物，使用抗液体流失的电解质包，以及给大腿穿上加压护腿来保持下肢的血液。

零重力显然对健康有害。但一个非常重要的问题是，我们需要多少重力？进入太空 60 多年后，我们实际上对此一无所知，更令人费解的是，我们还没有对此进行过测试。

072

想象一个坐标图，*x* 轴代表健康水平从差到好，*y* 轴代表重力水平从 0G 到 1G。我们有两个数据点：0 和 1。0（0G）表示对你的健康最有害，因此这个数据点位于图的底部，也就是 *x* 轴和 *y* 轴相交的地方。1G 对健康有益，因此这个点在图的上部，位于数字 1 的上方。现在，你怎么把这两个点连接起来呢？是直线连接吗？在 0.5G 的时候，我们的健康状况刚好就在差与好的中间吗？ 0.9G 基本上和 1G 一样好？还是更好？或者说，这两点之间是否有一条凹线将其连接起来？也许只有一点重力，如 0.2G，就很好了？或者相反，连接的可能是一条凸线，0.5G、0.75G，甚至 0.9G 都不大好。这些问题很重要，因为月球以及木星、土星的各个卫星的重力大约是 0.16G，火星的大约是 0.38G。我们可以住在这些地方吗？对此，我们还不知道。

我们不希望在太空中 0G 的地方定居，所以在我看来，正在

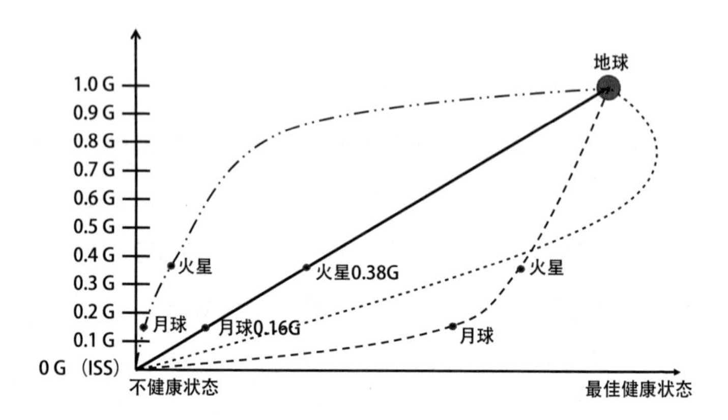

重力水平从 0G 到 1G 与健康的关系

我们有两个已知的数据点：0G（ISS 的重力）对你的健康有害，1G（地球上的重力）对你的健康有益。但这两个点是怎么连接起来的呢？是直线连接（实线）吗？还是说有一条凹线（虚线）将两点连接起来？也许只有一点重力，如 0.2G，就足够了。或者凸线（点划线），甚至 0.9G 也不能保证足够健康。甚至也有可能，0.5G 对我们的健康更好，特别是对老年人（点线）。月球以及木星、土星的各种卫星的重力大约是 0.16G。火星的重力大约是 0.38G。我们可以住在这些地方吗？我们还不知道。

ISS 进行的关于微重力和健康的研究几乎毫无用处。我们得到的经验教训就是：要尽快摆脱零重力环境。可能会有一些工作需要在 0G 的环境中完成，比如太空旅游或建设。因此，ISS 的研究最多可以指导我们确定暴露在 0G 环境中的限度，这个限度应当不会超过几个月。然而，与太空旅行中的心理负担或辐射问题相比，重力更为关键，它决定了我们能否移民太阳系。如果我们不能在 0.38G（火星上的重力）的重力环境下生存繁衍，那么我们到邻近行星上定居的游戏也就结束了……除非你不切实际地期待未来会有人造子宫在离心机里不停地转动，或者用无限能量产生超密度物质添加到行星或月球的核心来增加其重力。下文将指出，辐射可以阻挡，心理上的困难可以克服，但不可能以任何切实可行的方式增加行星引力。

你可能会认为，美国、俄罗斯、中国或欧洲的航天机构已经测试了 0.16G 和 0.38G 对于健康的影响。在地球上，你不可能以任何长期、有效的方式做到这一点。没有抵消重力的机器，生活在水下与生活在重力降低环境不是一回事。为了测试更低的重力水平，我们需要在太空建造一个巨大的旋转轮，但不会比建造空间站更加复杂。离心力，或称自旋力，可以模拟重力。想象一个装了一半水的水桶。如果你把水桶转得足够快，就像风车一样一圈又一圈地转动，水就会保持在桶里，即使在你头顶上方也不用担心被水淋湿。当放慢旋转，水就会浇到你身上。但是如果保持一个稳定的速度，那么请看，人造重力就可以阻止水从桶里溢出。

在太空中零重力环境下，同样的原理也适用。如果足够快地旋转你的栖息地，那么你感受到的那个把你固定在地板上的力就相当于重力的感觉。这方面的数学原理很简单。你所感知到的力——伪装成重力的离心力——与旋转速度以及旋转轴长度有关。换句话说，这个力的大小取决于它旋转的角速度及其圆形轨迹的长短。小的飞船需要快速旋转，转到令人眼花缭乱的程度。再想一下那桶水，或者在游乐园里乘坐的摇摆轮。你需要以相当快的速度旋转一个物体，才能制造出那种被锁在原

073
074

地的感觉。但是如果你有一个甜甜圈形状的空心圆环，大小类似于足球场（大约 ISS 的大小），那么你就可以以每分钟 4 圈的转速产生类似于地球的重力。

方程并不复杂：$a=\omega^2r$。其中 a 是线性加速度，在这里指你将拥有的重力水平，在地球上相当于9.8米 / 秒^{2}的加速度；ω（欧米伽）是角速度或转速；r 是半径。从中，你可以看到半径和转速的平方成反比。这个系统的美妙之处在于，你可以通过调整旋转栖息地的转速来精确模拟火星或月球的重力。你可以一年都把它设成 0.38G，看看兔子或鲶鱼能否成功交配。如果可以，那么你就有了在火星上可以快速繁殖的蛋白质来源。当然，你也可以在这样的重力水平上仔细观察人类，看看我们是否也能

生长和繁殖。争论在于以多快的速度旋转人类才不会感到晕眩，似乎每分钟不能超过 4 圈。不过，速度越慢越好。

那么，为什么我们还没有试验过人造重力呢？主要原因是，NASA 将 ISS 视为微重力研究的太空实验室，而不是太空移民的踏脚石。★ 有些事情对于微重力实验室来说很有吸引力。在微重力环境下，你可以完成一些有可能对人类健康很重要的任务，如更好地结晶某些蛋白质并研究其分子结构，这可能会产生新的药物，尽管 ISS 的研究至今还没有研发出实用药物。你也可以

★ 第二个原因是费用。为了创造出 0.5G 且没有眩晕感的旋转，旋转轮需要很大，直径要超过 200 米，以每分钟 1 圈的速度旋转。但如果出于测试而不是终身居住的目的，重力设置为 0.38G，转速为每分钟 4 圈，旋转轮就可以造得更小，因此也更便宜。

用独特的方式研究流体行为和材料科学；但同样，这些研究至今也没有产生任何商业价值。在组建 ISS 的过程中，我们毫无疑问学会了如何在太空工作，这对于更加宏大的太空建设项目来说是至关重要的一课。不过仅此而已。就算你全力查找，也不会从微重力研究中找到更多的好处。NASA 鼓吹的有益于地球人类的所有好处或许有用，但实际上都是与微重力本身无关的副产品技术：更好的水 / 空气过滤技术、便携式超声设备、小型化技术，以及现在用于手术的精密机械臂。

NASA 对于 ISS 的最初设想，在 2001 年其网站上的一篇文章里说得很清楚（NASA 网站上已经没有这篇文章了，但幸运的是，这篇文章保存在了互联网存档回溯机上）：

076

> 我们目前并不寻求在太空中建设人造重力。NASA 和其他机构更愿意在微重力或自由落体环境下工作。在此环境下可进行许多不同寻常的实验和流程。空间站是全球唯一的大型、长期、无重力科学实验室，可以开发神奇的新材料、新药物、新食品等。也许有一天人们可以在轨道上停留的时间更长，我们会考虑通过快速旋转空间站（或旋转其中一部分）来产生一些重力，帮助宇航员保持骨骼的强健，并解决长期失重带来的其他问题。但不是今天。[3]

不是 2001 年的“今天”，也不是 20 年后的今天。2005 年，ISS 的美国部分被指定为国家实验室，正是这种思想的反映。将该舱段指定为国家实验室的目的，包括推进STEM★教育，与私人机构合作进行微重力环境实验。近年来，出于送人上月球或火星的压力，NASA改变了对ISS的态度，更多地从人类健康的角度看问题。最近的舆论导向是：ISS通过研究如何对抗微重力对人体的不良影响，有助于我们把宇航员送到这些目的地。ISS每年的运营成本高达数十亿美元，如果仅仅是研究蛋白质晶体的话，这笔开销就太大了。目前只进行了微重力方面的研究，关于月球或火星的部分重力环境对人类的影响仍缺乏研究。

一种想法是仅在ISS上增加一个舱，它可以旋转并产生自己的人造重力，而不干扰ISS的其他部分。日本宇宙开发事业团（National Space Development Agency of Japan，NSDA）建造了一个4.5米宽的旋转圆柱体，名为离心住宿舱（Centrifuge Accommodations Module，CAM），能够为小型动物和植物提供各种水平的人造重力。原计划安装在ISS的“和谐号”节点舱（Harmony module）上，但由于ISS成本超支，该项目于2004年被取消。离心住宿舱现在陈列在东京以北大约1小时车程的筑波航天中心的一个停车场里。一朝被蛇咬，十年怕井绳。日本后来为ISS上的日本“希望号”实验舱建造并发射了一台规模小得多的离心机，名字叫作多种人造重力研究系统（Multiple Artificial-gravity Research System，MARS），以免再被NASA的

077

★ 即科学（Science），技术（Technology），工程（Engineering），数学（Mathematics）四门学科的英文首字母缩写。——译注

取消办公室取消。人们将小鼠暴露于 0G 或 1G 环境下共 35 天。1G 离心机里的小鼠，其骨密度和肌肉重量与地面对照实验小鼠的相同，证明了旋转栖息地的设想可行。[4] 这是小鼠的一小步，人类的一大步。

俄罗斯联邦航天局要对这一设想加以扩展。俄罗斯工程师正在设计一种充气式可旋转太空舱，将于 2025 年之前连接到 ISS 的俄罗斯舱段“星辰号”服务舱（Zvezda）上。目前的计划还很粗略。所以，没什么可报道的。总部位于美国的毕格罗空间系统公司（Bigelow Space Systems）也计划建造自己的可充气、可旋转的太空舱（详见第 3 章）。

有趣的是，NASA 所有在轨太空栖息地的原始计划都要求旋转和人造重力。但这些栖息地从未投入建设，因为用 1970 年左右的技术建造它们太昂贵了。天空实验室（Skylab）是 NASA 首次尝试在轨道上建造的栖息地。天空实验室有一个圆形空间，宇航员可以在里面绕着圈跑步，体验 0.5G 的重力。到 20 世纪 80 年代，在太空中建造大型设施具备了可行性，NASA 却放弃了人造重力路线，刻意选择了微重力。时至今日，尽管人们知道微重力会使人体变得虚弱，但 NASA 似乎并不打算改变计划。

尽管会增加火星任务的成本，但许多航天工程师都在倡导能提供 0.5G 以上重力的航天器。只有达到了这个重力，宇航员在火星表面走出航天器时才不会摔断腿。21 世纪初提出的一种名叫“鹦鹉螺 -X”（Nautilus-X）的任务航天器，把一个基本航天器与一台快速旋转的离心机结合起来，宇航员可以在 0.5G 的环境中睡觉或休息，从而大大减少他们暴露在 0G 环境下的时间。但是 NASA 除了最初的图纸和建议，从未有其他进展。罗伯特 · 祖布林（Robert Zubrin）在他 1996 年出版的《赶往火星》（*The Case for Mars*）一书中，提出了一个简单的、可自行翻转的空间系绳系统（详见第 6 章）。

最后的结论是，长时间暴露在零重力环境下，不可能通过药物、加压护腿进行调节，唯一可行的解决方案是制造人造重力。NASA 如此关注安全和健康，却几乎没有考虑过解决方案，真是太难理解了。

太阳辐射

有两种辐射会困扰太空旅行者：几乎可控的太阳辐射，以及更具威胁的宇宙射线。

太阳辐射来自太阳的能量。辐射是一个广义术语，是指能量的传输。大多数形式的辐射是无害的，但也不能赋予生机；而某些形式的辐射则能夺走生命。太阳发出的能量几乎覆盖整个电磁频谱，从波长长、能量低的微波和无线电波，到红外线（提供了地球一半的热量），到可见光，再到波长短、能量高的紫外线（UV）和 X 射线。太阳在太阳风中会释放粒子，科学家称之为辐射，因为它们确实携带能量。这些粒子是质子、电子、中微子和其他亚原子物质。

地球沐浴在太阳的辐射能中，我们显然从中受益。但是我们被宠坏了。在地球上我们受到了很大程度的保护，基本上不会受到太阳辐射中那些更致命、能量更高的成分的影响。有害物质——太阳粒子、X 射线和能量极高的紫外线（紫外线的作用更像粒子而不是波）很少能够到达地球表面对我们造成伤害。它们要么被地球磁层改变了方向，要么被大气层所阻挡。不管这听起来多么矛盾，但事实是到达地球的只有低能辐射。在太空深处没有这样的保护措施，除了宇航服和你旅行过程中待在里面的铁皮盒子。

有些人把所有辐射都与危险联系在一起，但通常只有电离辐射才是致命的：这种辐射的能量非常大，能把一个电子从它的原子中释放出来，使其离子化。原子电离后会变得不稳定，更容易产生反应；在生物学领域，可表现为 DNA 复制中的化学键断裂和突变。在大多数情况下发生这样的事情很糟糕。微波、无线电波、红外线和可见光都不属于电离辐射。你可以把它们想象成马勃★：你把几百万个马勃扔到窗户上，也永远不会把玻璃打破。然而，高能紫外线和所有 X 射线都属于电离辐射，太阳风中的粒子也是。把它们想象成高尔夫球。只要一个就能打破那扇窗户。

通过市场上各式各样的防晒霜，你肯定知道紫外线辐射及其危害。根据能量或波长，紫外线辐射可分为三种形式。能量最低的被称为 UVA，它会导致皮肤产生皱纹、晒斑和其他类型

★ 一种菌类，大小比成人的拳头略小。——译注

的过早老化。来自太阳的 UVA 很容易到达地球表面，即使是在阴天；它不属于电离辐射，没有致命性。能量稍强一点的是 UVB，它已经跨过了电离的门槛。UVB 会导致皮肤晒伤和皮肤癌；UVB 大多被地球的臭氧层所吸收，甚至由云层吸收，但显然也有很多能穿透进来（我们却又需要一点 UVB 来启动皮肤中的化学反应，生成维生素 D）。紫外线中最具能量和危害的形式是 UVC，幸运的是，臭氧层和大气层能够将其完全阻挡。电焊枪会释放出这种物质，如果你不加保护地盯着它看，很快就会失明。比 UVC 更具能量的是 X 射线，它能轻易穿透皮肤等软组织。我们上方几千米厚的大气也帮忙阻挡了太阳的 X 射线，跟牙医办公室铅围裙的作用有点类似。

太阳释放出的原子粒子，统称为太阳高能粒子（Solar Energetic Particle，SEP），其表现与电离辐射类似，可以破坏化学键，导致癌症和其他组织损伤。然而，这些致命粒子中的大多数甚至都到不了大气层。我们的第一道防线是磁层，一个包围着地球的巨大磁场。它能使带电粒子偏转，比如带正电荷的质子（+）和带负电荷的电子（-）。我们的磁层在地球之外延伸了数万英里，保护了大多数绕地运行的卫星，包括 ISS。所以，对于 ISS 的访客来说，这种辐射并不是一个严重问题。我应该补充一点：ISS 上的宇航员处于大气层之上，但仍然在磁层内，也不会受到紫外线和 X 射线的很大影响，因为他们的宇航服和 ISS 可以提供一些保护。但这些保护也是有限度的。

事实上，在太阳开始活动之前，一切都是可控的。太阳频繁地发出太阳耀斑，这会使太阳的亮度突然增加，并且会带来持续数小时的高剂量辐射。与此有关的一个现象是日冕物质抛射（Coronal Mass Ejection，CME），类似于太阳抛射出一团团物质。两者都是由太阳磁力线重新排列引起的，导致太阳迅速释放出巨大的能量。太阳耀斑就像枪口的闪光，主要由 X 射线和紫外线组成。日冕物质抛射主要由粒子组成，它更像是一颗炮弹，朝一个单一的预定方向飞去。两者都能摧毁地球的防御系统，尤其是北部和南部的最远端。那里的磁层比较薄，臭氧层也比较薄。日冕物质抛射产生了北半球和南半球的极光——北极光和南极光——太阳风里的电子与地球高层大气中的气体发生碰撞，激发这些气体并释放出能量，看起来就像霓虹灯一样。尽管看起来很耀眼，但日冕物质抛射危害巨大。1989 年一次巨大的日冕物质抛射引起的磁场扰动，摧毁了加拿大魁北克省的整个电网。电容器一个接一个跳闸、断线。这不是由日冕物质抛射引发的第一次停电，也不会是最后一次。

宇航员是一个危险的职业。有人会问人类可以承受多少电离辐射。毕竟宇航员只是一个职业，还有许多职业——矿工、放射技师、核电站员工，他们所从事的职业都有辐射风险。下面就来说说电离辐射。

辐射可以用几种不同的方法来测量：放射性水平或物质释放的电离辐射的量，用居里（Ci）或贝克勒尔（Bq）来计量；照射量或通过的辐射量，用伦琴（R）或库仑 / 千克（C/kg）计量；吸收剂量，或一个人所吸收的辐射量，用辐射吸收剂量（rad，拉德）或戈瑞（Gy）计量；剂量当量，它将一个人所吸收的辐射量与辐射的医疗效果结合在一起，用人体伦琴当量（rem，雷姆）或希沃特（Sv）来衡量。虽然不是在所有情况下都准确，但一般 1 伦琴（辐射量）=1 拉德（吸收剂量）=1 雷姆或 1000 毫雷姆（剂量当量）。参照美国核管理委员会（Nuclear Regulatory Commission，NRC）给出的标准，牙科或胸部 X 光透视的剂量约为 10 毫雷姆。CT 全身扫描是 1000 毫雷姆。游览高海拔的丹佛两天，你会接触到 1 毫雷姆。横穿大陆的飞行通常少于 5 毫雷姆。每人每年的平均剂量约为 600 毫雷姆，其中大部分是无法避免的自然本底辐射。★

082

美国职业安全与健康管理局规定，从事与辐射有关工作的美国工作人员的全身辐射剂量上限为每年 5000 毫雷姆（5 雷姆）。非穿透性皮肤暴露的上限是 15 雷姆 / 年，手部暴露的上限是 75 雷姆 / 年。这么高的剂量通常是意外事故造成的。平均受辐射量最高的工种是国际航线的飞行员，他们每年会额外接收到 500 毫雷姆的辐射。美国职业安全与健康管理局之所以要做出这样的规定，部分是因为接受超出底线以上的辐射量会增加患癌风险，而大多数医生认为只要处于最高限制之内，就是处于安全范围内。例如，5 雷姆暴露只会使患癌症风险增加 1%。当我们谈论太空生活和工作时，这些数字就显得微不足道了。宇航员在天

★ 本底辐射是指人类生活环境中本来存在的辐射，主要包括宇宙射线和自然界中天然放射性核素发出的射线。——译注

空实验室居住数月后，接受了17.8雷姆的全身辐射剂量；“和平号”上的宇航员在一年内会受到21.6雷姆的辐射。[5]这只是本底辐射，还没算上来自太阳的太阳风暴。

宇航员如果处在太阳耀斑或日冕物质抛射的路径上，理论上可能会受到致命剂量的辐射。到目前为止，我们还没有遭遇这种劫难，而且值得欣慰的是，我们可以预警。我们知道太阳存在一个大约11年的太阳磁活动周期，具有太阳活动的高峰和低谷。我们大致知道什么时候会出现更多的太阳风暴和恶劣的“太阳天气”。此外，在日冕物质抛射期间，从太阳冲出的物质需要1~3天才能到达地球，地面任务控制中心有足够的时间通知宇航员寻找特殊庇护所。然而，太阳耀斑大部分是光，到达地球只需8分钟，甚至可能瞬间发生。当距离地球较近的太阳监测卫星探测到耀斑，并将信息以光速传递给我们的时候，X射线和紫外线已经到达。尽管如此，宇航员还是可以在耀斑经过的时候，通常在一小时内，跑到或飘到庇护所。庇护所有可能是ISS或太空基地里一个防护更加完备的地方。

一旦我们冒险越过磁层的保护罩，事情就会变得更加凶险。在月球、火星，或者去火星的漫长旅途中，宇航员就像一个个活靶子，一击即中。同样，预警能力使风险大大降低。宇航员需要将太空基地或飞船的一部分作为类似防空洞的庇护所，一个有着额外保护的地方，一旦警报来了就迅速跑到那里。请注意，防护意味着材料，材料意味着质量，而质量意味着更多的燃料和金钱。理想情况下，我们希望太空基地和飞船都有全面的辐射防护。但是在太空旅行的早期，我们可能只能设置一个小的防护室。这个地方可能覆有一层厚厚的金属，甚至覆有一层水。它们可以很好地吸收太阳粒子辐射。在火星任务中，飞船的食品储藏室就可用作防护室。

有好几次死里逃生。1972 年 8 月的太阳风暴如今已经成为传奇。这场风暴发生在两次阿波罗计划之间，也就是阿波罗 16 号乘组人员离开月球后数月以及阿波罗 17 号着陆前数月。弗朗西斯·库奇诺塔（Francis Cucinotta）在约翰逊航天中心担任 NASA 的辐射健康官员多年。据他估计，当时在月球上的任何宇航员都会受到 400 雷姆的辐射。[6] 大约有半天的时间流量超过 45 雷姆 / 小时，峰值达到 241 雷姆 / 小时。这样的辐射水平相当巨大，450 雷姆是 LD50（半数致死剂量），即短时间暴露于该水平的人中，有 50% 会死亡。你需要骨髓移植才能活下来。任何超过 50 雷姆的辐射剂量都可能引发恶心和呕吐。在 150 雷姆的水平下，你可能会出现腹泻、不适和食欲不振。300 雷姆时，你很可能会体内出血并脱发。LD100（绝对致死剂量）是 600 雷姆，在这种辐射水平下，没人能存活。月球着陆器的铝制外壳可以为阿波罗宇航员提供一些保护，将他们可能的辐射暴露量从 400 雷姆减少到 40 雷姆，这是白血病和严重头痛之间的差别。

084

火星离太阳的距离比地球远得多，但由于缺乏厚厚的大气层和磁层，可以预期火星表面的太阳辐射仍然是致命的。火星上的人们需要时时刻刻的保护以免受四周的太阳辐射，而且当严重的太阳耀斑来袭时，还需要一个特殊的风暴庇护所。多久一次？所谓X级别的最具能量的大型耀斑，每年大约发生10次。在火星上跳华尔兹的时候，你得时刻关注着太空气象站发布的信息，以免自己受到这些太阳耀斑的影响。天文学家推测，大约1000年前的一次极端的太阳活动烤焦了火星。如果如此大规模的太阳活动再次发生，火星上那些没有躲到地下深处的熔岩管或其他地下掩体里的人，将会死亡或严重患病。[7] NASA“专家号”（MAVEN）火星大气探测器提供的数据显示，2017年9月11日的一次太阳活动，在火星上引发了一场全星球极光，亮度比以往任何时候看到的都要高出25倍以上，火星表面的辐射水平也提高了1倍。而且这是在11年太阳活动周期的平静期发生的。

前面我曾指出地球上每人每年的平均辐射剂量大约为600毫雷姆。根据“火星奥德赛”（Mars Odyssey）探测器的数据，在火星上这一数值可能高达8000毫雷姆。但这是你一天中大部分时间都在户外的情况下。在月球上，我们知道阿波罗14号的宇航员在9天任务期间接受了大约1150毫雷姆，其中有33小时是在月球表面度过的。换句话说，到月球上旅行一周，接收到的辐射剂量大约是地球上一年遭受的自然本底辐射的2倍。不理想，但也不致命。如果你住在月球或火星上，可能就会知道其中的风险，对足以引发辐射病的太阳爆发保持警惕，并采取日常预防措施。也就是说，超出地球安全范围的太阳辐射风险真实存在但尚可控制，就好比一位生活在阳光明媚的澳大利亚的放射科技师，皮肤白皙却拒绝涂防晒霜。

宇宙射线

可惜的是，对于宇宙射线，目前还没有告警或保护措施。这些原子大小的子弹会每周 7 天、每天 24 小时从各个方向不间断地射向你。宇宙射线来自太阳系以外的外太空，由遥远的恒星在爆炸时产生，主要由质子和较重的原子核组成，以接近光速的速度移动。与太阳辐射不同的是，宇宙射线不会成批出现，不会强烈到让你立刻生病或死亡，宇宙射线只是在慢慢地侵蚀你的大脑。

在地球和 ISS 上，大多数宇宙射线都无法伤害到我们。这些宇宙射线也被称为银河宇宙射线或高能重粒子（HZE）。偶尔会有一些粒子窜入大气层，撞击到上层大气，产生二级和三级粒子的级联。通常发生的情况是，宇宙射线与氮和氧（大气中含量最丰富的两种原子）发生碰撞，将它们撞开，释放出中子、电子，以及更奇特的物质，如 μ 介子、π 介子、α 粒子，甚至 X 射线。但是这些粒子一路上要穿越厚厚的大气层，所以辐射还没有到达地球表面就衰减或被吸收了。事实上，直到 1912 年，奥地利物理学家维克多 · 弗朗茨 · 赫斯（Victor Franz Hess）才通过高空气球携带静电计探测到了宇宙射线。我前面提到过，与普通人群相比，飞行员乃至空乘人员受到的辐射更多。其中大部分是宇宙射线。

阿波罗宇航员亲眼见到了宇宙射线的效果……就是字面上的见到。经常会有宇宙粒子穿过他们的眼窝，产生闪光。后来这种现象被称为宇宙射线可视现象。其中的生物学过程还不清楚。宇宙射线有可能撞到了视神经，或者穿过凝胶状玻璃体，产生了亚原子粒子级联，就像大气中所发生的事情一样。阿波罗宇航员在前往月球的途中穿过了磁层，他们每 3~7 分钟就能感觉到一次闪光。[8]宇航员对这些闪光的描述各式各样，说明可能发生了各式各样的物理相互作用。据报道，闪光的形状有斑点、小点、星星、直线、条纹、彗星、水渍或云等。以上顺序按照出现频率由大到小排列。闭上眼睛也没用。宇航员报告说，即使在他们闭上眼睛要睡觉的时候也会出现闪光。

当然，眼睛只是身体的一小部分。宇宙射线可视现象的存在意味着整个身体在昼夜不停地受到宇宙射线的轰击；每秒钟有成千上万的射线穿过你的身体。芝加哥大学物理学家尤金·帕克（Eugene Parker）说，你在星际空间的每一年，都会有 1/3 的 DNA 被宇宙射线切割。[9]这种伤害太大了，人体自身的 DNA 修复机制已经无法控制。我们还必须记住，我们不是独自去往太空的。我们携带着数以亿计的细菌、病毒和真菌，它们以微生物群的形式存在，在维持健康方面发挥着重要作用。例如，肠道里的微生物群有助于消化食物。宇宙射线可能杀死它们，或以其他方式导致我们的微生物产生突变，带来未知的风险。飞船或基地外面只有包裹非常厚的屏蔽层或某种微型磁层（我将在下面讨论），才能阻止这些宇宙射线在太空中穿过你的身体。这不仅对太空飞行有重大影响，对太空生活也有重大影响。在月球、火星以及我们磁层以外的任何其他地方建立基地，无论离太阳有多远，如果没有适当的防护，我们都会被宇宙射线淹没。当你身处外太空时，只能与眼中的闪光相伴，而这些闪光会造成无法估量的伤害，更不用说这种辐射暴露带来的其他后果。与科幻小说中最愚蠢的说法刚好相反，宇宙射线不会使你成为超人。

啮齿类动物和太空辐射相互关系的研究结果一直处于模棱两可的状态。加州大学爱尔文医学院（Irvine School of Medicine）的放射肿瘤学教授查尔斯·利莫里（Charles Limoli）领导了一项由 NASA 资助的研究，将实验室小鼠暴露在辐射下，辐射水平相当于为期 6 个月的火星单程旅行中的预期辐射水平。他的团队发现，辐射会造成严重的长期脑损伤，包括认知障碍和痴呆，这是大脑炎症和啮齿类动物神经元受损的结果。[10] 小鼠脑细胞中的树突和棘突急剧减少，就像一棵失去了叶子和树枝的树，扰乱了神经元之间的信号传递。辐射还会影响大脑中通常会抑制不愉快的、将会导致压力联想的部分。这一过程被称为“恐惧消退”，如果这一过程失效，就会导致焦虑。2016 年，利莫里在其研究期间对我说：“这对那些花两三年时间往返火星的宇航员来说，可不是什么好消息。”[11]

088

然而，人们在动物实验中常常发现，实验中的辐射吸收剂量率在每分钟 0.05~0.25 戈瑞——远高于人类火星任务的预期。按照人们的预期估计，6 个月任务的总剂量为 1 戈瑞或 100 拉德，随时间均匀分布。科学家不可能将小鼠放到真实的太空栖息地并让它们在太空辐射下持续暴露6个月。取而代之，小鼠在布鲁克海文国家实验室NASA太空射线实验室（NASA Space Radiation Laboratory at Brookhaven National Laboratory）遭到了来自粒子加速器的猛烈的辐射轰击，然后观察了6个月。辐射剂量率真的很重要。在1小时内喝6瓶啤酒可能会让你喝醉，但6小时喝6瓶啤酒也许就不会。相同的辐射暴露，不同的辐射率。各项研究需要进行更好的设计，来真正测试宇航员到达火星时是神志清醒还是“因辐射而晕头转向”。

其他研究人员发现，在模拟空间环境中，质子辐射会导致小鼠出现注意力缺陷和任务表现不佳，[12]而高能重粒子会导致与阿尔茨海默病相关的β淀粉样蛋白斑块增长。[13]我们从临床研究中发现，接受某些种类脑癌放疗的人可以治愈，但他们的认知功能明显下降。描述这个现象的术语是辐射引起的认知衰退。在所有接受头部放射治疗并存活至少6个月的癌症患者中，有一半以上的患者会出现进行性认知障碍，尤其是在处理速度（快速思考）和记忆力方面。[14]但是，这一结果仍然不能直接应用到太空中，因为患者只是在几个月的时间里接受强烈的辐射，而在太空中，火星之旅过程中暴露在辐射下的时间跨度接近3年。

早在20世纪90年代，前文提到的NASA辐射健康官员弗朗西斯·库奇诺塔，就率先对宇航员暴露在不安全的宇宙射线中提出了警告。库奇诺塔在NASA工作了30多年后离开，前往拉斯维加斯的内华达大学任教。2017年，他公布了一项基于癌症模型的研究，揭示了宇宙射线如何将其损害扩大到其他

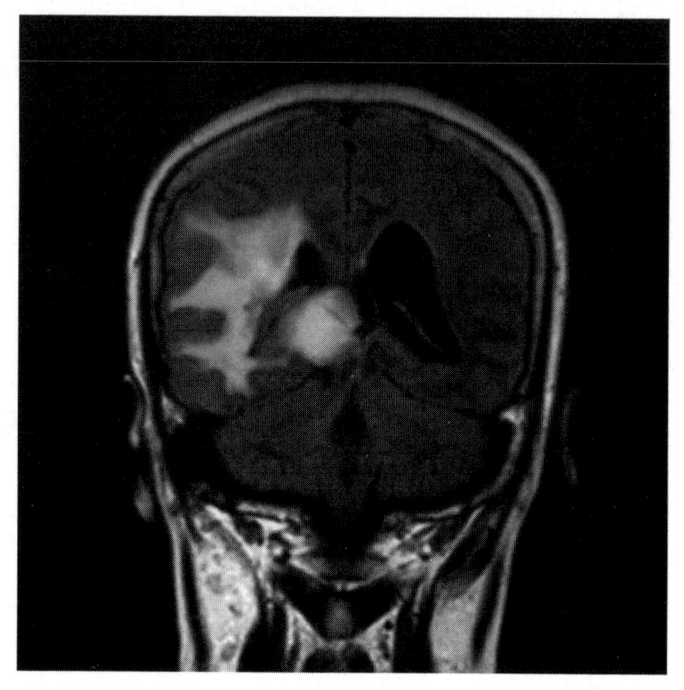

一位接受过伽马刀手术的患者 8 年后的头部 CT 影像

接受放射治疗以缩小脑瘤或畸形物的病人，由于意外的辐射损伤周围脑组织，常常会出现进行性认知障碍。如图，一名 39 岁的妇女在接受伽马刀治疗 8 年后，出现脑水肿（肿胀）和脑萎缩（缩小）。在往返火星的旅途中暴露在宇宙射线下，有可能造成类似的伤害。

健康的非靶“旁观”细胞，从而使癌症风险加倍。[15] 由于该系列研究及其非确定性的结果，NASA 不得不考虑将宇航员送往火星的道德问题。航天局提出知情同意书的方式，以便相关人员接受可能存在的风险。NASA 相关资深人士认为，宇航员是健壮的人群，实际上他们愿意为此牺牲或缩短寿命。

美国国家科学院（National Academy of Sciences，NAS）是一个由美国顶尖科学家组成的团体。它根据 NASA 的请求，“制定了行为准则，并确定‘在现有健康标准不能完全满足’，或根据现有证据无法制定适当标准的情况下，指导长期探索任务的健康标准决策的原则”。美国国家科学院最终在 2014 年指出，“放松（或解除）当前的健康标准，允许进行某些长期探索任务，在道德上是不可接受的”。[16]但是，美国国家科学院委员会基于收益—风险以及尊重自主选择的原则，给了 NASA 一条出路。收益—风险可能被人故意搞得含糊不清，因为根本就没有必要进入太空，而收益或价值则完全取决于我们所赋予它的东西。对自主选择的尊重让宇航员成为英雄，只要他们愿意，只要利益大于风险，就好比一个消防员冲进起火的大楼去救一个孩子。

要是存在力场就好了

怎么才能降低风险呢？防护，大量的防护。宇宙射线比太阳辐射能量更大。从根本上说，它移动得更快；其中一些原子，如铁原子核，比太阳风中的质子和电子要重得多。铁原子核的能量是氢原子核的数百倍，因为氢原子核里就一个质子。没有什么比脆弱的屏蔽更加糟糕的，因为二级级联粒子就像飞溅的弹片一样，杀伤范围更广。宇宙飞船那层薄薄的金属，仅仅是对宇宙射线的撞击起到了散射作用，把一颗快速子弹变成了几十颗速度稍慢的子弹而已。飞船需要厚厚的防护，厚到什么程度，是一个简单的物理——和经济——问题（你记住这个等式：厚度等于质量，质量等于金钱）。

几厘米厚的铅就可以。但这将使任务的载重增加数百吨，因此要多花数十亿美元。水可以提供有效的防护。无论如何，我们都需要带上水。因此，工程师们正在研究一个方案，将包裹整个飞船的外壳充满水。但是，保护一艘尺寸足以将乘组送往火星的飞船，需要大量的水——也就是说，远远多于你需要饮用的水。你也可以用废弃物作为额外的保护。虽然材料有限，但这一招很管用。一种质量很小、非常有效的防护物是氢气，但你需要高压舱室来装氢气，而带上太多的质量，又会把我们带回到那个等式里。

答案是有可能采用组合的方法来解决防护问题，使防护材料具有双重作用。在这方面，氢化氮化硼纳米管（BNNT）显示出巨大潜力。[17] 这些管子由碳、硼和氮制成，非常轻，能够承受热量和压力，而且足够坚固，可以作为整个航天器的主要承重结构。这些管子可以充入氢气或水，作为主要的辐射防护。硼可以很好地吸收二级中子，使辐射级联效应最小化。与碳纳米管一样，BNNT 目前价格昂贵，但在不久的将来价格可能会降下来。如果不能整艘飞船都使用这样的防护罩，那么只在睡觉的舱室使用可能也可以。如果宇航员每天睡觉或休息 8 小时，就能把辐射暴露有效地减少 1/3。虽然我们无法得到与地球一样的完善保护，但部分保护措施也能降低健康风险，缓解所有人的担忧。

位于瑞士的欧洲核子研究组织（Conseil Europeen pour la Recherche Nucleaire, CERN）的研究人员正在研究一种磁场，这种磁场可以用作微型磁层，使宇宙射线产生自然偏转。2014 年，欧洲核子研究组织打破了一项纪录，在 24 开尔文（约 −249℃）的温度下，在一条由两条 20 米长的二硼化镁（MgB_2）超导体电缆组成的电力传输线中产生了 2 万安培的电流。这预示着在地球上可以进行更便宜、更可靠的电力传输。 与此同时，欧洲核子研究组织还参加了欧洲太空辐射超导防护（European Space Radiation Superconducting Shield）项目，将该技术应用于航天器和太空栖息地。该项目的目标是创造一个强度为地球磁场 3000 倍的磁场，其直径为 10 米，可以保护飞船内和飞船外的宇航员。欧洲核子研究组织正在研究采用二硼化镁超导带重构太空电子线圈的方法。

所有这些东西，也就是这些神奇的材料和力场，投入应用还需要几年的时间。近期还没有解决宇宙射线问题的办法，只有希望它不会像实验室研究预测的那样糟糕。

急诊外科

如果你的阑尾在去火星的途中破裂了怎么办？撤回地球是不可能的。乘组里肯定会有一名医生，希望不是他或她的阑尾发炎了。地球上治疗阑尾炎的标准方法是阑尾切除术。抗生素疗法只有在阑尾尚未破裂的情况下才有效，即便如此，这种治疗方法也有其局限性。然而，即使是熟练的外科医生也很难在零重力或部分重力的情况下进行手术。在没有重力的情况下，血液会雾化，形成雾气。组织密度、血流量和麻醉都会不同，即使再熟练的外科医生也会变成新手。如果你完成了手术，太空中的伤口愈合又是另一个变数。全球每年有 1100 多万个阑尾炎病例，造成 5 万多人死亡，其中大部分是由于缺乏及时治疗。[18] 阑尾发炎后大约一半时间内，几乎没有什么征兆。在为期 3 年的任务中，6 位乘组人员中的某一位患上阑尾炎的可能性很高，因此 NASA 和 ESA 的一些人建议在飞行前摘除宇航员健康的阑尾，以此作为一种预防措施。

这个术语叫作预防性手术，并不局限于大部分可切除的阑尾。长有智齿的任何人如果想成为乘组人员，都必须将智齿摘除，以免在长期任务中出现问题。一些医生还主张切除健康的胆囊，以预防胆囊炎。其他的担忧包括胰腺炎、憩室炎、消化性溃疡和肠梗阻，但是你无法移除与这些潜在致命疾病相关的器官。[19] 不过有一点十分肯定：在你离开地球之前，你会接受结肠镜检查。

我们可以预期，在太空飞行期间人们的免疫功能会下降，这一事实放大了各种风险。乘组成员可能会经历病毒复活，比如疱疹复发。我们之前提到的北极和南极探险中就有先例。由于严重受伤或骨折而感染的肢体可能需要截肢，这在 21 世纪听起来似乎很粗暴。让事情变得更复杂的是，宇航员冒险进入距离地球数光分或光时的太空后，他们与任务控制中心的通信就不是无缝的了，会出现数分钟或数小时的延时。飞船上的医生或医务人员需要依靠自己的智慧和某种虚拟伴侣，比如机器人或先进的医疗软件。我们一下子又回到了之前的医学时代，因为太空中的标准治疗可能就是观察和等待。

双胞胎研究

保持美国在轨居留最长时间纪录的宇航员，其同卵双胞胎的哥哥竟然也是宇航员，不过他的哥哥在太空只待过很短的时间。鉴于有幸进入太空的人只是极少数——地球 70 亿人口中只有不到 700 人，这简直就是一个数学奇迹。这一巧合使 NASA 能够进行一项有关长期失重影响的研究，被称作“双胞胎研究”（Twins Study）。的确，我们已经证实失重对健康是有害的。但是，如果知道或许可以从长期零重力造成的健康影响中恢复过来，你可能又会感到一些安慰。

这项机缘巧合的研究对象是斯科特·凯利（Scott Kelly）和马克·凯利（Mark Kelly）。两人 1964 年出生，1996 年被 NASA 选为宇航员。马克执行过 4 次航天飞机任务，在太空中度过了 54 天。他于 2011 年退休，理由是需要照顾妻子——美国前众议员加布里埃尔·吉福兹（Gabrielle Giffords）。2011 年，吉福兹在图森市附近险遭暗杀，受到枪击，造成严重的脑损伤。斯科特·凯利，2016 年退休，总计在太空度过了 520 天，其中包括从 2012 年 11 月起在 ISS 执行了为期一年的任务，在太空连续停留了 342 天。该项目研究了斯科特在太空中长达一年的时间里的生理和心理状况，并将数据与地球上的对照者马克的数据进行了比较。2019 年 4 月，一个基本独立的、非 NASA 研究团队公布了他们的最终研究结果。以下是他们的发现。

095

斯科特在太空经历的大部分生理变化几乎都恢复到了飞行前的状态。一些变化在着陆后数小时或数天内就恢复到基准水平，但少数变化在 6 个月后仍然存在。斯科特身上的微生物群在太空中发生了巨大变化，但在一年内又恢复到了飞行前的状态。通过测量大量的代谢物、细胞因子和蛋白质数据，研究人员了解到斯科特在太空的一年，经受了缺氧应激、炎症加剧以及剧烈的营养变化。这一切都对基因表达产生了影响。斯科特的端粒，也就是染色体的末端，应该随着年龄的增长缩短，但是这些端粒在太空显著变长了。大部分端粒在斯科特回到地球后的两天内就缩短了，但谁也不知道这对他的长期健康意味着什么。研究人员还发现，无论是好是坏，斯科特有 7% 的基因似乎在表达方式上发生了改变，这一过程被称为表观遗传变异。这些基因与他的免疫系统、DNA 修复、骨生成网络、氧气不足（缺氧）和过量的二氧化碳（高碳酸血症）有关。[20] 这在很大程度上是可以预期的，因为这是生物适应的一部分。

到目前为止，两人相比较，除了斯科特的视力比马克差之外，几乎没有其他明显的负面健康影响。然而，斯科特估计他受到的辐射是地球上一个正常人的 30 倍，这将增加罹患致命癌症和早逝的风险。但是，他之所以同意在 ISS 执行为期 1 年的任务，是因为他相信，这是了解为期 3 年的火星任务的唯一途径。[21]

NASA 和 ESA 仍然致力于研究无保护太空旅行的健康后果，即长时间暴露在微重力和辐射下所引发的健康问题。NASA 有一个很大的专门研究健康问题的部门，叫作人类健康和表现理事会（Human Health and Performance Directorate，HH&P），2012 年由太空生命科学理事会（Space Life Sciences Directorate，SLSD）更名而来。2007 年，NASA 与世界最大的生物医学研究资助机构——美国国家卫生研究院（US National Institutes of Health，NIH）签署了第一份谅解备忘录。谅解备忘录的目标之一是“开发用于地球和太空的生物医学研究方法和临床技术”。[22] 然而，美国国家卫生研究院资助的这些研究中，很少有真正完成的。一项研究发现，“微重力对组织细胞本身的影响可能导致免疫缺陷”。[23] 另一项研究发现，补充维生素 K 对防止骨质流失没有多大作用。[24] 其他的研究则探究了在微重力环境下可以进行的科学研究，比如 DNA 测序，尽管缺少实际应用，但证明是可行的。[25] 完成 DNA 测序的 NASA 宇航员凯特 · 鲁宾斯（Kate Rubins）将 ISS 的健康研究总结为，更好地了解骨骼、肌肉和神经的健康损害，以便通过锻炼或药物的方法，更有效地修复这些损害。[26]

2017 年，NASA 和 NIH 以降低人类健康风险为更明确的目标，签署了新的谅解备忘录。但是人们必定会对这种策略提出质疑，因为人们不可能通过生物工程培育出能够承受微重力和空间辐射的超级人类，只有造出速度更快、有防护并且通过旋转产生人造重力的飞船，消除相关风险的时候，人类的太空移民才有可能实现。我们不是借助生物工程鳃才学会穿越海洋的。

3 生活在轨道

在此我要违背所有写作老师的建议，用一个烦琐的数学公式开始本章：$\Delta v=v_{exh}\ln(M_0/M_1)$。嗯，那个三角形和那个卷曲的 v 什么意思？实际上，这是齐奥尔科夫斯基方程。它精彩描述了进入太空、在那里玩耍和停留所需要的条件。这个方程也说明了到达轨道有多么困难，是一个人们不愿面对的真相，一些工程师称之为火箭方程★中令人不快的必需品。

但首先我们必须了解进入轨道的困难：它可不是直接向空中发射东西那么简单。必须达到的能量、速度和精确度令人生畏。轨道意味着围绕一个物体运动的横向速度。如果速度太快，你就会离开轨道进入太空深处；而速度太慢，你又会掉回地面。困难在于，你不能像在陆地甚至是在空中那样轻易地刹

★ 似乎是 NASA 宇航员兼飞行工程师唐·佩蒂特（Don Pettit）创造了这个词。但他说，在未来几个世纪里，他很可能会因为发明了一种杯子而被人们记住。这种杯子能在微重力环境下盛放液体，可以与其他乘组人员一起碰杯，避免了用儿童果汁袋喝东西的屈辱感。

车或微调速度。接近真空的太空几乎没有阻力，运动中的物体会一直保持着运动状态。加速或减速都需要能量，燃烧精确数量的燃料，并将航天器推向精确的方向，以实现所需要的机动。如果要减速，就要点燃反方向发动机。对接是更大的挑战。ISS的轨道速度约为17150英里/小时。要与ISS对接，你的飞船需要至少以17151英里/小时的速度赶上它。你可能想走得更快。但是当你接近的时候，又需要减速，要把速度调整到刚刚好，就别奢望什么轻点刹车了。你只有一次机会把事情做好。如果ISS在影像资料里看起来静止不动，那是因为你的错觉，就像你以60英里/小时的速度在高速公路上行驶，而某人试图以61英里/小时的速度一点点接近你一样。以17150英里/小时的速度行驶，摇下车窗，从赶上你的人手里接过一杯咖啡，且滴水不漏。这就是在ISS上等待与飞船对接的感觉。

康斯坦丁·齐奥尔科夫斯基（Konstantin Tsiolkovsky）是一位俄罗斯人，他推导出了火箭方程，并于1903年发表。他的惊人之处在于，作为一位自学成才的业余科学家，他用纸和铅笔计算出了轨道机动的正确精度。他计算出了将任何物体置于太阳系任何天体的轨道上所需要的速度，而不仅仅是地球。齐奥尔科夫斯基具备梦想家和隐士的性格特征。他沉迷于书籍，尤其是科幻小说。他10岁时得了猩红热，几乎完全失聪，后被拒绝入学。为了实现自己的梦想，他转而学习数学和物理，同时在一个叫作卡卢加的小镇的远郊做一名乡村教师，勉强维持着简朴的生活。这个小镇距莫斯科西南120英里，他居住的远郊当

099 时还是一片未开垦的荒蛮之地。齐奥尔科夫斯基还构想了太空电梯，本章后面会讨论。另外，他还设计了 20 世纪飞船的原型。1935 年，他默默无闻地死去。然而，10 年后，苏联人在佩内明德陆军研究中心（Heeresversuchsanstalt Peenemünde）发现了齐奥尔科夫斯基关于太空飞行和火箭的德译本著作。这个秘密研究中心是纳粹在沃纳 · 冯 · 布劳恩（Wernher von Braun）的指导下研发 V–2 火箭的地方。现在，这本书在卡卢加的一家博物馆里展出，几乎每一页上都有冯 · 布劳恩本人的手写笔记。[1]

爱因斯坦与齐奥尔科夫斯基是同时代人，但两人并不认识。爱因斯坦在 1915 年定义了引力。从爱因斯坦的角度来看，要进入太空，我们首先要爬出地球产生的引力井。想象一下，如果你在一口浅井的底部，可以很容易地把一个球向上抛到井边。井越深，你就越难把球扔出井口。地球引力在时空结构中形成了一个非常深的井，或者叫凹陷，我们需要以 1800 米 / 秒或 5 马赫的速度扔出一个球，才能冲出大气层，到达约 160 千米或 100 英里的高度。这就是为什么要用火箭，实质上就是导弹，进入太空。

但轨道并不仅仅是高度。实际上，垂直上升是比较容易的部分，大约是进入轨道所需能量的 1/5。如果在横向上没有恒定的速度，你的球就会直接掉回地面。还记得第 2 章关于微重力的讨论吗？地球上任何静止的物体都会掉下来。宇航员失重是因为他们处于自由落体状态的同时，横向速度使他们永远在地平线以上绕行。

齐奥尔科夫斯基火箭方程［$\Delta v = v_{exh} \ln(M_0/M_1)$］将我们带

入轨道以及轨道之外。在这个方程中，Δv是发射台到轨道的速度变化，它与火箭排气速度（v_{exh}）有关，或者说与火箭在一个给定引力场利用推进剂的效率有关，然后乘以两个质量相除后的自然对数函数（ln）。这两个质量分别是装满燃料的火箭初始质量（M_0）和燃料燃烧完且助推火箭脱落后卫星的最终质量（M_1）。现在让我们加上一些数字。近地轨道卫星以 8 千米 / 秒的速度移动。这个速度太快了。从洛杉矶飞到纽约只需要 8 分钟，要加速到这个速度需要大量燃料。这是保持在近地轨道所需的最终速度。再慢一点，你就会退回西班牙★；再快一点，你就会飞到更高的轨道上。要使卫星达到这个速度，你需要赋予它大约 10 千米 / 秒的Δv，略高于轨道速度，因为要克服非常稀薄的残留大气层造成的阻力。要到达近地小行星，需要 12 千米 / 秒的Δv；到达月球，需要 14 千米 / 秒；到达火星，16 千米 / 秒。因此，你可以看到，离开地球到达大约 100 英里远的轨道需要的燃料是到达 3000 万英里远的火星的一半（去往火星的途中，一旦达到 16 千米 / 秒的Δv，之后你只需要燃料来减速，而不需要燃料来保持速度）。

一旦你知道了想要的Δv，方程的元素就相当固定了。v_{exh}是基于火箭燃料的化学效率，而在大多数情况下，我们使用的是我们所拥有的最强大的化学燃料。送入轨道的卫星质量只占发

★ NASA 保留了航天飞机的跨洋紧急中止着陆点（Transoceanic Abort Landing sites），其中两个在西班牙的萨拉戈萨空军基地和莫伦空军基地。

射质量的 2%~5%，剩下的质量都来自火箭和燃料，这就是叫它令人不快的必需品的原因。更快的速度需要更多的燃料，更多的燃料增加更多的质量，更多的质量需要更多的燃料，更多的燃料又会增加更多的质量，更多的质量需要更多的燃料，更多的燃料又会增加更多的质量，如此循环往复。一旦速度变快，转换到较慢的速度也需要燃料，因为太空中没有空气制动。你必须反方向点燃发动机。从任何一种轨道转换到另一种轨道——近地轨道、地球同步轨道、月球轨道——都需要调整 Δv，都需要消耗燃料。

虽然这都是物理学问题，但也是经济学问题。燃料越多，花的钱越多。燃料越高效，质量占比就越小。但与廉价的火箭燃料相比，试验新燃料在研发及储存上投入的成本也更高，所以你不可能通过这种方式节省很多。轻质材料可以减轻一些质量。但依然存在问题：能够经受严酷的发射考验的更轻的材料，更难制造，成本也更高，所以靠这种方式也不能节省很多钱。令人不快的必需品问题能够解决吗？事实上，如果地球的质量再大一些，凭借我们当前的混合火箭燃料将永远无法离开地球，因为引力井会更深，没有任何火箭能造得足够大、足够轻，能够装载所需的燃料并且将之送入轨道。

很多人惊讶地发现，伫立在发射台上等待发射升空的火箭，约有 90% 的质量是燃料，8% 的质量是用来装燃料的金属外壳，而送入太空的东西——人或货物——只占到总质量的 2%。目前的系统是把我们自己绑在几根带着 500 吨燃料和一点点货物的一次性罗马烟火筒上，因此非常昂贵，每磅货物的成本超过 1 万美元。1 加仑水，1 万美元；早餐，1 万美元；几双袜子，1 万美元。要建立一处太空定居点，我们需要很多双袜子和其他必需品。与此同时，进入太空需要像乘坐飞机进入天空一样实惠、可靠，或者像历史上移民乘船进入海洋一样经济。依照上面的情形，你还没给自己买票，那个重达 100 磅，装有你去新世界的所有物品的大旅行箱，就已经花掉了 100 万美元。

102

能够在轨道或月球上制造空气、水、食物、衣服、庇护所和大型飞船等必需品，进而不必从地球发射所有这些物资之前，成本是不会显著下降的。但你看过《第 22 条军规》(*Catch-22*)★ 没有？如果将基础设施发射到太空成本过高的话，我们如何在太空建立起旨在降低进入太空成本的基础设施？从火箭方程式可看出，建立太空基础设施的花费几乎一定是天文数字。你可以咬咬牙，把这笔钱称为对未来的投资。但是这样做会有回报吗？从某种程度上说，建立月球定居点来推动太空经济是具有极大的经济意义的，因为月球是一个巨大的、低重力的轨道仓库，储存着燃料和原材料。月球资源可以让月球移民有利可图，就像鱼、毛皮和木材在 17 世纪和 18 世纪为北美的欧洲移民带来财富一样。但从另外角度来说，就算你能“噗”的一声让基础设施出现在月球上，也仍然得不到利润，月球居民没有市场出售

★ 借用约瑟夫·海勒（Joseph Heller）创作的小说《第 22 条军规》的含义，表示自相矛盾或左右为难的局面。——译注

商品，进入太空太昂贵，无法使用这些材料建造在轨城市、巨大的太阳能阵列和大型航天器。

你可以梦想生活在月球或火星上，那里有漂亮的穹顶和无尽的一排排水培蔬菜。但在找到比火箭方程更聪明的方法将成本降低，让人可通过某种方法获得确定利润之前，这真的只是幻想。尼尔·德格拉斯·泰森在2012年出版的《太空编年史：面对终极前沿》（*Space Chronicles：Facing the Ultimate Frontier*）一书中探讨了这个思想。他当时和现在的立场都是：我们没有合适的经济环境来推动人类在月球、火星或太阳系其他地方定居。★

103

没错，这就是火箭科学

那么，我们怎样才能降低进入太空的成本呢？如果根据齐奥尔科夫斯基的火箭方程，几乎没有讨价还价的空间，要么提高燃料效率，要么减少质量。火箭已经由轻质材料制成；通过火箭分级，已经将空的燃料罐抛掉以减轻质量。没有更多的质量可缩减。在燃料方面也没有太大可改进的地方。的确存在许多构思精巧的雏形，比如离子驱动，但它们只有进入太空后才会起作用。要飞出地球的引力井，你需要很大的推力。

★ 2018年2月11日，泰森在迪拜举行的2018年世界政府峰会上发表演讲时承认，这本书最初的书名是《发射失败：太空爱好者的梦想和幻想》（*Failure to Launch: The Dreams and Delusions of Space Enthusiasts*），但出版商不同意用这个名字。

核能可以做到。猎户座计划（Project Orion）就是使用核动力火箭系统，从而用很少的燃料发射质量很大的火箭，本质上可理解成核裂变炸弹的可控爆炸。著名物理学家弗里曼 · 戴森（Freeman Dyson）在 20 世纪 50 年代末参与领导了这个计划。核燃料是一个自然的选择，因为它的威力、它的小巧廉价、它为潜艇提供动力的计划，以及它在军事领域的广泛使用（军事领域是核动力应用的决定性领域）。火箭由爆炸产生的冲击波推动。从理论上来说，核动力的潜力是惊人的：Δv 可达每秒数百公里，其能量足以让你在 1 周内到达火星，并在 150 年内到达最近的恒星——半人马座 α 星（Alpha Centauri）；设计上允许 1/4 的质量是有效载荷，剩下的分配给火箭、核发动机以及保护乘组人员免受喷出的核碎片伤害的必要防护。猎户座火箭系统最大的问题是，如果火箭在发射时爆炸，受到核辐射危害的可能性就很大。戴森认为我们可以解决这些问题，但这个计划在 20 世纪 60 年代初被取消了。[2]

104

随着核能方案的放弃，至少是放弃了核发射方案，工程师们很早以前就开始使用化学推进剂。这种推进剂的推进效率不高，需要大量的燃料质量来提升一点点火箭质量，推进剂与火箭的质量比大约为 9∶1。目前用于发射的最常见的化学推进剂是液体燃料：液氧（LOX）和火箭推进剂 -1（RP-1）的混合物，后者是一种高度精炼的煤油；液氧和液氢的混合物；还有四氧化二氮（N_2O_4）和肼（N_2H_4）。在各种情况下，我们都是把一些极具爆炸性的东西和氧气结合在一起，因此我们需要携带氧气，因为上层大气中的氧气太少，不足以支撑爆炸。这些燃料混合物 50 年内几乎没有什么变化。在这些燃料中，液氢液氧混合燃料产生的排气速度最大，代入齐奥尔科夫斯基火箭方程的数值是 4.4 千米 / 秒［注意，在火箭方程中，排气速度有时用比冲来替代。两者是相关的：比冲（I_{sp}），是排气速度（v_{exh}）除以重力加速度（g）；因为地球上的重力加速度大约是 10 米 / 秒^2，所以你会看到 I_{sp} 大约是 v_{exh} 的 1/10。你可以将火箭方程用于月球、火星或任何天体，只要把那个天体的引力代入方程即可］。

有一些实验性推进剂有希望获得高比冲，但仍有一些障碍要克服。三硝胺［$N(NO_2)_3$］，发现于 2010 年，可将燃料比冲提高 20%~30%，但是它不稳定，难以处理。一种名为 ALICE 的铝 – 冰推进剂比其他化学推进剂燃烧更清洁，对环境更有利，但比冲没有其他的好。金属氢★是目前存在的最强大的火箭燃料——现在似乎已经出现了。由物理学家艾萨克·西尔韦拉（Isaac Silvcra）领导的哈佛大学科学家发明了这一技术，被许多人称为改变了游戏规则的巨大进步。[3] 如果金属氢听起来很奇特，那是因为它确实很奇特。要把氢变成液体已经够难了，不要说变成固体，更不要说变成金属了。这些物质很可能存在于木星核的高压之下，但还没有人直接探测到它。哈佛大学的研究人员通过挤压钻石砧上的氢原子，在非常低的温度下制造出了金属氢。在制造金属氢的成本有多低，或者储存起来

105

★ 金属氢是氢在超高压下变成的导电体，导电性类似于金属，故称金属氢。——译注

有多安全方面，人们有着诸多精测；从理论上来说，金属氢一旦形成，在更高的温度下也可能是稳定的。不过，所有人都一致认为，金属氢推进剂将打破任何其他化学火箭燃料的纪录。事实上，金属氢的能量非常之大，在燃烧时需要用水切割来降低温度。根据西尔韦拉的说法，金属氢的比冲为 1700 秒，即排气速度超过 16 千米 / 秒，是目前使用的最好推进剂的 4 倍。这将大大降低发射成本，不过这还取决于金属氢生产和存储的难易程度，这是两个最大的未知数。这种推进剂的威力大到采用单级火箭就足够了，从而又减轻了火箭自身的质量。[4] 如果你将比冲提高 4 倍，你就可以减少燃料质量，并将有效载荷增加到原来的 100 倍。

然后是核聚变。是不是很好？核聚变是太阳的能量来源。太阳核心的高压高温将氢聚变成氦，在此过程中释放出大量的能量。记住，裂变是原子的分裂，是原子核分裂成更小、更轻的原子核的过程，例如铀 235 在反应中分裂成氪 92 和钡 141（92 和 141 相加，得到 233，而不是 235，失去的质量转化为能量）。

106

氢聚变比裂变威力大得多，而放射性小得多。而且，这种类型的辐射是短暂的。唯一的问题是，进入原子时代已经 80 年，我们仍然不知道如何在没有核裂变的帮助下产生聚变能。这就是所谓的热核武器，即一个裂变炸弹产生的热量和压力足以产生更大破坏力的核聚变反应。

没错，通过核聚变可以产生一种极好的火箭燃料，特别是用于深空旅行。那时你就可以抛弃齐奥尔科夫斯基的火箭方程，因为在核聚变经济中一切都在改变。有了无限、廉价的能源，你可以把沙漠变成绿洲，可以照亮地下世界，可以造出高得可以让你走进太空的建筑。这将是一个与火的驯化同等重要的事件。让各路神仙见鬼去吧。

在接下来的10年里，我们很可能无法期待在火箭推进剂方面取得任何革命性的进展。如果没有推进剂的改进，我们对齐奥尔科夫斯基火箭方程的质量要素就无能为力。只有以最轻的元素氢作为燃料，结构上采用又轻又耐用的金属，火箭才能造得尽可能的精干。为了降低进入太空的成本，企业家埃隆·马斯克（Elon Musk）和他的公司SpaceX转而专注于火箭的研制。燃料，虽然我们需要很多，但在发射成本中只占很小的比例，只有数十万美元而不是数百万美元。成本最高的是火箭本身。那些举起火箭并在燃料耗尽后被抛弃掉的高科技火箭助推器就可以白白浪费了？它们的售价每台约5000万美元。马斯克曾表示，助推器的成本约占SpaceX发射成本的70%。因此，SpaceX在火箭的生产和再利用方面看到了节省成本的空间。该公司已经证实了这项技术的可行性，以可控的方式让助推器着陆，并在几个星期内重复使用。

107

作为火箭研发新驱动力的私营企业

发射火箭就像驾驶一架747喷气式飞机，使用一次后就将其摧毁，然后为下一次飞行再造一架新的747。在这种情况下，票价往往会很高。但这就是运载火箭的历史：火箭就是把货物运到太空的导弹，而不是带着炸弹飞向敌人的导弹。NASA 和俄罗斯的太空计划自创立以来就与军方联姻，因此它们依赖导弹。1958 年，德怀特 · D. 艾森豪威尔总统创建 NASA 的时候，显然是将它作为一个民用机构，但实际上，NASA 是在美国海军研究实验室（Naval Research Laboratory，NRL）和美国陆军弹道导弹局（Army Ballistic Missile Agency，ABMA）的基础上建立起来的。后者聘用了沃纳 · 冯 · 布劳恩，一位被俘的德国科学家，曾经领导了希特勒的导弹计划，带着他现成的火箭设计被转移到了亚拉巴马州。★ NASA 的大多数试飞员和宇航员都来自空军。20 世纪 60 年代，NASA 就像是五角大楼的第六角，看看他们的发型就能证明这一点。五角大楼发射导弹的时候根本就没想着要回收它们。

然而，重复使用火箭部件并不是什么新鲜事。这就是 NASA 航天飞机背后的理念。按照设计，航天飞机要滑翔回地球以便再次发射。将航天飞机送入太空的两个助推器将落入海洋，然后从海里将它们回收，翻新后再利用。20 世纪 70 年代初，这些想法在纸面上看起来不错。但在现实中，助推器每次发射时都

108

★ 第二次世界大战后，冯 · 布劳恩和他的许多同事被秘密转移到美国，此为回形针行动（Operation Paperclip）的一部分。他们为美国陆军的中程弹道导弹项目工作。NASA 聘请冯 · 布劳恩担任在亚拉巴马州亨茨维尔新成立的马歇尔航天飞行中心的主任。他在那里成为“土星 5 号”(Saturn Ⅴ) 运载火箭的总设计师。正是该火箭将阿波罗宇航员送上了月球。

被严重损坏，翻新比建造新助推器还要昂贵。★ 更糟糕的是，工程师们被死板的航天飞机项目安排所束缚，为了重复使用助推器，每次发射都增加了相当大的成本——大约 5 亿美元。国会为了进行政治分肥，把航天飞机的部件合同分给自己的选区，包括从佛罗里达到华盛顿的各个地区，造成了不必要的复杂且昂贵的物流，进一步增加了运营成本。毕竟，这是一种创造就业机会的方式——也就是说，给选民提供工作。总的来说，航天飞机项目每次发射的最终成本大约是 15 亿美元。[5] 就连 NASA 自己现在也承认这个项目是个错误。[6] NASA 局长迈克尔 · D. 格里芬（Michael D. Griffin）表示，如果把我们送到月球的“土星”火箭计划能继续下去，那么以航天飞机一次发射的费用，它能完成每年六次的载人发射。“如果当时这样干了，我们现在就登上火星了，而不是在纸面上把它作为一个‘未来五十年’的事情来规划。”格里芬在 2008 年写道：“我们本应当有几十年在地球轨道上长期运行太空系统的经验，以及几十年探索和学习利用月球的经验。”[7]

109

航天飞机项目太令人费解，苏联科学家认为航天飞机是用来实现太空军事化的东西，因为哪个理智的政府也不会以科学

★ 航天飞机的主燃料箱，即中间那个锈色的大燃料箱将在接近轨道时被抛弃，它将在再次进入地球大气层时燃烧殆尽。然而每个燃料箱的体积都比整个 ISS 的体积还大。如果 NASA 选择把这 100 多个燃料箱留在轨道上，在太空中收集并焊接起来，那么我们今天就会在近地轨道上有一个低成本的环形设施，能够产生人造重力，容纳 1000 多人。科学家兼作家大卫 · 布林（David Brin）在他虚构的短篇小说《油罐发电机》（*Tank Farm Dynamo*）中经过计算写下了这个设想。

的名义，在这样一个有缺陷且不切实际的设计上投入这么多钱，而且当时还有更有效的方法来得到所需的科学成果。航天飞机项目把苏联人吓呆了。[8]

我离题了。SpaceX 的目标是通过运用基本的商业智慧，来避免 NASA 航天飞机项目的错误：创建一个合理的供应链，尽可能地削减成本。精益生产、纵向合并、扁平化管理（也就是开放沟通），这些都是硅谷初创企业的特征，但航天界从未采用过这种公认的方式。由波音公司和洛克希德•马丁公司组成的联合发射联盟（United Launch Alliance，ULA），主要为美国军方生产“德尔塔”（Delta）和“阿特拉斯”（Atlas）运载火箭。该联盟几乎没有动力降价，原因有以下几个：没有竞争、主要客户资金雄厚，以及希望实现利润最大化的股东。考虑到 NASA、军方、波音和洛克希德 · 马丁之间根深蒂固的关系，SpaceX 和其他初创公司想要参与这些利润丰厚的合同将是一场艰苦的斗争。新来者不仅需要发射价格更便宜（对于 NASA 和商业卫星），还需要有可靠性，而联合发射联盟在这方面做得非常出色。

SpaceX 拥有从零开始、灵活机动的优势，而联合发射联盟则可能因为固守旧模式而停滞不前，无法快速创新，就像福特和通用汽车一样。福特和通用汽车都被丰田打了个措手不及。SpaceX 拥有“猎鹰”（Falcon）系列运载火箭和“龙”（Dragon）系列飞船，以及一款已经研发了好几年的重型火星运载火箭样机 BFR［BFR 字面上代表“大猎鹰”火箭（Big Falcon Rocket），但 F 似乎还有其他含义。不管怎样，马斯克在 2018 年 11 月修

110

改了这个名字，将一级即助推级称作“超级重型火箭”（Super Heavy），上面级即航天器级称作“星舰”（Starship）]。SpaceX采取了很多聪明的办法来削减“猎鹰”运载火箭的成本。例如，“猎鹰9号”的两级都使用相同类型的推进剂，具有相同的直径，并且使用同一种铝锂合金制造，这就节省了设计以及组装、翻新所用加工工具的费用。“猎鹰”火箭采用“梅林”（Merlin）火箭发动机提供动力，该发动机可以追溯到阿波罗时代，其可靠性经过了太空飞行的考验。今天的大多数火箭发动机使用喷头型喷注器板向燃烧室喷射燃料和氧化剂；而“梅林”发动机使用一种叫作针状喷注器的东西，这种针状喷注器既便宜又不容易造成燃烧不稳定，而燃烧不稳定正是火箭在发射时爆炸的主要原因。其他方面，SpaceX通过回收零部件以降低成本，说白了就是使用闲置在NASA和军事基地里的巨型燃料箱、旧的轨道车等东西。该公司自己制造或翻新大部分零部件，以绕过航天市场固有的哄抬价格的陷阱。

这可能是因为SpaceX拥有新的“利器”。该公司在商界的大胆行为是有据可查的。有一次，该公司需要一款发动机阀门，而供应商却说这种阀门要花费数十万美元，而且要一年多的时间来研发。SpaceX的推进系统主管汤姆·穆勒（Tom Mueller）觉得这很离谱，于是就说要自己做，而供应商嘲笑他太天真。但穆勒团队还是自己制造出了这个部件，并进行了测试，价格只有预估成本的一小部分。实际上，在初次讨论几个月后，供应商就打电话回来，希望能达成协议。穆勒兴高采烈地向供应商解释说，他们已经造出了阀门，这让供应商非常震惊。[9]

这种情况经常发生，因此 SpaceX 学会了避开航天供应商。SpaceX 需要一个空调系统让火箭整流罩内的卫星保持在合适的温度，另一个供应商为此要价 300 万美元。马斯克听说了这件事，就问，在一间同样大小的房间里这样的系统要花多少钱。答案是几千美元，而这就是 SpaceX 最终支付的价格。工程师们只做了一些微小的调整，就把它安装在了火箭的整流罩里。[10] 接下来就是战场上的英雄行为了。2010 年，在“猎鹰 9 号”第二次发射前夕，工程师发现其中一个发动机的喷嘴或者叫裙部，出现了裂缝。NASA 通常的做法是将发射推迟几个月，等工程师们完全更换了这个喷嘴后再发射。而在 SpaceX，马斯克召开了一次会议，提出如果只是简单地将裙部裂缝修补一下会产生什么影响？他绕着桌子，一个人一个人地问这样做对发射中每个系统的影响是什么。唯一的缺点就是，这个发动机的性能会稍微差一些，但是其他发动机完全可以补偿。不到 30 分钟他们就做出了决定，把裙部修补一下。那天晚上，SpaceX 的一名技术人员就带着一把大剪刀从加利福尼亚州总部飞到了佛罗里达州卡纳维拉尔角（Cape Canaveral）。技术人员剪下了裙部，第二天“猎鹰 9 号”发射（成功）。[11]

这种方法的结果是什么？那就是发射成本更低。NASA 为 12 次货物运输付给 SpaceX 16 亿美元，而航天飞机发射一次就需要 15 亿美元。相比之下，SpaceX 的费用低多了。这个费用还是联合发射联盟发射费用的 1/3，尽管这不是一个同类比较。

111

美国国防部（DOD）可能会效仿。2014年，美国政府问责局（Government Accountability Office，GAO）致信美国参议院，严厉批评空军的支出以及联合发射联盟的发射价格，指出“对承包商成本或定价数据缺乏洞察力，（已经）意味着国防部可能缺乏足够的知识，无法就公平合理的发射价格进行谈判”，这种情况已持续多年并且导致了垄断。[12]纳税人可能对政府开支的浪费越来越难以容忍，即使是在太空领域。

112

据估计，如果SpaceX每次发射“猎鹰9号”收取5000万美元，它就可以从NASA的合同中获得巨额利润。利润在于火箭的发射次数以及火箭助推器的重复使用，马斯克估计每台助推器可以飞行十几次。2017年，SpaceX为付费客户发射了18次“猎鹰9号”火箭，2018年，该公司平均每月发射2次，因此经过多年的测试和投资后，已经开始赚钱。2018年，“猎鹰”重型火箭首次试飞成功。这次发射把一辆带着驾驶员模型的特斯拉电动跑车送入轨道，目的就是为了炫耀。他们计划把跑车送入一条环绕太阳的轨道，然后借助天体的引力把它弹射到火星。未来，埃隆·马斯克的巨型火箭（超级重型火箭和星舰）和首批火星旅行者将以此为目的地。接下来是更大的火箭，一次搭乘100人。不过，“猎鹰”重型火箭有点太强大，似乎将特斯拉跑车射过了头，将越过火星奔向小行星带[13]（体会到齐奥尔科夫斯基火箭方程的重要性了吧）！“猎鹰”重型火箭由3枚“猎鹰9号”组成，包括9台发动机。截至2018年，“猎鹰”重型火箭的运载能力是世界上现有最强运载火箭的2倍，能够将近64吨物体送

太空中的埃隆·马斯克特斯拉跑车

这个令人兴奋的画面是真实的，只不过司机是一个人体模型。2018年2月6日，SpaceX用一枚“猎鹰”重型火箭将这款电动汽车送入了太空，这一成就凸显了私营企业对太空飞行日益增长的兴趣。这辆车原本是要“驶向”火星的，但它似乎位于一条超越火星的轨道上，将飞往小行星带。

入轨道。有效载荷多于此的，只有1973年阿波罗登月计划中的“土星5号”运载火箭。

我并不是说SpaceX比其他公司更胜一筹。有很多我称之为“LUCA”[loud, unfriendly counter-arguments（大声、不友好的反驳）]的人在质疑公司的真实支出，因为NASA如此公开透明也没能让可重复利用变得经济起来。马斯克可能是一个我行我素注定要失败的人。在2018年9月的一次直播中，他抽了一支据说是别人给他的大麻烟，并因此受到打击；尽管他后来在播客中表示，他不喜欢大麻，也不抽大麻，但此举还是激怒了部分NASA官员，他们随后下令对SpaceX的商业文化进行评估。[14]但这里的重点是，有几家公司正在争相成为火箭发射领域的领头羊，而竞争肯定是一条降低进入太空成本的途径。传统上是没有竞争的。几十年来，只有美国和苏联发射了火箭，两者的火箭发射都与军事密切相关。2010 年只有 6 种主要运载火箭，确切地说是轨道发射系统，要么是国家所有的，要么几乎是垄断的："阿丽亚娜 5 号"（Ariane 5），由 ESA 和法国国家太空研究中心（Centre National d'Etudes Spatiales，CNES）授权制造；"质子 M"（Proton-M），俄罗斯的重型运载火箭；"联盟 2 号"（Soyuz-2），俄罗斯较小型的运载火箭，将宇航员（包括美国人）114送入 ISS；中国"长征"系列运载火箭；联合发射联盟的"阿特拉斯"和"德尔塔"运载火箭。在所有这些运载火箭中，只有俄罗斯的"联盟 2 号"和中国的"长征二号 F"运载火箭用于载人。自豪的美国自 2011 年以来就一直没有能力将自己的宇航员送入轨道。

但 21 世纪第二个 10 年情况发生了重大变化。除了 SpaceX，其他三家公司也在载人航天领域取得了重大进展，它们分别是毕格罗航宇公司（Bigelow Aerospace）、蓝色起源公司（Blue Origin）和维珍银河公司（Virgin Galactic）。特别有利的是这些新公司之间的协同作用。例如，毕格罗航宇瞄准太空酒店业务，蓝色起源负责将你带到那里去，SpaceX 可能会让你在月球或火星着陆，而维珍银河可能会在两小时内带你环游世界。

此外，还有数十家其他公司也在填补空白。总部位于新西兰的火箭实验室公司（Rocket Lab）正在向小型化方向发展，使用一种个头小、价格相对低廉的火箭，可将 225 千克的载荷送入太空，比如可为星际旅行提供骨干网络的小型通信卫星。该公司称自己为太空快递领域的“联邦快递”。[15] 实际上一种有益的分化似乎正在出现：人们正在设计大型运载火箭来运载人类和重型设备，如车辆、挖掘机和其他探险必需品；小型火箭正在激增，以搭载新一代的纳米卫星。由于小型化技术的进步，这种卫星重量不到 10 千克，可以完成各种任务，比如成像和通信，以往这些任务需要重量为现在 100 倍的卫星来完成。比这些还要小的卫星也在大量发射和部署。★ 小型运载火箭背后的推动力，是人们可以找到每周甚至每天发射的市场，通过规模经济降低发射价格。

115

总的来说，这些活动是“新太空”（NewSpace）运动的一部分。在这场运动中，各色各样的企业家以及越来越多的业余爱好者有着一个共同目标，那就是不带任何政治动机，纯粹出于商业利益而降低进入太空的价格——这与政府和军事承包商的“旧太空”（old space）伙伴关系形成了鲜明对比。NASA 艾姆斯研究中心（Ames Research Center）合作关系主管加里·马丁（Gary Martin）如此总结道：“新太空”代表着“太空探索与开发历史上的一个转折点，是一场革命的前端，（在这场革命中）以多种不同方式利用太空的新产业正在诞生。已经建立起来的军

★ 有一些卫星被称为微卫星、纳卫星、皮卫星和飞卫星，体积依次递减，但是它们的名字更加口语化，而并非真正严格的分类。立方星（CubeSat）是一种大小为 10 厘米 ×10 厘米 ×10 厘米的皮卫星。

事航天工业部门不再是唯一选择。竞争的加剧和新的力量将持续改变市场”。[16]

不过，每次发射的价格标签可能会让人感到困惑。拥有小型火箭的公司常常吹嘘发射成本只有几百万美元，而相比之下，大型火箭的发射成本则高达数千万美元到数亿美元。但是小型火箭的有效载荷很小。一种比较方便的比较方法是采用成本一质量比，也就是将每磅或每千克有效载荷送入太空的价格。火箭实验室搭载 225 千克有效载荷的一次发射，价格约为 500 万美元，成本一质量比约为 2.2 万美元 / 千克。而 SpaceX 的“猎鹰”重型火箭可以搭载 64000 千克的有效载荷，花费为 9000 万美元，也就是每千克大约 1400 美元。这相当有吸引力。但与数以百计的纳米卫星发射客户相比，需要将 64 吨货物送入太空的非政府客户要少得多。对于 NASA 及其火箭来说，历史上的价格是每磅 1 万美元或每千克 2 万美元。NASA 在 1999 年阐明的目标是，在 25 年内将成本降低到每磅数百美元，在 40 年内将成本降低到每磅数十美元。[17]怎么样？或许 NASA 应该依赖 SpaceX 这样的公司，通过规模经济和精明的商业行为进一步降低价格。对基础运载火箭研发实行零税收将节省大量资金。NASA 可将这些资金用于需要重型运载火箭的其他项目，而 SpaceX 或其他供应商则将获得更多利润，以同样的净价开展更多太空项目。双赢！

NASA 在航天飞机项目和 ISS 的发展上显然搞砸了，所以在美国国会对开支问题感兴趣的情况下，一些人开始严肃质疑 NASA 能否引领航空航天技术的发展。相反的观点是，政府，而不是企业，必须是高风险、高回报研究的驱动者——这些研究正是私营企业未来几十年进一步发展的下一代技术……而且这些私营企业目前正在享用 NASA 几十年来取得的技术进步成果。事实上，NASA 正在研究下一代运载火箭。其中包括评估新空气动力学概念的各种 X 飞机，如洛克希德 · 马丁公司 20 世纪 90 年代开发的 X-33 亚轨道空天飞机（suborbital spaceplane），以及被称为轨道试验航天器（Orbital Test Vehicle）的波音 X-37。波音 X-37 是一种可重复使用的无人驾驶航天器。人们吸取了很多经验教训。不过，结果依然是没有多少新东西因此而产生。NASA 对于运载火箭的其他想法还在研发之中。按照目前技术的可行性进行排序分别是：更多地依靠大气中的氧气来燃烧燃料的吸气式发动机，比传统火箭的性能提高了 15%；在发射前使航天器沿轨道加速的磁悬浮技术；从地面补充常规燃料的波束推进剂（beamed propulsion）；用作推进器的电动磁力系绳（electrodynamic magnetic tether）；通过喷嘴使用爆炸作为推力的脉冲爆震火箭发动机（pulse-detonation rocket engine）；以及诸如核聚变和反物质等特种燃料。

国际空间站以外的空间站

117

随着进入太空成本的降低，不管采取什么样的方式，都将会有更多的人前往近地轨道访问、工作或生活。事实上，从 2000 年以来，我们就一直在太空生活。但这里的“我们”，指的是占世界人口 0.0000035714286% 的曾经到访 ISS 的人。在这 250 多人中，有 7 人是游客。将会有更多的人去那里旅游。与人类在南极洲的存在相似，太空栖息地一开始是民族自豪感的源泉，然后演变成科学研究场所；随着价格下降以及安全得到更好的保证，太空将迎来数百万游客。

空间站是用无人运载火箭发射并在太空建造的在轨栖息地，具有对接能力，其空间可以容纳轮替人员一次在空间站停留数周或数月。NASA、美国国会和学者曾经认真考虑过比单纯的空间站更大胆的东西——在 20 世纪 80 年代建成整座太空城市，到 21 世纪初可居住。普林斯顿大学的物理学家杰拉德·奥尼尔（Gerard O'Neill）提出建立一个巨大的旋转结构，有 2 英里长，里面有树木和流动的河流，还有供成千上万人居住的房屋。这些人的主要工作是在月球上采矿，或者维持巨大的太阳能阵列，将无限的能量通过波束发送到地球。1975 年在众议院空间科学与应用小组委员会（House Subcommittee on Space Science and Applications）、1976 年在参议院航天技术与国家需求小组委员会（Senate Subcommittee on Aerospace Technology and National Needs），奥尼尔就这些奥尼尔圆筒或奥尼尔殖民地（后来就是这么命名的）发表了演讲。在 20 世纪 70 年代能源价格飙升的石油危机时期，能源独立的思想引起巨大反响。但奥尼尔计划的一个主要障碍是，它依赖于通过航天飞机廉价进入太空的假设，而当时航天飞机尚未投入运行。到了 20 世纪 80 年代，油价下跌，而航天飞机价格一飞升天，为太阳能工人建造低轨道郊区的想

118

艺术家想象的轨道圆环或太空城市

这种巨大的旋转结构可以为成千上万人提供生活空间，并配有舒适温度、人造重力、充足的食物种植空间、类似地球的昼夜循环以及无限太阳能。所有这些轨道圆环或太空城市都在地球和月球附近。

法很快就被抛弃了。然而人类定居太空，这些巨大的轨道球体仍然是一个令人振奋的选择，因为它们可以提供人造重力以及与地球相似的其他细节。

苏联在 20 世纪 70 年代主导了太空栖息地的研发。它们同时进行了两个项目，一个是科学项目，另一个则出于军事目的。对外，这些被称为“礼炮号”的空间站，总共有 7 个，其中 5 个是成功的。几十年后外界才知道其中 3 个空间站，也就是礼炮 2 号、礼炮 3 号和礼炮 5 号，实际上在内部被命名为阿尔马兹（Almaz）1 号、阿尔马兹 2 号和阿尔马兹 3 号，是秘密军事计划的一部分，目的是试验太空侦察战术。苏联成功发射这么多空间站是“太空竞赛”的结果，但这与美国无关。这是克里姆·克里莫夫（Kerim Kerimov）与弗拉基米尔·切洛梅（Vladimir Chelomey）之间激烈的内部竞争的结果，前者设计了“礼炮号”空间站，后者则力推军用空间站建设。[18]

1971年4月发射的“礼炮1号”在轨道上停留了175天，3名宇航员在其中住了23天。美国对“礼炮号”的回应，是在1973年5月用“土星5号”运载火箭发射了“天空实验室”。这是该标志性运载火箭的最后一次应用。“天空实验室”的大小是“礼炮号”空间站的3倍，主要生活区长48英尺，宽21.6英尺。“天空实验室”相对比较成功，总共有3次到访，每次都是3名宇航员，分别在空间站上待了28天、59天和84天。但“天空实验室”一直被各种问题所困扰。它的微流星体防护罩在发射过程中脱落，带走了一片主要的太阳能电池板。第一批宇航员需要在进驻之前修复受损的地方。这是一项史无前例的重大壮举。尽管如此，宇航员们还是很沮丧。NASA在档案记录中如此表述：“宇航员们用脏话发泄他们的沮丧，而休斯敦地面任务控制中心则反复提醒他们通信已经恢复”，他们的咒骂被广播到了全世界。[19]尽管收集到大量的科学数据，如对地球、太阳和彗星的新观测，以及首次对失重进行的长期研究。但持续不断的修复工作令人厌倦。“天空实验室”的第三批也是最后一批宇航员对分配给他们的任务怨声载道，有人声称打算发动叛乱。乘组成员爱德华·吉布森（Edward Gibson）对地面任务控制中心说：

“我个人认为，自从我们来到这里，除了进行了 33 天的消防演习，什么都没干……我一直忙着修理各种各样的组件，而不是关心数据的质量。”[20]

120

“天空实验室”于 1974 年被废弃。本来是想用航天飞机来提高“天空实验室”的轨道，但是航天飞机的发展远远落后于预定计划，因此“天空实验室”的轨道慢慢衰减，最后不可避免地坠回地球。1979 年因为这件事，全世界都变得歇斯底里。NASA 关于“天空实验室”坠毁本来是有所控制的。尽管 NASA 向公众保证空间站在重返大气层时大部分会在海洋上空燃烧掉，但工程师们还是算错了。澳大利亚的珀斯散布着大块的空间站碎片。值得注意且对 NASA 来说相当幸运的是，没有人受伤。实际上，一位名叫斯坦·桑顿（Stan Thornton）的澳大利亚年轻人发现了一块碎片并立即飞往美国，领取了《旧金山观察家报》（*San Francisco Examiner*）为一块“天空实验室”碎片提供的 1 万美元奖金。

作为对“天空实验室”的回应，苏联于 1986 年发射了“和平号”空间站，并在接下来的 10 年里以模块化的方式组装和扩展。访问太空的苏联宇航员创造了各式各样的纪录，包括在轨道上停留的时间、舱外活动的时间和复杂性。几位居民在“和平号”上待了一年多。“和平号”空间站在模块化设计、生命支持系统、卫生设施、食物和饮料供应、睡眠空间以及科学实验方面也成为 ISS 的模板。

ISS 建造于 1998 年至 2011 年，是 NASA、ESA、日本宇宙

航空研究开发机构（Japan Aerospace Exploration Agency, JAXA）、加拿大航天局（Canadian Space Agency）和俄罗斯联邦航天局（Roscosmos）等 5 个机构的合作项目。建造 ISS 的成本是 1000 亿美元，其中 NASA 支付了 750 亿美元。ISS 预期寿命到 2024 年，在此之前其运行成本是每年 30 亿 ~40 亿美元。NASA 监察长办公室称这一估算“过于乐观”。[21] 当我们讨论太空生活或工作的时候，ISS 实际上与此并没有多大关系，因为很多人在一个类似于 ISS 的环境中（也就是零重力的环境中）生活或工作的可能性并不存在。所有太空定居都需要在人造重力的环境下进行；如果相关卫星或行星自身具有足够的重力，则太空定居需要在自然重力的环境下进行。

ISS 的确有一种令人惊叹的元素。但 ISS 的建造并不是太空殖民的前奏。相反，ISS 被预想成一个微重力实验室，主要用于学习微重力下的物理学和化学，而不是人类健康领域的知识。与地球上最好的实验室相比，如美国国家级的洛斯阿拉莫斯实验室（Los Alamos）和劳伦斯伯克利实验室（Lawrence Berkeley）、欧洲核子研究组织的粒子加速器实验室、英国分子生物学实验室（Laboratory of Molecular Biology）或传奇的贝尔实验室（Bell Labs），ISS 的科学研究成果实在是微不足道。在 ISS 上进行的有关人类健康的科学研究，大多是对“和平号”空间站实验结果的确认……这些结果可以总结为微重力对人类健康有害。事实上是危害很大，唯一的治疗方法就是尽快摆脱微重力。

可以肯定的是，ISS 已经取得了技术进步。然而，其中许多技术，如对接和机动，都是对早期空间站技术的改进。NASA 对地球上水与空气的过滤方式进行了改善，但这些都是 ISS 上生命维持技术的副产品，而不是 ISS 微重力研究本身。ISS 最令人满意的地方，是它已成为训练宇航员在失重状态下工作、在零重力条件下测试新技术、练习从私营企业飞船接收货物的地方，而所有这些都是为了学习如何更好地在太空建造设施。由于费用高昂，零重力条件下真正的商业研究和开发一直未能在 ISS 上进行。

中国计划在 2022 年建成自己的近地轨道大型模块化空间站，这是“天宫”计划的第三步。中国分别在 2011 年和 2016 年发射了叫作“天宫一号”和“天宫二号”的空间站雏形。尽管西方新闻媒体很少报道这个计划，但它已经取得了成功。“天宫一号”在 2018 年 4 月脱离轨道之前，航天员曾两次到访；“天宫二号”也已经有航天员到访，并可能与计划中的模块化空间站对接。模块化空间站的核心模块被命名为“天河”。整个空间站与“和平号”大小差不多，约为 ISS 的 1/5。

122

到近地轨道之外的太空定居，其第一步，不管这个第一步多么小，很有可能就是 NASA 计划的月球轨道平台门户（Lunar Orbital Platform-Gateway，LOP-G），它的前身是深空门户（Deep Space Gateway，DSG）。有了 LOP-G，NASA 正盯着地月空间的轨道。为什么不绕过空间站这类东西直接去月球？以及火星？火星上发生了什么？我们不是要去火星吗？

尽管听起来有些做作，但 LOP-G 将成为通向月球和火星的门户通道。通过 LOP-G（拜托给这个空间站起个更好听的名字吧），一个小小的团队就可以在月球表面执行一项机器人任务，甚至可以引导月球上的着陆器，为 21 世纪 20 年代末的人类月球探索做好准备。[22] NASA 代理局长小罗伯特 · M. 莱特福特（Robert M. Lightfoot Jr.）称 LOP-G 空间站就像一个“林中小屋”，国际合作伙伴可以在探索月球的过程中驻足并使用。[23] 他设想 NASA 用它来探测月球，寻找理想的永久基地，勘探矿产资源。

LOP-G 不是 ISS 2.0 版。首先它要小得多，与“和平号”空间站类似，只有一个居住单元、气闸和一个动力推进单元。它更便宜（我们希望如此）：大约 20 亿美元，而 ISS 的建设成本是 1000 亿美元。它不是为了宇航员公关或摆姿势拍照，更多的是用于那些一个月内就能完成的单一目标任务。但 LOP-G 也受到了很多批评，其中包括 NASA 前局长迈克尔 · 格里芬。格里芬指其为“愚蠢”。[24] 问题在于，我们在地球上操作月球机器人，与在 LOP-G 上操作一样容易，信号延迟只相差大约 1 秒钟。在降落到月球之前与 LOP-G 对接没有任何好处，主航天器可以很容易地保持自己的轨道，这一点在阿波罗计划中就已经得到了验证。充其量，LOP-G 可以用作燃料库，以储存从月球提取的燃料。这将大大节省去月球、小行星和火星旅行的费用，因为宇宙飞船从地球出发时不必带上所有必需的燃料。然而，NASA 在任何月球采矿基础设施开建之前就开始建造 LOP-G，并将其纳入人类重返月球的计划中，而且这一计划本身还尚未明确。

2018 年 3 月在华盛顿举行了一场叫作“重返月球：政府、学术界和企业界的合作关系”的研讨会，许多参会者，包括哈里森·施密特（Harrison“Jack”Schmitt）——那位倒数第二个离开月球的阿波罗 17 号宇航员——在内，都对 NASA 的 LOP-G 计划感到震惊。过去几十年里参加的几十场“重返月球”研讨会都没有让他们这么震惊。他们告诉我，这次不一样了。LOP-G 把我们推到了悬崖边上。此外，SpaceX 和蓝色起源等私营公司可以为 NASA 把货物运送到 LOP-G，且价格可以降低一个数量级。ESA 和日本正在与 NASA 就月球任务设计开展互补性研究。或许最重要的是，中国是一个新的竞争对手。施密特指出，中国的登月雄心，使美国感受到通过 LOP-G 重返月球的“迫切性”。

太空旅馆：独一无二的周末度假胜地

124

2001 年 4 月 28 日，美国商人丹尼斯·蒂托（Dennis Tito）乘坐俄罗斯“联盟号”飞船抵达 ISS，并在轨道上停留了近 8 天。他向资金紧张的俄罗斯联邦航天局支付了 2000 万美元，成为世界上第一位太空游客。NASA 当时对这个计划非常愤怒，拒绝在约翰逊航天中心训练蒂托，但他们无法阻止蒂托对 ISS 的访问。2002~2009 年，另外 6 位亿万富翁也曾前往 ISS，但由于后勤原因俄罗斯停止了这个项目，因为随着 NASA 航天飞机项目的退役，俄罗斯的“联盟号”飞船成为将人员送往 ISS 的唯一途径，而且空间有限（NASA 不久就开始花8000 万美元购买一张船票）。

然而，太空旅游时代已经来临。俄罗斯已经表明有兴趣恢复旅游飞行。甚至一些刚开始被这个想法吓到的 NASA 宇航员，也开始接受这个现实。例如，宇航员迈克尔·洛佩斯－阿里格利亚（Michael Lopez-Alegria）曾表示不愿接待太空游客阿努什·安萨里（Anousheh Ansari）——普罗迪系统公司（Prodea Systems）的伊朗裔美籍联合创始人。然而，在安萨里 2006 年访问 ISS 之后，洛佩斯－阿里格利亚改变了主意。他说：“如果这是一个好办法（通过接待游客赚大钱），那就不仅有利于支持俄罗斯的太空计划，对我们也有好处。”[25]

NASA 本身也支持这个想法。2019 年 6 月，NASA 宣布了将 ISS 商业化的计划……第二次了。[26] NASA 从来没有对 ISS 有过太多的商业兴趣，那些公司也没有看到很大的投资价值。然而，在最新的声明中，NASA 表示将欢迎太空游客，或者用 NASA 谨慎的措辞来说是“私人宇航员”，这是对寻求刺激的亿万富翁的委婉说法。搭乘运载火箭的费用为 5500 万美元，而生命保障以及水、空气等奢侈品的费用约为每天 3.4 万美元。当然，这一提议取决于 NASA 能否研制出或通过其他方式获得将人类安全送往 ISS 的火箭。毕格罗航宇和 SpaceX 都表示有兴趣将“私人宇航员”送往 ISS，以获取可观利润。因此，NASA 的计划击中了问题的核心，间接承认人类太空飞行领域的第一笔真正

125

收入将是旅游业。一旦美国国会要求 NASA 按照计划在 2025 年撤回对 ISS 的投资，这可能就成了保持 ISS 在轨运行的唯一方法。[27]

毕格罗航宇在 2018 年成立了子公司——毕格罗太空行动（Bigelow Space Operations，BSO），且正在通过该公司开拓一个新的市场，为太空旅馆或者扩展空间站现有空间提供轻质、耐用、可充气的模块化栖息地。这家公司绝非夸夸其谈，而是建立在坚实的资金和专业知识的基础上。创始人是亿万富翁罗伯特·毕格罗（Robert Bigelow），他靠美国连锁酒店的廉价套房发家致富。他是一名酒店从业者，他的远大目标是将某种形式的廉价套房带入太空。2016 年，毕格罗航宇成功将毕格罗可扩展活动模块（Bigelow Expandable Activity Module，BEAM）送到 ISS，进行了为期一年的安全测试。该项目进展顺利，微流星体对其损害很小，辐射水平与 ISS 的其他部分相当。2017 年，NASA 宣布计划，将 BEAM 保持到 2020 年，作为 ISS 各种垃圾的存储单元。[28]

毕格罗航宇使用 SpaceX 的“龙”货运飞船将 BEAM 运到 ISS，这展示了航天企业之间新的相互联系。同样值得注意的是，毕格罗航宇是在美国国会于 2000 年取消了充气式栖息地技术项目后，从 NASA 购买了该技术的专利权。NASA 从 20 世纪 60 年代就开始研究太空可充气技术。20 世纪 90 年代，他们研发出一种巨大的可充气舱，名为“过渡中心”（TransHub），目的是为 ISS 提供更宽敞的空间。TransHub 重量轻，直径是 ISS 的 2 倍，

126

毕格罗可扩展活动模块（BEAM）

这些质量轻、可充气的结构有可能用作第一间太空旅馆。BEAM 是罗伯特·毕格罗的创意，他是美国廉价套房的创始人，最近又创立了毕格罗航宇公司。第一批到访 BEAM 的人可能是电影和音乐摄制组。2016 年，BEAM 成功与 ISS 对接。

由耐用的凯夫拉纤维（Kevlar）和耐斯特尔纤维（Nextel）制成，可以承受微流星体的撞击，在设计时还考虑了火星任务。国会取消该计划对 TransHub 团队来说是一个巨大打击。[29] 但无意中，此举被证明是成功的。毕格罗航宇不受华盛顿官僚主义和国会反复无常的影响，6 年内，这项技术便取得了成果。TransHub 的设计师威廉·施耐德（William Schneider）将罗伯特·毕格罗比作霍华德·休斯（Howard Hughes），干劲十足，敢作敢为，参与工程的各个方面。[30] 罗伯特·毕格罗真的相信外星人就生活在我们中间，这样的信念可能会驱使他寻找各种办法让数百万人离开地球。[31] 市场有了，技术也几乎有了。结果会是什么样子呢？

127

我们先来定义几个与造访目的地有关的术语。近地轨道（Low-earth orbit，LEO）是大多数旅游活动最先开展的地方，位于地球上方100~1200英里（160~2000千米）。ISS、哈勃太空望远镜、遥感和间谍卫星都在近地轨道上。中地球轨道（Medium-earth orbit，MEO）是众多GPS卫星和通信卫星的家园，位于地球之上1200~22000英里（2000~36000千米）处。地球静止轨道（Geostationary Earth orbit，GEO）的高度是22000英里（36000千米），地球24小时不停转动，但位于该轨道上的卫星总是停留在赤道上方的同一点。这也是地球同步轨道（Geosynchronous Orbit）即24小时轨道的高度，该轨道可以在地球的任何方向，而不仅是在赤道上方。许多通信卫星都在地球同步轨道上，许多军事和气象卫星也在该轨道上。

还有几个最佳地点，称作拉格朗日点（Lagrangian points）。在这些点上，两个天体（如地球和月球，或地球和太阳）之间的引力达到平衡，将任何物体放置在这些点上就像搭上了顺风车一样。许多天文观测卫星放在这些位置。物理学家杰拉德·奥尼尔设想在地球—月球拉格朗日点4和拉格朗日点5（分别简称为L4和L5）建造在轨城市，这两个点与月球轨道呈60度夹角，在月球前方60度或后方60度的位置上。置于该处的物体将永远停留在那里，不需要消耗燃料，就像月球绕着地球运转一样。那里距离地球240000英里（384400千米），基本上就是地球到月球的距离。

近地轨道是轨道旅馆的理想地点，不仅因为它比其他轨道 128

更容易到达，而且因为它在磁层的安全范围内。回想一下，磁层阻挡了绝大部分太阳辐射以及宇宙射线。磁层并不是一个环绕地球的巨大、固定、完美的球体，它在地球两极附近陡然下陷。但是，可以粗略地讲，你离地球越近，你受到的保护就越多，地球同步轨道以外的东西都不在磁层保护范围之内。太空就是太空。如果你不在月球或火星上，那么近地轨道和中地球轨道上的旅馆有什么实质区别呢？风景没什么区别，都很棒。

太空旅馆肯定不会像地面旅馆那样舒适，至少一开始是这样。枕头上不会有薄荷糖，主要是因为在微重力下它会飘走。便利设施并不重要，因为游客所渴望的只是体验几天微重力下的生活，在沮丧和不利的健康影响出现之前，花几天时间享受这种感觉就足够了。ISS 本身也可能成为太空旅馆。如果 NASA 按照计划在 2025 年撤出，毕格罗航宇或其他公司将填补这一空缺，并将美国舱改造成旅馆房间。这类公司很多，处于不同的发展阶段，有些有商业计划和投资者，有些只有公关团队。一旦政府撤出，在 ISS 上租一个房间，而不是用它来做某些药物或其他科学实验，可能是唯一有利可图的活动。当然，除 NASA 之外，还有其他 4 个国家的政府机构也参与了 ISS 的工作。这些国家对美国决定空间站的命运都感到不快。

私营企业还计划建造校车大小的独立的（或自由飞行的）

129

小旅馆，富有的客户花上大约 1000 万美元就可以入住，折合每晚约 100 万美元——不管“夜晚”的意义如何。毕格罗航宇希望在 21 世纪 20 年代初发射两个叫作 B330 的可充气舱段，每个

55 英尺长，22 英尺宽。这两个舱段一旦连接起来，将成为全球首个太空旅馆，容量是 ISS 的两倍。[32]除了寻求刺激的富翁们，肯定会有电影和音乐视频的导演和演员，以及流行歌手渴望在微重力下拍摄，并愿意支付数千万美元到访近地轨道。考虑到在轨道上连续拍摄会很受欢迎且不需要增加特效，该计划可能会成为一种回报丰厚的投资。

单位质量货物运输价格越低，酒店就可以建得越复杂。私营公司正计划建造更大的旋转结构，其设计类似于电影《2001 太空漫游》(*2001：A Space Odyssey*) 中的"空间站 5 号"，一个通过辐条连接到中心枢纽的旋转环。由于离心力的作用，圆环上的重力看起来是正常的。通过辐条到达中心枢纽，你会体验到重力逐渐减小，直到中央枢纽的零重力环境。中央枢纽将是微重力"游戏区"，而外围圆环将是睡觉、吃饭、赌博或其他典型度假娱乐活动的地方。

这些项目需要花上几十年才能完成。不过，与传统的高层酒店或办公大楼不同，太空建设的一个便利之处是，巨大的建筑可以采用模块化的方式组装起来，而且在不断建设的过程中就可以居住。事实上，如果仔细观察虚构的"空间站 5 号"，你会发现第二个圆环正在建造中。这个概念一点也不虚幻。建造巨大太空结构的主要限制因素是，把材料从地球运到太空的成本十分高昂。然而，机器人技术和 3D 打印技术已经发展到一定阶段，一旦发射价格下降，就可以开始建设。在瑞典，人们已经用遥控机器人完成大部分采矿工作，太空建设同样可以由操

130

作员在地球上用操纵杆来完成。

在罗伯特 · 毕格罗等人的推动下，近地轨道上的旅游和娱乐活动有望成为地球以外首个盈利的人类活动。其他的人类太空活动都未曾盈利。通信卫星非常赚钱，但不需要人坐在里面。登月耗资数十亿美元，只是为了民族自豪感和军事方面的考虑。ISS 造价数百亿美元，却只涉及少量科学研究。任何积极的投资回报都非常值得怀疑。但太空旅游在推动载人航天商业化方面具有独特的地位，因为它将使载人航天变得更便宜、更安全。

这种商业化也可以与制造业的利益并行发展。随着进入太空的成本更低，建立在轨工厂，在无重力、真空的环境中生产独特的商业和工业产品将成为可能。这可能包括前面提到的在 ISS 上尝试生产的蛋白质晶体，以及薄膜和聚合物。目前它们的生产利润完全被向轨道运送材料的昂贵费用所抹杀。

NASA 及其苏联合作伙伴已经完善了在外太空行走的艺术。尽管我们可以对他们糟糕的决策和成本超支滔滔不绝地加以谴责，但事实是，如果没有美国政府以及苏联政府的开创性工作，私营企业将无法制造火箭以及建造轨道旅馆。

131

太空上的性

好吧，我来谈论一下这方面的话题。在太空性交对很多人有着极大的吸引力。你可以想象，到访轨道旅馆的任何一对情侣都会想试一试。现实中，在零重力下性交可能比你想象的要复杂得多，因为有个性感的小话题叫作牛顿第三定律：作用力与反作用力。一个物体施加的任何推力都会导致另一个物体向相反的方向飞行。所以，至少你需要和你的伴侣绑在一起，并固定在墙上，这样你们就不会一起飞了。有一种叫作“两人套装”的尚待完善的宇航服样品，可以做到让你和你的伴侣亲密接触。但不管是套装，或是任何类型的衣服，可能都不是个好主意。因为在微重力环境下，你会变得很热，你的汗液无法很好地蒸发。它聚积在分泌出来的地方，很快就会变得黏糊糊的。也许到目前为止，这一切还都不算太糟。通过练习，你实际上可以做得很好。

下一个挑战是什么？血液流动。在微重力环境下，心脏在你需要的时候不会向生殖器官输送那么多的血液。对于男性来说，这会导致勃起更小、更弱；对于女性来说，生理兴奋以及内部润滑都会降低。在微重力环境下，男性的睾酮水平普遍较低。同时，任何刚入住太空旅馆的人都可能会感到疲惫、气短和恶心。但正是性体验的兴奋和新奇推动着情侣们在艰辛的任务过程中不断向前。保罗 · 布莱恩斯（Paul Brians）在他的短篇小说《测试娱乐室的那天》（*The Day They Tested the Rec Room*）中这样总结：女女式的性体验可能比男女或男男体验更令人满意。[33]

ISS 的宇航员或参观者，谁也没有在那里发生过性行为。我为什么能这么肯定呢？因为宇航员或他们的同事会谈论这件事。在 ISS 上，人们几乎没有隐私，更不用说两个人了。有些人在谈论太空性交的挑战时，就好像人类的未来处在危险境地。《太

132

空性爱》(*Sex in Space*)用了一整本书来讨论这个话题。但这完全不是问题。如果情侣们想在轨道旅馆里做爱，那也没有什么坏处。但是宇宙中任何更远的航行，都应该在人造重力环境中进行。

真正进入轨道的航天飞机：太空飞机

那么，怎样才能到达太空旅馆或太空工厂呢？当然要乘坐太空飞机了。在上面描述的大型太空度假胜地，太空飞机将降落在中心枢纽，就像军用喷气式飞机降落在航空母舰上一样。

不过我有点超前了。到目前为止，进入太空的唯一途径是发射运载火箭。这就是第一批太空游客到达 ISS 的方式，也是第一批太空旅馆访客到达目的地的方式。有关公司已经开始预订火箭航班和房间，希望在 21 世纪 20 年代初开始接待游客。到 21 世纪中叶，基础设施可能会就位，人们能够到太空进行一日游，去工作或娱乐。但很快太空飞机就会出现，尽管成本很高。

像我们在《星球大战》这类电影里看到的那样，乘坐一种类似喷气式飞机的航天器从地面直接飞到太空，如果没有核动力推进会很难。我们至少需要三种发动机：一种是为低层、含氧量高的大气准备的；一种在高海拔、低氧环境中工作效率高；还有一种用于太空的真空环境。这样的发动机确实存在，但并不是全都装在一个航天器上。喷气式发动机在约 40000 英尺（7.5 英里，12 千米）的高空非常高效。发动机吸入富含氧气的空

133

气，将其送入燃烧室和涡轮室，然后产生的气体将飞机推进到一个看似很快但相对较慢的速度，即低于 1 马赫的速度。在海拔更高、空气更稀薄的地方，我们需要冲压喷气发动机（ramjet engines）或超音速燃烧冲压喷气发动机（scramjet engines）★，它们将以更快的速度将氧气送入燃烧室。这些发动机在低速情况下（也就是飞机起飞时的速度）无法很好地工作。但是一旦开始飞行，它们就可以达到 6 马赫的高超音速，尽管仍远远低于进入轨道所需的 22 马赫。迄今为止最快的飞机是无人驾驶的 NASA X–43，它通过超燃冲压发动机技术达到了 9.6 马赫。它先是由一架传统的喷气式飞机送入高空。要使你的太空飞机达到入轨速度，你还需要安装一个火箭发动机。

欧洲有一个极具前瞻性但资金不足的太空飞机方案，叫作“云霄塔”（Skylon），是英国反作用发动机有限公司（Reaction Engines Limited）设想的单级入轨航天器，自 20 世纪 80 年代以来一直在研发。这架飞机使用一款叫作 SABRE 的混合超燃冲压 – 火箭发动机（hybrid scramjet-rocket engine），或合成吸气式火箭发动机（synthetic air-breathing rocket engine）。这台发动机的工作原理是：从大气中抽取氧气作为氧化剂，直到速度达到 5 马赫左右，然后切换到储存的火箭燃料（氢 + 氧），以获得到达更快速度、更高高度所需的额外推力。然而，工程师们需要克服在超过 2 马赫的速度下吸入氧气，同时保持进气口冷却

★ 以下简称超燃冲压发动机。——译注

的问题，这是多年来阻挡太空飞机研发的障碍。该公司需要数十亿美元来完成该项目，但资金远远没有达到这一目标，只是从 ESA 以及最近从美国国防高级研究计划局（Defense Advanced Research Projects Agency，DARPA）拿到少量资金进行概念测试。[34]

134

资金的缺乏又回到了必要性这一问题上。20 世纪 60 年代，太空竞赛为火箭研发提供了资金，这是多么大的代价啊！如果一开始就有类似阿波罗计划的资金资助，“云霄塔”可能今天已经成为现实。但是没有给它提供资金的必要性。

像“云霄塔”这样的太空飞机，以及 NASA 想要的东西，都可以作为传统火箭的补充，并瞄准非常低的近地轨道。它们是将人类送入太空的理想工具，但不适合运送重的货物。至少有五种类型的太空飞机已经成功进行了试飞。但没有一架飞机能真的像你想象的那样，水平起飞，然后飞入轨道。例如，有些人将 NASA 的航天飞机描述为太空飞机，但它们实际上只是需要用火箭送入太空的滑翔机。苏联有一个几乎相同的方案，被称作“天龙”（Buran），只在 1988 年飞行过一次。它在那次飞行中安然无恙，但几年后在一次奇怪的仓库事故中被撞得粉碎。波音 X–37 由美国国防部控制，NASA 参与，就像一架缩小版的航天飞机，于 2010 年首次用“阿特拉斯 5 号”运载火箭发射升空。2012~2017 年，X–37 飞行了五次，其中一次是用“猎鹰 9 号”发射的。这是一个机密的军事项目，关于这些无人飞行的目的，目前还没有公开信息。其中一些飞行已经持续了一年多。

第一架真正接近外太空的飞机是美国空军的 X–15。这是一架超音速火箭动力飞机，曾在 20 世纪 60 年代服役。X–15 先从 B–52 载机上坠落到 13.7 千米的高度然后再上升到 50 英里以上的高度，这要求飞行员具备宇航员资格。2004 年，“太空船 1 号”（SpaceShipOne）是第一架到达太空的私人太空飞机。它飞越了国际公认的海拔 100 千米（62 英里）的卡门线（Karman line）。该线就是太空的边界。虽然还没能进入轨道，但作为第一个在两周内两次将可重复使用的载人航天器送入太空的非政府组织，“太空船 1 号”赢得了 1000 万美元的安萨里 X 大奖（Ansari X Prize）。“太空船 2 号”（SpaceShipTwo）已经显示出巨大潜力。该太空飞机将用喷气式货机运到半空中再发射出去。维珍银河明确表示，它计划运营一支由 5 架“太空船 2 号”太空飞机组成的机队，并已开始接受票价为 25 万美元的航班预订。[35] 不幸的是，第一架飞机在 2014 年的一次测试中坠毁，造成一名飞行员死亡，另一名飞行员严重受伤。维珍银河董事长理查德·布兰森（Richard Branson）曾经承诺最早于 2010 年开通航班。从 2018 年 12 月和 2019 年 2 月的成功试飞来看，此次坠机事故可能会将首个商业航班推迟到最早 2020 年★。

135

蓝色起源的创始人杰夫·贝索斯（Jeff Bezos）也做出了同样承诺，表示一旦确定其液氢燃料 BE–3 发动机可靠，亚轨道航班将投入实际运行。[36] 他瞄准的是 21 世纪 20 年代初。当太空飞机真正起飞时（你可以把这看作一场商业太空竞赛），每次会有 6

136

★ 到 2021 年 6 月，该计划还未成功。——译注

维珍银河的“太空船 2 号”太空飞机（机身中部）

这架太空飞机用“白衣骑士 2 号”（White Knight Two）货机送到 15 千米的高度并从那里起飞；然后爬升到 110 千米，比标志着太空边界的卡门线高 10 千米。维珍银河公司计划运营一支由 5 架“太空船 2 号”组成的机队，一架飞机可以同时搭载 6 名乘客进行亚轨道飞行，票价为每张 25 万美元。

名乘客在几分钟的微重力环境下，在 10 万米高空漆黑的太空背景下欣赏地球边缘的曲线。

尽管日程延期，但计划是真实的。维珍银河的活动促使美国联邦航空管理局（Federal Aviation Administration，FAA）在 2006 年发布规定，对参与私人太空飞行的机组人员和乘客提出了要求。[37] 你知道该怎么做：系好安全带，洗手间内禁止吸烟。美国国会在 2004 年的《商业太空发射修正案》（Commercial Space Launch Amendments Act）中做出了强制规定。由于这是一个新兴产业，法律允许对商业载人航天飞行进行分阶段管理，管理标准随着产业的成熟而演变。最重要的是，该法案没有要求将航空旅行的安全标准用于太空旅行；进行亚轨道或轨道飞行的乘客需要签署一份知情同意书，表明他们了解其中的风险。

你竟然可以乘坐太空飞机在一小时内迅速到达近地轨道旅馆，因为它离地球上任何一个地方都只有 100 英里的距离。可能会有人为此感到惊讶不已。困难在于如何到达机场——或者更准确地说，是航天港。维珍银河公司打算从位于加利福尼亚州莫哈韦的莫哈韦航空航天港（Mojave Air and Space Port）或新墨西哥州的美国航天港（Spaceport America）起飞。这两个地方都有意避开人口稠密地区。原因有两方面：运载火箭和太空飞机仍然有点危险，可能会爆炸；而且声音很大。大多数人都不喜欢住在机场附近，因为噪声太大了，而航天港会更糟糕。喷气式飞机起飞时的噪声大约是 150 分贝，火箭发射的噪声大约是 200 分贝（分贝是用来度量声音强度的对数单位，所以增加 50 分贝相当于增加 10^5 或 100000 倍）。太空飞机在起飞时的声音应该和喷气式飞机差不多，但是，当它以几倍于音速的速度进入大气层时，它会产生一种音爆，其声音之大犹如霹雳。一大早，整个佛罗里达中东部地区都能听到 X-37 返航的声音，居民们都会被吵醒。一年一次或一个月一次或许还可以忍受，但每天数百次，就像飞机航线一样，会让人抓狂。

137

如果我们真的要支持太空移民和太空经济，太空飞机以及太空发射时的噪声是一个需要克服且必须解决的重要问题。我们来弄清一下相关数据。如果每年要将数以千计的游客送到太

138

美国航天港鸟瞰图

该建筑位于新墨西哥州的死亡之旅（Jornada del Muerto）沙漠盆地，是世界上第一个专门建造的商业航天港，于 2011 年建成。该航天港可供航空航天航天器进行垂直和水平发射。考虑到安全和噪声问题，航天港必须建在偏远的地方。目前航天港的租户包括维珍银河公司。

空旅游胜地，那么每周都要进行太空飞行。如果每年要将数以百万计的人送入太空（只占人类人口的不到 1%），那么每天至少需要 50 次发射和着陆。这些噪声怎么办？

莫哈韦航空航天港不同凡响。它是美国首个获得联邦航空管理局认证的可水平发射可重复使用航天器的航天港，也就是 2004 年“太空船 1 号”发射的四天前。从那时到 2018 年，又有九个航天港获得了联邦航空管理局的商业用途认证，从位于弗吉尼亚州瓦勒普斯岛（Wallops Island）的中大西洋地区航天港（Mid-Atlantic Regional Spaceport，MARS）（名字起得妙），穿过整个美国一直到位于阿拉斯加科迪亚克岛（Kodiak Island）的太平洋综合航天港（Pacific Spaceport Complex）。截至 2019 年，全球还没有其他非政府组织的航天港，但苏格兰、瑞典、人口稠密的新加坡以及其他地方已经启动了建设计划。全球航天港的发展非常迅速，本书提供的任何清单不到一年都会过时。

第一代太空飞机将围绕飞行展开，往返太空，只为体验失重的纯粹感觉，并从远处观赏地球。这些飞机经过改装，就可以在 3 小时内带你抵达地球上的任何目的地。维珍银河公司希望能在 2.5 小时内从伦敦飞到悉尼——而通常需要 22 小时。纽约到香港呢？只要 2 小时。这对全球旅行将产生惊人影响。人们可以跨越半个地球去开会，然后回来吃晚餐，当然这是要付出金钱代价的。有这方面的先例。“协和”（Concorde）是一种超音速喷气式飞机，从巴黎或伦敦飞到纽约只需 3 小时多，速度是其他飞机的两倍。“协和”飞机以速度而非豪华著称。20 世纪 90 年代的票价为 8000 美元，2019 年大约为 1.3 万美元。同样，将 12~20 小时的飞行时间减少到仅有 2 小时，机票价格也会相当可观，但对于富人来说，支付这样价格的机票不算什么。唯一的障碍可能是到达遥远的起飞地点，无论是在沙漠还是在海上，都需要额外的时间。

火箭之外：天钩

太空飞机也许不能让你直飞到月球，但它们可以让你飞得足够高，到达天钩所在地……被钩住。天钩（skyhook）是太空中的一种系绳系统，可以将货物运送到轨道上，成本仅为火箭发射的一小部分。让我们想象一下，一个巨大的平台在地球轨道上运行，就像卫星一样，只有一根缆绳和一个钩子悬挂在上面。当钩子以轨道速度经过时，如果太空飞机能够在准确的时间将有效载荷送到那个钩子上，有效载荷就会获得接近钩子的速度。现在，有效载荷不需要火箭就可以进入轨道了。这是天钩最简单的概念，目前在技术上是可行的。其基础版本——一根悬挂线、钩子或磁铁——被称作无旋天钩（nonrotating skyhook）。20世纪50年代，这一方案在1000英尺高的传统飞机上成功进行了测试，这也许更容易想象。该系统被称作富尔顿地对空回收系统（Fulton Surface-to-Air Recovery System，STARS），由美国中央情报局（CIA）、空军和海军共同研发，用于回收地面人员。在这种应用场景下，被救援者会收到一个空投的包裹，其中包括一个未充气的气球、一罐氦气、一套防护服和一个背带。被营救的人给气球充气，上升到一个合适的高度，然后一架飞机俯冲下来，钩住装置。或许令人惊讶的是，然后这个人的速度就慢慢地、逐渐地接近了飞机的速度，一旦线被拉紧，就会像一条上钩的鱼一样被拉上去。[38] 我们还不知道在现实生活中的紧急情况下是否使用过这种方法，但这就是中央情报局、空军和海军的一贯作风——有了聪明点子，拨款，测试，以防万一。

至于无旋天钩，其钩子就是一根悬挂在大气层边缘的长线，悬挂于一个在近地轨道上以轨道速度运动着的平台上。平流层气球或太空飞机可以将货物甚至载有乘客的太空舱吊到经过的吊钩上，然后再用吊钩拉到天基平台上。一个更加动态的系统是旋转天钩。你可以想象一下行进乐队指挥手里挥舞着的指挥棒。现在把它放大成一根 4 英里长的粗缆绳，在太空中像指挥棒一样旋转，并且以轨道速度运动着。其旋转方向垂直于轨道方向，这样缆绳前端就可以到达大气层的上层，然后再回到太空。被缆绳钩住的货物会被卷上去，获得轨道速度，然后当缆绳前端与钩住货物的位置形成 180 度角的时候，货物就会被释放。

20 世纪 90 年代，波音公司测试了一种名为“高超音速飞机太空系绳轨道发射系统”（Hypersonic Airplane Space Tether Orbital Launch，HASTOL）的天钩。波音公司并没有建造真正的天钩，而是进行了模拟实验，发现具有所需拉伸强度的材料［例如凯夫拉纤维、柴隆纤维（Zylon）和超高分子量聚乙烯］可以大量生产，制造出所需长度和粗度的缆绳。我们有高超音速飞机以理想的高度和速度到达缆绳。研究发现，旋转指挥棒，应该更确切地叫作动量交换系绳，即便在 100 千米的高度，以 4 千米 / 秒的速度钩上有效载荷后也不会坠向地球。该报告的作者说：“我们不需要像‘巴克敏斯特 · 富勒碳纳米管’这样的神奇材料来制造 HASTOL 系统的太空系绳设施。现有的材料就足够了。”[39]

141

基本的天钩或太空系绳系统可以巧妙地用菊花链的方式连

接起来，这样就可以巧妙地把货物运送到更高、更远的太空。近地轨道上的一个目的地可能是巨大的在轨航天港。以目前的技术，你可以从地球上的某个航天港开始你的月球之旅，乘坐一架无须火箭发射的太空飞机飞到一处天钩，然后被吊到或拖到在轨航天港。从在轨航天港——以 10 千米 / 秒的速度运行，就像 ISS 一样——你可以转乘一艘外观光洁圆滑的宇宙飞船飞向月球。这种宇宙飞船完全在太空中运行，永远不会在地球或月球上着陆，因此不需要大量燃料来克服它们的引力井。再通过月球附近的航天港，降落到月球表面。该系统的每个元素——太空飞机、天钩、航天港和宇宙飞船——都可以重复使用，就像飞机和机场一样，大大降低了进入太空的成本。

那么，如果技术可行，我们为什么不这样做呢？就像太空中的其他东西一样，有一个令人讨厌的难题——第 22 条军规。为了使该系统具备成本效益，我们每年需要进行数以千计的人类太空旅行。目前还没有这样规模的需求。

一个天钩基础设施将花费多少还是一个未知数。需要多年的研究和开发。一个小小的 ISS 就花费了 1000 亿美元，考虑到错误的规划导致了高成本，拿 ISS 来做比较也许不太恰当。但 5000 亿美元是一个合理的估计，这笔费用与美国州际高速公路系统的成本相当。一旦建成，把货物送入太空的价格可能会从目前的每磅 1 万美元降至 100 美元，甚至 10 美元。一个简单可行的 HASTOL 系统就可以将太空旅游的花费从几千万美元降低到 6 万美元。[40]

142

火箭之外：太空电梯、轨道环以及通天塔

电梯往上走，一路向上。太空电梯就像一个天钩，只有缆绳向下延伸并连接到地面。终端平台在太空深处。整个系统靠离心力拉紧。火箭方程式的发明者齐奥尔科夫斯基在 19 世纪末提出了这个概念。听起来很遥远，确实如此。目前还没有足够结实的缆绳可以把这个装置固定在合适的位置上。不过，让我们暂时把可行性放在一边。

太空电梯将为我们进入太空提供迄今为止最便宜的通道，一旦系统建成，可能只需要每磅几美元。你只需要把货物系在缆绳上，就可以把它送到位于地球静止轨道的平台上。在地球静止轨道上，平台将保持在地球某一点的上方，与它下面的地面同步旋转。乘太空电梯可能需要几天时间，因为你需要爬升 22000 英里（36000 千米）。巧合的是，这几乎相当于绕赤道一周的距离；而且，就像传统电梯一样，你爬得太快它就会不稳定。但愿电梯里没有音乐。不过，电梯爬升所需的能量微不足道。一旦到达终点，你就进入了地球静止轨道，以 3 千米 / 秒的速度移动，也就是地球的自转速度。从地球静止轨道上，只需要很少的能量就可以走得更远，通过宇宙飞船到达月球甚至火星。

目前太空电梯在技术上几乎是不可能的。我们需要 36000 千米长的缆绳。在如此长度和质量所产生的重量下，目前所知唯一不会断裂的纤维是碳纳米管。碳纳米管纤维的强度至少是钢

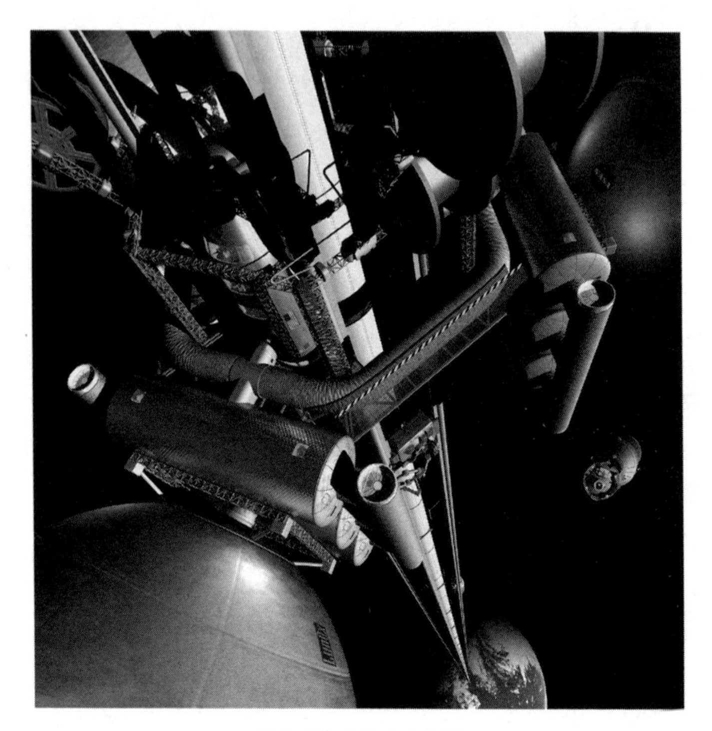

艺术家想象的太空电梯

在距地球 36000 千米的地球静止轨道上，缆绳被配重或终端拉紧。这样的电梯在地球上很难建造（主要是因为后勤和恐怖主义），但可以在月球和火星上建造，用来运送人和货物。

143 的 117 倍，是凯夫拉纤维的 30 倍。[41] 但是，迄今为止，最长的碳纳米管只有半米，与一根太空电梯缆绳所需要的 36000 千米相去甚远。还有很多工作要做，要坚持下去。即使我们有办法大量制造廉价的碳纳米管纤维，但我们还有一个问题，那就是 144 把电梯的缆绳放在哪里。这个地点要确保不会受到飞机的撞击，更重要也更困难的是，不会受到恐怖活动的袭击。如果我们能做到，接下来还要担心轨道上成千上万的物体，统称为太空垃圾——大部分是被废弃的卫星。它们中的每一个都可能与太空电梯相撞，绝对没有办法控制。因此，尽管技术不断进步，但我们在地球上几乎不可能拥有太空电梯。然而，在月球和火星上，太空电梯是一个非常有吸引力的选择。就目前而言，不会有恐怖主义的担忧。而且，由于月球和火星上的引力较弱，缆绳不需要像在地球上那样坚固，所以电梯也更容易建造。

对于地球来说，建造轨道环可能更实用，实质上就是一个环绕赤道的磁悬浮铁路系统，只不过是在近地轨道上。[42]这将是一项工程奇迹，它不需要像碳纳米管这样的神奇材料。你可以想想土星的光环，只不过换成金属的罢了。可以一段一段地建，直到金属环完全环绕地球，大约 300 千米高，40000 千米长。如果将金属环的速度设定为轨道速度，它将无限期地绕轨道运行，就像前面提到的被称为太空垃圾的金属块一样。电流通过金属环时，就可以把它变成磁铁。此时你就可以把固定的平台或管道悬停在金属环的上方或周围。这就像反过来的磁悬浮列车，轨道在移动，车厢却是静止的。你可以建造带有保护穹顶的很宽的平台，人们可以在那里生活或工作，这取决于磁场的强度。在这个平台上，你并不在轨道上。你只是在轨道高度，但不具有轨道速度。是你脚下的磁环在轨道上以 10 千米 / 秒的速度旋转，而你却在一个坚实的平台上悬浮着，静止不动，感受着几乎 100% 的地球重力。从环上下来，你就会掉到地面上（穿着合适的保护装备和降落伞也许能活下来）。

你可以通过低垂到地面的缆绳到达平台，缆绳有助于稳定整个结构。

轨道环的目的是提供进入太空的廉价途径。一旦轨道环建成，人类将能够轻松到达轨道平台，就像在地面上旅行 300 千米一样。你可以去那里一日游。你可以去那里欣赏美丽的景色。你可以当一名维护轨道环的工人，住在那里。或者你可以利用这个平台把自己送入更遥远的太空。宇宙飞船连接在状似火车的航天器上，在没有风阻的情况下，可以慢慢加速，奔向月球、火星或更遥远的地方。一旦达到适当的速度，飞船就能脱离火车，点燃自己的发动机，飞向星空。你也可以用该系统将大量的东西送入太空，比如太阳能电池板。人类可以利用太空中的太阳能电池板收集我们需要的所有能量，以微波的形式传送到地面发电站。利用这种无限能源的主要障碍，就是将所有这些太阳能电池板发射到太空的成本。★ 用化学燃料驱动的火箭将这些太阳能电池板送到太空，要花费数万亿美元。轨道环倒是可以解决这个问题……它本身别这么贵就好了。与将大约 20 万吨物体送入轨道的费用相比，钢铁、铝以及凯夫拉纤维这些建筑材料的成本几乎可以忽略不计。但是这些材料也要花费 1 万亿美元以上，对于一项未经测试的技术来说，尽管具有理论上的可

146

★ 太空中的太阳能电池板比地球上的效率大约高 7 倍，因为它们可以持续暴露在阳光下，但将能量向地球传输确实引起了人们对人类和野生动物安全的担忧。

能性，但付出的代价太大了。太空里的另一个第 22 条军规。

与轨道环概念类似的是飘浮着的高空跑道。在风阻较小、大气较稀薄的情况下，运载火箭加速到极高速度时，这种跑道可以提供摩擦力以及类似火箭发射时的推力。现在，你可能已经对刚才描述中的“飘浮”部分产生了浓厚兴趣。跑道往往是不会飘浮的，但你可以通过“主动支撑”让它们飘浮。大多数结构是通过被动支撑来维持的，比如通过梁、桁架、拱，等等。主动支撑意味着对一个物体施加恒定的推力，比如一股气流托起一张薄薄的纸。理论上，一座桥可以用比空气还轻的气球来支撑。同样，一条轨道跑道可以用一系列高空气球吊起来并保持在空中，最高可达 50 千米。虽然这个高度低于 100 千米的太空分界线（卡门线），但这个高度已经足够，因为从这里可以很容易地加速到轨道速度。太空飞机可以飞到这条跑道上，将乘客或货物转移到等待着的飞船上。或者，货物可以同跑道一起飘浮上去，一旦到达合适的高度就可以发射出去。然而，为了使这种方法切实可行，我们需要想办法让气球升得更高，然后把它们固定在某个位置上，这个概念叫作位置保持（Station-keeping）。2018 年 8 月，NASA 的一个团队让一个超薄气球飞到了新墨西哥州上空 48.5 千米的高度，将气球的高度纪录提高了 8 千米。[43]

还有很多火箭替代方案，都是可行的，但都需要大量的投资。一个限制因素可能是维护。桥梁会垮塌，摇摇欲坠的太空基础设施的的确确也是一种威胁。但是仅仅因为噪声这个原因，太空旅行很可能就无法通过火箭发射来完成。火箭可以变得更便宜，但它们不会变得更安静。为了建立可持续的太空经济，147 我们需要将数百万人、物资和建筑材料送入太空，每天需要发射数千次。有 10 万个航班将数百万名乘客送往世界各地……是每天。这个数据会惊掉人的下巴。乘火箭进出太空，这种交通方式制造出的噪音会让人傻掉，也会让地球傻掉。

预　测

到 21 世纪 20 年代中期，运载火箭飞行将变得更便宜，从而进一步推动太空需求；第一家太空旅馆将于 2025 年开业，此后不久将拍摄第一部太空音乐视频和电影片段；太空飞机逐渐成熟，到 2030 年将有几家公司提供每周飞往太空旅馆的航班，或到地球另一端的 1 小时飞行；发射成本不断降低，在近地轨道的失重和真空环境中加工制造独特的商业产品可以盈利；到 21 世纪 30 年代，太空将是富人们的热门旅游目的地；到 21 世纪 30 年代，发射和降落时的噪声问题将会凸显出来，但除了将航天港限制在偏远地区，比如建立深海港口，没有别的解决方案；到 2050 年，将在地球和月球附近建立起几个大型的在轨飞船造船厂和配送中心；到 2050 年，将建成第一个具有人造重力并有人员常驻的大型在轨太空度假村；经过几十年的规划和制造，第一个轨道环将在 22 世纪初投入运转；大型在轨城市将在 22 世纪中叶建成，其中许多是退休社区。

4 生活在月球

1969 年 7 月 20 日，美国成功地将两名宇航员送上了月球。在接下来的三年里，又有十多名美国宇航员登上了月球。有的宇航员在月球上开小车，有的宇航员采集岩石样本。还有一位宇航员打了高尔夫球，尽管他连果岭在哪儿都没找到。然后就完了。1972 年 12 月 14 日，宇航员哈里森·施密特和尤金·塞尔南（Eugene Cernan）在月球表面待了三天后离开月球。从那以后，再也没有人回去过。

我们离开月球的原因有很多。如前所述，主要原因是考虑到费用，没有令人信服的理由登上月球。当然，最初登上月球的原因，首先是因为美国与苏联处于战争状态——一场政治哲学的战争，以及代理人军队间从 20 世纪 40 年代末开始在全球范围内进行的肉搏战。1957 年 10 月 4 日，苏联将“斯普特尼克 1 号”人造卫星送入椭圆形近地轨道。

这件事了不得，打了美国一个措手不及，导致了所谓的“斯普特尼克危机”。西方国家普遍担心苏联拥有更先进的技术，并因此拥有更优越的信仰。

149

我们只能把这种焦虑理解为登月的唯一动力。在“斯普特尼克”卫星发射前，关于如何摆脱地球限制，人类之间没有竞争，没有紧迫感，也没有什么最后期限，更不用说去月球了。恰恰相反，出现了一种全球合作将世界带入太空时代的趋势。一个叫作“国际地球物理年特别委员会”（Comité Speciale de l’Année Geophysique Internationale，CSAGI）的国际科学组织，曾于 1954 年 10 月在罗马举行的一次会议上呼吁，在人们提出的国际地球物理年发射人造卫星。国际地球物理年从 1957 年 7 月 1 日一直持续到 1958 年 12 月 31 日，恰好与人们预测的太阳活动高峰相吻合，这期间人们专注于航天技术。[1] 这些卫星的目的是绘制地球表面的地图，美国和苏联都表示计划参与。美国启动了“先锋计划”（Project Vanguard），开始研制一种威力足以将一颗 3 磅重的卫星送入轨道的火箭。艾森豪威尔政府也知道苏联正在研制“斯普特尼克”卫星，但当看到苏联人用这么快的速度发射了这么一个野心勃勃的东西上天时，大多数西方国家还是惊骇不已。“斯普特尼克”卫星将近 200 磅重，传输了 21 天数据，在轨道上停留了 3 个月，取得了巨大成功。直到 1958 年 3 月，小矮人一样的“先锋 1 号”（Vanguard 1）才发射升空。苏联领导人尼基塔 · 赫鲁晓夫将其戏称为“葡萄柚卫星”。

“斯普特尼克”卫星对美国人的心理产生了深远影响。这种歇斯底里的情绪导致太空探索的资金投入远远超过了第一枚核弹的研发投入。美国人曾经视自己为技术领袖，是一个拥有爱迪生、福特以及曼哈顿计划的国家。突然之间，美国发现自己远远落后于苏联。

1957 年 10 月，苏联发射“斯普特尼克 1 号”后，紧接着在 11 月发射了“斯普特尼克 2 号”，这颗卫星重 1120 磅，而且还带着一只名叫莱卡（Laika）的狗。不管是不是叫莱卡，反正美国还是没有做好准备。1957 年 12 月 6 日，白宫举行了先锋计划运载火箭的公开测试发射，并邀请新闻媒体对其进行报道。此次测试发射必将成为一场精彩表演，以恢复公众信心。但让所有人感到沮丧的是，火箭只升到发射台上方几英尺处就爆炸了。更令人尴尬的是，前不久被打败的纳粹帮美国挽回了颜面。沃纳 · 冯 · 布劳恩和他的火箭团队，几乎全部由“二战”后的德国移民组成。他们都曾在希特勒手下服役。他们被美国陆军招募后参与了一个项目。该项目后来在 1955 年被艾森豪威尔取消，取而代之以海军的先锋计划。1958 年 1 月 31 日，他们终于用“木星 3 号”（Jupiter-3）火箭成功发射了一颗名为“探索者 1 号”（Explorer 1）的卫星。★ 然而，公众的乐观情绪很快再次破灭，就在几天后，“先锋号”运载火箭第二次测试发射时

150

★ “‘一旦火箭升空，谁在意它们会落在哪儿？那不是我的部门要管的事情。’沃纳 · 冯 · 布劳恩说。”讽刺作家汤姆 · 莱勒（Tom Lehrer）在他 1965 年创作的歌曲《沃纳 · 冯 · 布劳恩》中所写的歌词，反映了对美国征召冯 · 布劳恩的一些不安。歌词写道：“有人对这位大人物骂了娘 // 有人觉得他恩情似海深 / 好比旧伦敦城的寡妇和跛脚郎 / 大笔养老金归了沃纳 · 冯 · 布劳恩。”

在距地面 4 英里的高空失败。这一次它飞得更高，所有人都能看到。

太空竞赛计分卡

那么，是谁赢得了这场太空竞赛？你可以说是人类。无论是否由战争驱动，如果没有 20 世纪 60 年代的努力，我们今天也不会谈论重返月球。而且，这场太空竞赛激励了全世界成千上万的年轻人学习工程和科学。大学校长们警告说，美国在公民教育方面落后于苏联，美国国会便迅速通过了 1958 年的《国防教育法案》（National Defense Education Act），提供了数百万美元来加强各个层次的科学、数学和语言教育。为了写这本书，我采访了许多人，他们都谈到了苏联人造卫星时代对他们的直接激励。在这一代中有不计其数的人虽然没有为 NASA 工作，但他们选择的职业使其能够通过科学提高人类的生活质量。

但是在美国人的头脑中，美国人在太空竞赛中"赢了"。这个想法在美国人的头脑中比苏联人更加根深蒂固。美国人在月球漫步上打败了苏联人，没错。但是苏联人表现得非常出色。这里列举一些苏联创造的世界第一：第一个制造出洲际弹道导弹和运载火箭；第一个将卫星送入轨道；第一个把动物送入轨道；第一个发射了逃离地球引力的航天器（月球 1 号）；第一个完成了与太空的数据通信；第一个将航天器送入日心轨道；第一个将人造物体发送到月球上（月球 2 号）；第一个对月球背面进行了拍摄（月球3号）；第一个向金星发射探测器（金星1号）；第一个将人类送入轨道；第一个将人类送入轨道超过24小时；第一个将两个人一起送入轨道；第一个把女人送入轨道（1963）；第一个在月球上软着陆（月球9号）；第一个在太空完成轨道交会对接；第一个到达另一个行星——金星表面（金星3号）；第一个实现宇航员在太空换班。而这一切都发生在阿波罗11号登月之前。.

美国人在太空竞赛期间的第一包括：第一次基于太空获得重大发现（范艾伦辐射带，1958）；第一颗气象卫星；第一颗地球同步卫星；当然还有人类首次登月。

登月确实轰动一时。但对NASA来说，登月之后他们又回到了追赶模式。苏联是第一个将机器人采集的样本从月球带回地球的国家（月球16号）；第一个将机器人月球车送上月球；第一个在金星上软着陆（金星7号）；第一个建立空间站（礼炮1号）；第一个在火星上软着陆（火星3号）。进入20世纪80年代，苏联人首先建立了一个永久载人空间站——“和平号”，从1986年一直运行至2001年。苏联宇航员在太空中度过的时间以及在太空中连续停留时间均名列第一，美国宇航员的这些数据与之相去甚远。还有一个很少被提及的事实是，自从美国航天飞机项目于2011年终止以来，将宇航员送入ISS的唯一途径就是通过俄罗斯的“联盟号”载人飞船。

我的目的不是贬低美国的成就，而是强调苏联的成就，进而阐明这样一个事实：我们目前在太空取得的成就是均衡吸取两国教训的结果。然而，阿波罗登月作为人类成就的巅峰之作更加引人注目。据报道，在其鼎盛时期，阿波罗计划雇用了超过40万人，并需要2万多家企业和大学的支持——这恰恰说明了它与战争有关。[2]为了实现肯尼迪提出的在7年多一点的时间里将人类送上月球的宏伟目标，这个庞大的团队必须从零开始创造技术。发射台、任务控制、宇航服、微型计算机，哦，对了，还有火箭……这些都不存在。你的血液能在微重力下流动吗？你能在月球上着陆而不陷入表层土壤吗？你能从远离地球的微小飞船上向地球发送并接收来自地球的信息吗？有如此多悬而未决的问题。登月所激发出的奉献精神、智慧和创造力，在此后的50年里无可匹敌。此外，几十名美国飞行员和宇航员在水星计划、双子座计划以及阿波罗计划中冒着生命危险进行工作，其中3人死亡。★ 我们在2019年7月庆祝登月50周年，正是出于这个原因。无数的纪录片、书籍和杂志文章详细描述了这一大胆愿景的惊心动魄的实现过程。

153

因此肯尼迪指出，美国人之所以选择登月，或者“做其他事情……是因为这些事情很难”。美国选择登月，是因为苏联在某个特定方向上挑战了美国，而美国除了登月，没有其他合乎逻辑的选择。如果苏联人制订了一项钻探到地球中心的计划，

★ 女性也接受了太空训练。我推荐你看看2018年的纪录片《水星13号》（*Mercury 13*）。该片讲述了13位女性的故事，发人深省。她们证明了自己有能力成为宇航员。而NASA拒绝接受她们参加任何官方训练项目。

肯尼迪就会用同样的语言呼吁进行一场“地核竞赛”，要在前面所说的那个 10 年结束前，赶在苏联人前面到达地球中心。说不定我们会因此产生很多了不起的派生产品，比如在地下连接起城市和大陆的钻孔机。未选择的路。

我认为，阿波罗时代真正的捍卫者不是肯尼迪，而是林登·B. 约翰逊，1957 年“斯普特尼克”发射时的参议院多数党领袖。当“斯普特尼克”的消息从收音机里传出来时，他正在得克萨斯州的农场里举办烧烤宴会。他望着卫星划过夜空。后来他回忆道:“现在，不知道怎么回事，从某些新的角度看，天空似乎很陌生。我至今记得，当我意识到另一个国家有可能在技术上超越我们伟大的国家时，内心受到了巨大冲击。”[3]他为此做了一些事情：他鼓励艾森豪威尔创建 NASA，鼓励肯尼迪设定登月目标——他实现了这个目标。

154

关于登月的难度，即使采用机器人登月，其难度也难以形容，因此在阿波罗登月将近 50 年后，谷歌月球 X 大奖（GLXP）一直没人能够拿到。谷歌月球 X 大奖是一项由私人赞助的挑战，给任何能将探测器送上月球、行进 500 米并传回高清视频和图像的人提供 3000 万美元的奖金。其目的是激励航天企业家创造一个新时代，以更加经济的方式到达月球和更遥远的太空。这项挑战于 2007 年启动，并将终止时间由 2015 年延长至 2018 年。但没有一个竞争者拿到这笔奖金。请注意，只有非政府实体才允许参与竞争，否则中国已经赢得了这笔奖金。

中国崛起

中国具有勃勃雄心。19 世纪初，中国从世界领导者地位上跌落，随后“遭到帝国主义的入侵、欺凌和瓜分”，遭受了“百年屈辱”。[4]1949 年，中华人民共和国的成立，是结束屈辱的开始。如今，中国正在重塑自己的伟大。[5]而太空，特别是月球，成为中国崛起的重要因素。[6]

2013 年 12 月，中国发射了一辆名为“玉兔号”的月球车。到 2015 年 10 月，这辆月球车已经创下了运行时间最长的纪录。尽管没有在美国广泛报道，但中国已经完成了几次绕月或登月任务，包括在 2019 年首次成功在月球背面着陆。中国已经发射了几座模块化空间站，还拥有一个叫作“长征二号”的现役运载火箭系列，其中包括“长征二号 F”运载火箭——目前世界上能将人类送入轨道的仅有的两种火箭之一（另一种是俄罗斯的“联盟号”火箭）。在此需要重复一下：中国和俄罗斯可以将人类送入太空，而美国、欧洲和日本不能。

155

中国国家航天局（CNSA）宣布，计划在 21 世纪 20 年代初发射一枚探测器，可在月球表面进行钻探，并将样本送回地球。中国国家航天局还宣布，到 20 年代末将把宇航员或者叫航天员送往月球，目标是随即建立永久基地。

2018 年 5 月，中国完成了为期一年的“月宫一号”测试，这是一个模拟的、几乎自给自足的月球基地，可供 4 人居住。这项实验是在北京航空航天大学进行的，共招募了 8 名志愿者，他们轮流进驻基地，一次在那里住几个月。这不是对人类耐力的考验，而是对一个种有植物的封闭系统的考验。据中国新闻报道，这一基地的空气和水都得到了 100% 的循环利用，志愿者 80% 的食物热量由自己生产。[7] 志愿者种植了各种各样的食物，如小麦、花生、扁豆和 15 种不同的蔬菜。其中一个新奇之处是添加了黄粉虫作为蛋白质来源，而这些蠕虫靠丢弃的植物残渣为食。该基地由两个大约 60 平方米的农作区和一个约 40 平方米的起居区组成，起居区有三间卧室、一个用餐区和一个浴室。

中国似乎有可能先于 NASA 或 ESA 登上月球。中国政府发布了一段与"月宫一号"基地有关的 8 分钟视频，描述了月球和其他更远地方的生活。影片一开始，孩子们凝视着太空，梦想着探访星空。然后，强大的火箭发射场景占据了整个屏幕。这个场景跟 NASA 那些高质量的视频很像，只不过其中的人都换成了中国人，都说中文。你看，在中国版《星际迷航》中，银河系的通用语言是中文，柯克船长是个 6 英尺高、棕色眼睛、黑头发的中国人。

156

对于施密特而言（他是倒数第二个登上月球的人），中国的雄心为美国重返月球带来了"迫切性"。他说，现在的情况和我们 1960 年面对苏联时的情况有些相似。他告诉我："如果不理解这一点，你就不会关心。"[8] 新太空竞赛的观念已经渗透到美国的军事和政治领域。这听起来可能不是什么好兆头，但对于渴望在其他星球上建造定居点的太空爱好者来说，可能是个好消息。施密特就是其中之一。他希望看到美国在月球上进行采矿作业，主要是开采氦–3，一种潜在的核聚变燃料。如果中国不是以同样的理由（采矿权）盯上月球，美国对重返月球的兴趣不会长久。但是潮流已经逆转，美国没有一个太空计划能在历次的政府更迭中保持稳定。

2019年5月，NASA宣布了白宫的一个命令，要在2024年之前将一名美国男性和一名美国女性送上月球。该计划被称为“阿尔忒弥斯计划”（Project Artemis）。而在此两个月之前，特朗普政府刚刚雄心勃勃地宣布要在2028年前让人类重返月球，而“阿尔忒弥斯计划”把这个计划压缩到了5年之内。在外人看来，这听起来像是一个大胆而果断的举动，可以让美国获得重返太空的荣耀。但在现实中，这一举措存在严重缺陷，并没有汲取美国前几届政府的教训……也注定会失败。如果目标是在月球永久存在，那么在2024年就匆忙把人类送到那里，只会增加复杂性和成本，收益却少得可怜。

157

美国应该首先向月球派遣探测器和机器人为人类建好基础设施，供人类最终抵达时使用。这曾经是NASA和ESA的计划，但白宫迫使NASA调整优先顺序，取消原计划，并重新规划目前正在实施的项目。

“阿尔忒弥斯计划”中的这对太空夫妇要在月球上做什么？还没有宣布，但他们肯定不会像机器人那样，建造庇护所，保护水源，制造可呼吸的氧气和火箭燃料，铺设月球表面运输轨道。换句话说，如果他们成功登上月球，那么他们来回就要花费300亿美元，却不会推动永久重返月球的事业。如果唐纳德·特朗普没有连任总统，几乎可以肯定，下届政府将在 2021 年取消这项命运多舛的探月任务。★ 如果该计划能挺过 2021 年，那么在 2021 年的最后期限之前，仍需注入大量的额外资金。白宫只提供了一年的担保资金，数额为 16 亿美元。其余资金需要美国国会审批，而国会可能出于党派和财政方面的原因不支持该计划。据美国政府问责局称，NASA 在宣布 2024 年重返月球的一个月后发布了一份报告，报告隐瞒了太空发射系统（Space Launch System，SLS）的真实成本。太空发射系统火箭旨在将宇航员和物资送往月球及更远的地方，目前进度落后了几年，预算也超出了数十亿美元。美国政府问责局发现，NASA 和 SLS 主要承包商波音公司“低估了核心发动机级段制造和装配的复杂性”。[9] SLS 第一次发射曾计划在 2017 年进行，然后是 2019 年，然后是 2020 年 6 月，现在第一次发射至少推迟到 2021 年 6 月。[10] SLS 首先需要进行几次发射，将 LOP-G 空间站送入太空，然后再载人。

158

无论美国重返月球的最终计划是什么，都不会包括与中国的合作。2011 年，美国国会禁止 NASA 与中国密切合作。《公共法案》第 112–55 条第 539 款规定，“本法案所提供的资金，美国国家航空航天局（NASA）或科学技术政策办公室不得以任何方式用于与中国开发、设计、规划、颁布、实施，或执行双边政策、计划、命令，或任何形式的参与、合作或双边协调合同”。

★ 特朗普未能获得连任。—— 译注

这种政策并不是没有原因的。1998 年美国国会的一项调查［现称为《考克斯报告》（Cox Report）］确定，美国航空航天企业向中国提供的有关商业卫星的技术信息，最终改善了中国的洲际弹道导弹技术。这导致美国几乎立即禁止了与中国分享信息，最终奥巴马总统在 2011 年签署了该法案。

159

赶往月球

月球的表面积约为 1450 万平方英里（3800 万平方千米）。虽然这只是地球的 8%，但它的大小仍然和亚洲差不多（就称它为第八大洲吧）。没有人拥有月球，根据《外层空间条约》（正式名称为《关于各国探索和利用包括月球和其他天体在内的外层空间活动的原则条约》）的规定，月球不属于任何人，而且不允许任何人拥有月球。更具体地说，条约规定，“外层空间，包括月球和其他天体，不受国家主权要求以及使用或占领或任何其他手段的支配”。有 100 多个国家签署了这项条约。

然而，《外层空间条约》对月球上的定居点意味着什么，所有人都不知道。显然，这一点还从来没人提出过。许多律师认为，虽然国家不能主张领土，但它们可以主张资源（如矿产），并从中获利。这个想法把某些不发展航天事业的小国吓坏了，他们觉得自己被排除在外。1979 年，一些国家起草了《月球协定》（Moon Treaty），正式名称为《关于各国在月球和其他天体上活动的协定》（Agreement Governing the Activities of States on the Moon and Other Celestial Bodies）。该协定认为，月球资源属于全人类，不能为私人、商业或国家利益而开发。《月球协定》只得到了18个国家的批准，其中没有一个国家目前在太空中存在。在美国则有L5联盟（L5 Society，就是那些想要建造在轨太空城市的人，见第3章）召集国会反对《月球协定》，理由是它会阻碍航天事业发展。总之他们认为，如果没有盈利的可能性，哪家公司还会投资月球的基础设施呢？

160

我相信，最可能的情况是，月球最初看起来很像南极洲。曾有七个国家宣称对南极洲拥有主权，但没有一个国家得到国际社会的广泛承认。《南极条约》不允许南极大陆拥有主权，禁止军事活动，至少在2048年之前禁止采矿。[12]南极的资源、矿产和燃料藏在数英里厚的冰层之下。所处环境气候恶劣，地理位置偏僻，缺乏出口基础设施，距离最近的市场也有数千公里之遥。除非南极的冰层开始融化，世界其他地方的矿产和燃料资源枯竭，否则开采南极矿产并没有那么有利可图。

就像南极一样，随着登月费用变得相对低廉，月球首先将成为一个进行科学实验的地点，有专门的工作人员对基地进行维护，科学家、工程师和勘探者来来往往。如果月球资源被证明是有利可图的，那么所有协议都会被无视。各国和各大公司将争夺最好的“土地”，并在国际法庭就《外层空间条约》为自己辩护。当合成橡胶材料触及月球土壤、数万亿美元的利润得以实现时，协议将被重新制定或重新解释，允许月球活动的商业化。毕竟，殖民的历史就是资源开发的历史——不是各国共享财富的历史，而是占有、欺诈、放弃条约以及发动战争的历史。

沙克尔顿能源公司（Shackleton Energy company）是一家太空探索企业。该公司长期以来一直有在月球上开采水资源并将其运送到近地轨道补给站的可靠计划。水及其组成元素氧和氢，将被用来为飞船提供饮用水、供呼吸的空气和燃烧的氢。沙克尔顿能源公司由魅力非凡的比尔·斯通（Bill Stone）领导。他曾在洞穴探险中创造了纪录，深入几千米深的洞穴之中。他曾与NASA合作开发了木卫二探索任务的探测器原型。该探测器可以穿透厚厚的冰层进入液态海洋。他想亲自带队，率领他称为“刘易斯与克拉克”的工业探险队前往位于月球南极的沙克尔顿环形山（Shackleton Crater），然后自己制造燃料从月球返回地球。沙克尔顿能源公司可能有权使用月球水，但是该公司能出售月球水吗？没有人真正知道。但是市场价值摆在那里。在月球上生成燃料可以将前往月球的成本降低1/3，因为运载火箭离开地球时不必携带返程用的燃料。联合发射联盟曾经表示，它们愿意在月球表面支付500美元／千克购买推进剂，在轨道上支付1000美元／千克购买推进剂，且该公司至少需要1000吨推进剂；NASA也估计航天器在月球上升空需要100吨推进剂。[13] 冰层开采可以培育一个价值数十亿美元的产业，并在短期内成为月球上的最赚钱者。

月球资源的开发能否为三个不同的市场，即地球、月球自身以及太空探索带来利润，取决于资源的集中度以及挖掘和运输的价格，而这三个巨大的未知因素使这方面的讨论几十年来一直停留在纯粹的臆想阶段。

在地球上，我们可能受益于两种月球资源：氦和稀土矿物。氦 -3 是一种氦的同位素，在地球上很稀有，但在月球上相对丰富，是一种理想的核聚变燃料。如果我们能将氦 -3 核聚变商业化，我们将拥有丰富、清洁的“绿色”能源。它并不便宜，因为它毕竟来自月球。但它每千瓦能源的价格与化石燃料相当。稀土矿物由稀土元素组成，包括从元素周期表中那个区域开始的所有元素，如铈（Ce）、钆（Gd）、钇（Y）等。这些元素和矿物是现代小型电子装置的重要组成部分。镝（Dy）和铽（Tb）用于触摸屏显色，钆用于增强 MRI 图像。与它们的名字相反，它们在电子装置中很常见。问题在于，与金和铜这类在电子装置中不太常见的元素相比，从矿石中提取稀土元素更为困难。在月球上开采可能更容易、更安全。

162

要在月球上生活并开采这些矿物，最重要的资源是水及其氢氧化合物，它们大多在月球深处以冻结的冰的形式存在。月球上的水似乎比我们想象的还要多一些。事实上，20 世纪七八十年代，只有少数几个国家对建造月球基地感兴趣，原因之一就是缺水。登月时携带水和空气，费用会非常高。20 世纪 90 年代，NASA 的卫星在月球两极发现了月球冰，从而重新燃起了人们把月球作为太空基地的兴趣。2009 年，印度的“月船 1 号”（Chandrayaan–1）探测任务在月球表面发现了广泛存在的水分子。2010 年的一项分析发现，在阴暗的陨石坑内，水沉积物的质量占比可能高达 8%，与月球土壤混合在一起；2018 年的一项分析将部分区域的比例提高到 30%。[14]

突然之间，月球似乎变得更适宜居住了。月球还拥有建造163房屋需要的所有工业元素，包括铁、硅、铝、镁、钛、铬、钙和钠。月球上还有铀。这些元素在地球上都不是急需的，但月球、太空飞船和在轨城市都需要它们。由于月球引力小，原材料可以相对容易地从月球表面运送出去。

还有一种月球资源是智力资源，即可以从月球上挖掘出相当多的科学知识。关于月球起源的主要理论是，月球是 45.1 亿年前一颗火星大小的原行星与地球相撞形成的。那时地球自身形成仅有大约 3000 万年。研究月球的“月球学”（Lunology）将揭示早期地球的样貌，因为地球表面几十亿年来一直在不断地重塑，而这些地质记录在地球上已经消失了。月球也将是研究多类型天文学并把人类送入更远太空的一个绝佳平台。

一项具有挑战性的月球产业

在未来 20 年，月球可能会成为一个科学和工业园区，并带动相关旅游业的发展，所有这一切能否实现，取决于进出月球的成本以及可盈利资源的集中程度。考虑到月球离地球很近，而且前景光明，未来某一天我们在月球上开个店铺是不可避免的。成本正在下降，相关数据让投机者对资源集中度更加乐观。有趣的是，由于月球引力较小，将原材料从月球经过整整 25 万英里运到 ISS 所在的近地轨道，比挣脱引力并将它们从地球发射到200英里远的近地轨道更节能。在月球或地球轨道的飞船造船厂里，可以用月球原材料建造大型宇宙飞船，其中只有质量较轻、高科技的部分来自地球。

164

富裕国家的采矿作业正变得越来越自动化，由人类远程控制的机器人来完成。月球上也将如此。许多国家已经在利用遥感技术通过卫星探测月球表面，以查明哪些矿床在哪里，数量有多少。人们正在制造小型化、质量更轻的挖掘机，准备运往月球。用来提取金银和各种挥发性物质的化工厂正在小型化，以便就地加工材料。月球上的低重力意味着，在某些方面，挖掘比在地球上更简单。月球上的引力只有地球的1/6。东西更容易开采上来。支撑结构可以承受更多的重量，因为材料本身的重量（重力的作用）更轻。而且由于存在一定的重力——不同于ISS上的那种微重力环境，各种密度的矿石和矿物会像在地球上一样下沉或上升，所以不需要特殊的机器来补偿奇怪的微重力。但也有令人望而生畏的缺点，包括：钻探会因摩擦产生过多的热量，但没有空气来冷却摩擦。此外，爆炸是非常危险的，因为爆炸产生的抛射物会比在地球上飞得更快更远。

但低重力环境的一个巨大优势是，可以用一种叫作质量驱动器的设备将原材料从月球表面抛出去。月球的逃逸速度约为2.38千米/秒，仅为地球逃逸速度［11.2千米/秒（25000英里/小时）］的1/5。这意味着你不需要将火箭从月球发射出去。你所要做的就是沿着轨道驱动一个物体，使速度达到2.38千米/秒以上，它就会离开月球表面，而不是在地平线上滚动。2.38千米/秒的速度很快，大约是子弹从枪口射出时的速度的两倍。但在月球上，由于完全没有空气阻力，这个速度可以通过磁悬浮轨道系统实现。质量驱动器就像轨道上的弹弓一样。货物可以被加速到每秒数千米，直至达到足够的速度，然后释放。利用这种方式，月球上的工人可以将原材料装载到质量驱动器中，并将它们抛到轨道上的某个理想地点，然后有人在那里将其捕获，用来建造航天器、太阳能电池板或其他大型轨道物体。当然上面这些东西具体实施起来就没有那么容易了，但毕竟并不需要多么先进的物理或工程技术。

165

开采的月球原材料，大部分将用于月球或在轨太空活动。例如，工人可以开采火箭燃料成分，如氢、氧、铝或镁，然后将它们发射或抛到轨道上的燃料站，供航天器使用。从水中提取的火箭燃料则在轨道加油站注入航天器，从而为航天器所有者节省大量费用，因为研发人员可以建造更小的航天器，不需要带上完成整个旅程需要的所有燃料。[15]如果铀可以在月球上浓缩，我们就可以用它作为核燃料，为工厂、栖息地或核动力火箭提供动力。与地球不同的是，人们对核事故几乎不必担心，因为月球上的所有生命都将生活在由气闸保护的栖息地或其他环境中。

之前我提到了太空讨论中出现的第22条军规——只有当太空和地球工业需要这些材料时，月球的工业化才有意义。在月球上生活和工作是可行的，尽管具有挑战性。但是，除非能从

“海盗号”轨道器拍摄到的火星

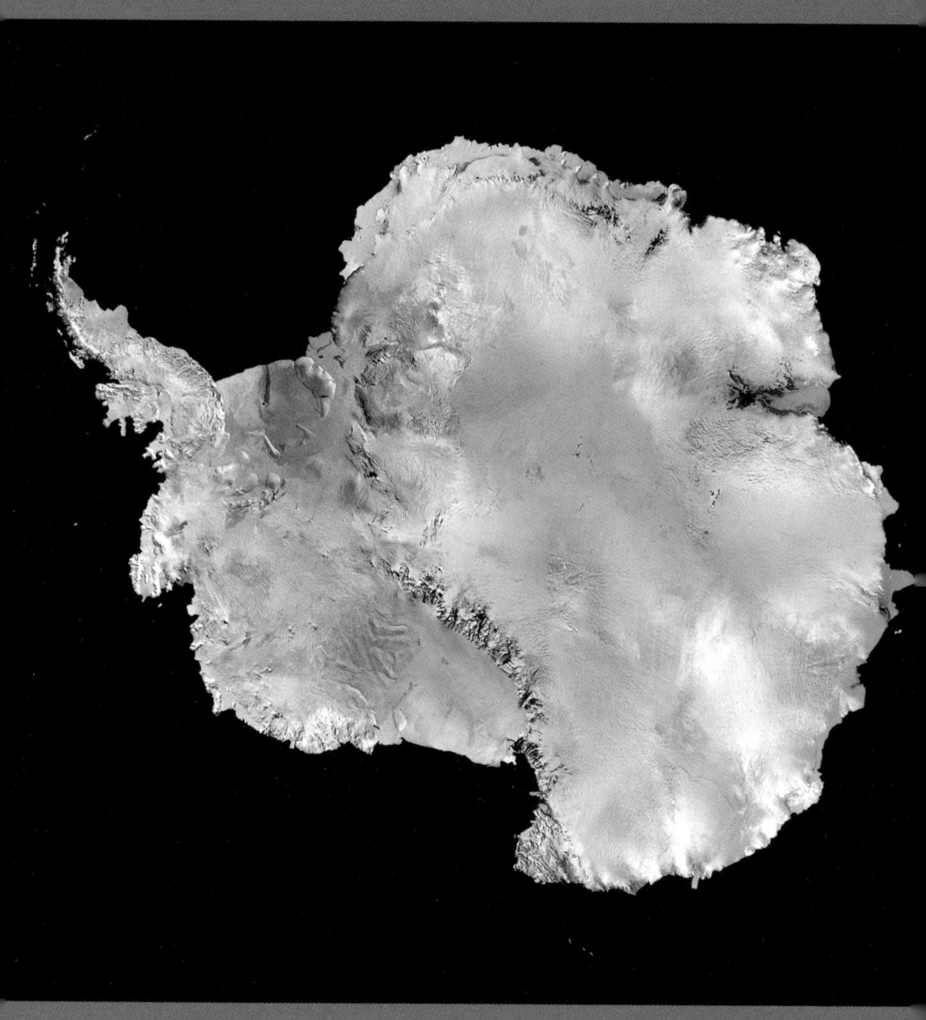

从太空看到的南极洲

从绕月球飞行的阿波罗 8 号上看到的地球升起

“好奇号”火星车从火星拍摄到的地球

艺术家想象的“奥陌陌”

地球上海拔最高的山峰——珠穆朗玛峰

艺术家想象的金星上空的气球城市

太空中的埃隆·马斯克特斯拉跑车

艺术家想象的轨道圆环或太空城市

艺术家想象的太空电梯

艺术家想象的 ESA 计划中的月球基地

艺术家想象的火星冰屋

维珍银河“太空船 2 号”太空飞机（机身中部）

美国航天港鸟瞰图

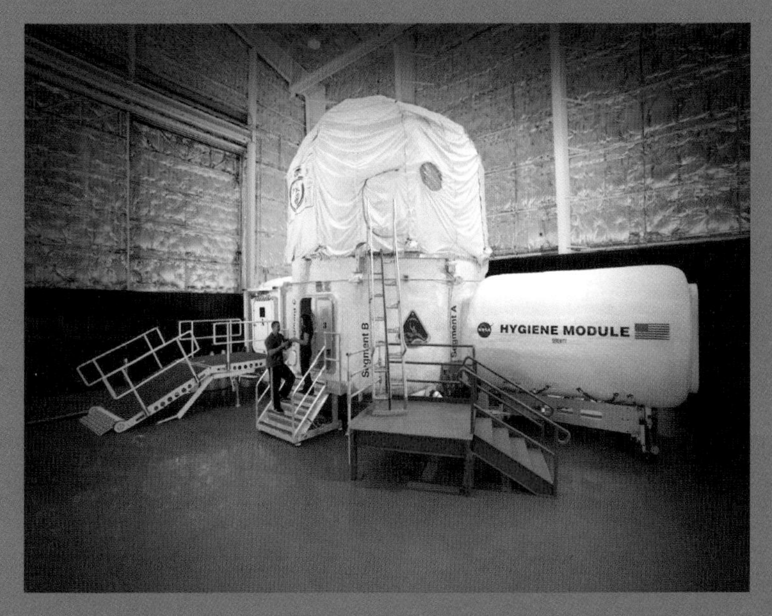

NASA 人类探索研究模拟项目（HERA）

毕格罗可扩展活动模块（BEAM）

亚利桑那州奥拉克尔小镇的生物圈 2 号

月球温室原型

工业化中获得利润，否则就不会尝试挑战。首先，让我们研究一下氦 –3（^{3}He），一种核聚变燃料。

氦 -3

核聚变是恒星能量的来源。太阳将较轻的元素融合成较重的元素，主要是将氢融合成氦核，将氦融合成碳。在两个原子被挤压成一个原子的过程中，一些质量被挤压出来。而质量，按照爱因斯坦的著名方程 $E = mc^2$，就等于能量—— 大量的能量。太阳能够维持核聚变是因为其核心的高温高压，而高温高压的能量皆来自粉碎性的重力。我们人类如果要制造核聚变，投入的能量肯定比产出的要多。我们可以实现核裂变，将原子分裂，但不能实现持续的核聚变。氢很难融合，就像相互很反感一样。融合氢的同位素，即氘（^{2}H）和氚（^{3}H），要容易一些，但这会产生高速中子，难以控制，而且会使其他物质在碰撞时产生放射性。氢含有一个质子和一个电子，但没有中子；氘和氚分别含有一个和两个中子。高温、危险的中子是副产品。但氦 -3（^{3}He）少了一个中子。把它和氘融合，最终能得到普通的氦（^{4}He）和一个质子，质子就是一个氢原子核。方程式为 $D+{}^{3}He \rightarrow {}^{4}He+p+18.4MeV$ 能量。同样的，$^{3}He+{}^{3}He$ 会产生 ^{4}He 和两个质子以及相同数量的能量。不管怎样，质子比中子更安全，没有放射性。因此，基于氦 -3 的核聚变是我们能够获得的最清洁、最强大的能源。仅仅 100 千克的氦 -3—— 比一个成年男性的体重稍重一点，就可以为一个城市提供一年的电力。[16]

166

用油试试!

地球上氦-3含量非常少，只占大气的万亿分之几。但是月球表面厚厚的一层全是这种东西。相比之下，这种物质据估计在赤道附近的含量在十亿分之二三十之间。在月球表面几米厚的土壤里就有100多万吨，潜在的能源销售成本为每吨数十亿美元。在太阳风的作用下，氦-3已经在月球表面沉积了亿万年。地质学家哈里森·施密特曾在1972年的阿波罗17号任务中收集并分析过月球岩石。他估计在2平方千米的范围内向下挖3米，167就可以开采出100千克的氦-3。在施密特看来，由于燃烧化石燃料造成的气候问题、核裂变的放射性危险以及地球上的太阳能和风能相对薄弱，氦-3是能够满足世界日益增长的能源需求的唯一燃料。施密特说，飞到月球开采氦-3要花一大笔钱，但是物超所值，因为氦-3每瓦能量的价格与煤炭相当，而且没有污染。月球表面土壤还含有钛和其他有价值的元素，所以副产品也有利可图。普通的氦（^{4}He）经测算在月球上的含量是百万分之几，是氦-3的1000倍，在地球上的供应却越来越短缺。所以这是另一种潜在的月球出口产品。[17]

施密特写了一本长达335页的书，书名叫作《重返月球》（*Return to the Moon*）。这本书完全基于开采氦-3这个前提，解释了采矿过程中的细节以及可以获得的利润。结果？使用氦-3进行核聚变还不成熟。而且也远不能保证月球氦-3到了地球上，这一切就会实现，因为氦-3核聚变比氘和氚聚变更难实现。所以，我们必须首先能实现这种核聚变，在我们到月球上采矿之前，先用地球的资源掌握氦 -3 核聚变技术。施密特认为我们已经非常接近氘和氚的核聚变技术，也就是说，输出的能量大于输入的能量。他认为这只不过是在研究上投入更多资金的问题。然而，许多核工程师表示，我们在技术上并没有那么接近。如果不掌握氦 -3 核聚变技术，将对重返月球的盈利能力造成重大打击。有了氦 -3 核聚变，月球的利润将超过所有 OPEC（石油输出国组织）成员国的产值。没有这项技术，我们只能依靠月球上的水和稀土来获取利润。

还有一个限制是，氦 -3 大部分位于月球赤道。由于那里剧烈的温度变化，开采比较困难。但氦 -3 在月球两极的聚集度较低。就像化石燃料一样，氦 -3 一旦被开采和使用，它就永远消失了。资源能维持多久？一代？一个世纪？对短期收益进行投资是否值得？会出现这样的商业市场吗？抑或是太阳能更具竞争力？根据投资成本和采矿效率，从月球赤道或轨道上的太阳能电池板向地球传送太阳能，或投资于其他一些清洁、可再生能源，可能在经济上更为可行。[18] 正因如此，许多科学家认为在月球上开采氦 -3 是一种疯狂行为。

168

稀土族

另外，月球上有稀土元素供应，这是一个潜在的高价值点。如前所述，这些元素和矿物质在地球上不一定是稀有的，只是很难从含有稀土的矿石中提取出来。这是一项令人讨厌的、污染严重的工作——太令人讨厌了，美国干脆停止开采稀土，宁愿从外国进口。截至2017年，中国开采的稀土占全球开采量的80%，约10.5万吨。澳大利亚紧随其后，为2万吨，其次是俄罗斯（3000吨）、巴西（2000吨）和印度（1500吨）。[19]

在月球上开采稀土元素，把对环境的担忧转移到一片荒芜的月球上，许多人会认为这是更可取的做法。关键在于，对稀土的需求非常之高，一部iPhone就使用了所有17种稀土元素，所以各国要么承担环境成本，要么找到更安全的开采或回收稀土元素的方法。与氦-3不同的是，在任何国家转向月球开采稀土资源之前，稀土的价格会飙升。此外，要首先在月球上建立其他形式的采矿，这样稀土开采才能在经济上可行。

169

铁和更普通的资源

尽管氦-3和稀土可能听起来充满异国情调和前景，但月球采矿的未来可能在于铁、铝等更普通资源的开采。原因有两方面。第一方面的原因是，这些工业基础材料可以用来建造太空基础设施。除非人类开发出一种发射基础设施，能够以每磅几分钱的价格将建筑材料送入太空，否则在太空使用地球材料进行建设就失去了意义。在轨城市充满活力的太空基础设施、太阳能电池板、月球定居点、采矿、制造飞船以及太阳系探索，将主要利用月球资源（最终是小行星资源）进行。新大陆的殖民者不会从旧世界带来木材建造家园，同样，太空人类也将使用身边的资源。地球的引力井太深，无法提供太空所需要的物质。

与我在第 5 章将讨论的小行星相比，月球上铝、钛和铀的储量更高。钛的存在形式是钛铁矿（$FeTiO_3$），在月球上开采会产生铁和氧，这两种物质在月球上的价值都很高。处理钛铁矿极具挑战性，但可以通过太阳能烤箱或微波来完成。铀可以作为核反应堆的燃料。铝可以锻造成栖息地或太阳能电池板的支撑结构。在最原始的情况下，最初的开采可能很简单，就是挖出表层土壤，将其加热到几百度，然后收集所有挥发性气体（氢、氦、碳、氮、氟、氯）。挖掘地点可以在任何地方，不用担心会破坏生活环境，挖出来的东西也不会浪费。科罗拉多矿业学院太空资源中心（Center for Space Resources）主任安吉尔·阿布德－马德里（Angel Abbud-Madrid）说，我们已经对月球表面进行了大量的远程勘探，现在有必要向月球发射月球车和其他机器，以测试机器人提取和处理资源的重要技术。[20]

170

月球表面土壤中的硅含量超过 20%（按重量计）。硅可与铝以及其他元素结合使用，制造太阳能电池，用于在月球表面或月球轨道上发电，然后传送到地球。[21] 在地球轨道上放置足够多的太阳能电池板，将能量以微波的形式传送到地球上的采集器，就可以满足我们日常的家庭能源需求和许多工业需求。我们知道，太阳能电池板在太空中工作，是因为它们为大多数卫星提供动力。太空从来没有阴天。20 世纪 70 年代，能源价格不断上涨，美国总统吉米·卡特在白宫屋顶安装了 32 块太阳能板来加热水，作为全国人效仿的榜样。那个时候这种在轨运行的太阳能电池板方案看起来很有吸引力。后来油价下跌，美国总统罗纳德·里根拆除了这些还可以工作的太阳能板，美国人再次加以效仿。[22]尽管如此，在轨太阳能电池板收集的太阳能仍然是一种可靠的、可再生的清洁能源。主要的障碍是基础设施的成本，

171

而这取决于进入太空的成本。★如果发射成本下降，月球可能会成为一个能源新兴城市。

开采月球资源的第二方面原因是，地球上的资源非常有限。我们先把环境问题放在一边。终有一天，金属和其他工业资源会因为稀缺而变得过于昂贵，进而无法开采。这已经成为经济上的一个论点。挖得越来越深，成本也就越来越高。如果这种趋势持续下去，月球原材料的提取成本就有可能比地球上的还低。至于环境问题，毫无疑问，开采资源会对地球造成不可弥补的损害，因为开采过程中产生的化学物质会污染地下水、地表水和土壤，还会造成水土流失、形成天坑，以及不可避免的生物多样性的破坏。世界上最大的污染者也会对此做出巨大让步。这个论点实际上是，在环境破坏和经济发展之间进行权衡。许多人认为经济发展是值得的……风景曾遭破坏的发达国家的人，可以对此做出评判。

死气沉沉的月球很有可能会成为一个实用的、巨大的露天矿坑，造福于地球生命。这种思想无疑会遭到LUCA†。但

★　一个次要障碍是如何安全地将能量用波束发送给收集器。这种技术看似可行但未经商业规模化测试。

†　LUCA：大声，不友好的反驳。

人类可能会容忍对原始月球土壤的“破坏”，因为它是如此遥远，是天生的不毛之地。在地球上甚至根本就看不到月球的背面。可悲的是，地球上污染最严重的矿井也都位于偏远的人们看不见的地方，在那些贫穷的国家，雇用或奴役着童工。月球上不会有童工，也不会破坏生物多样性。此外，随着穷国变得更加富裕，它们可能会对采矿和钻探进行更加严格的限制，正如我们几十年前在美国、欧洲、日本以及最近在巴西所看到的那样。这可能会迫使我们开发月球。

172

简而言之，月球上的基本物质可以帮助人类。我们可以努力的一个方向（如果可能的话，这也没什么错）就是忘记太空，减少全球人口，让有限的资源变得更加高效，努力让所有人摆脱贫困，并为所有人提供目前已在发达国家实现的技术、教育和流动性，同时不再从地球攫取更多的资源（财富）。或者我们可以将月球和其他太空资源作为新的财富来源，同时让地球更适合居住。

月球科学

月球科学与在南极进行的科学具有不可思议的相似性：独特的地质学 / 月球学和天文学。NASA 列出了月球科学的 181 个目标。这些目标主要研究月球表面的岩石，以及在月球上观察地球、太阳和其他天体，研究月球、地球、小行星和彗星。一个大胆但可行的想法，是在月球背面，就是月球上总是背对着地球的那一面，安装大型望远镜。月球没有阴暗面，那是一个错误的概念。月球背面获得的阳光与正面相同（只有在满月的时候，当我们看到的月球正面被完全照亮时，月球的背面才是完全黑暗的）。但是，月球背面是安放射电望远镜的最佳位置，因为那里没有来自地球的干扰。我们也可以制造其他波长的望远镜。没有大气则意味着总能完美地进行天文观测，不会阻挡任何波长到达月球表面。红外望远镜在寒冷黑暗的陨石坑中工作得更好。此外，由于重力较低，望远镜的抛物面可以做得比地球上更大，但结构仍然稳固。因此可以说，月球就是最高的山峰。

173

另外一种月球科学是对居住在那里的行为本身进行研究。我们可以研究 1/6 的地球重力对健康的影响。如前所述，我们目前只有两个数据点：1G（地球上）和 0G（轨道上）。身体对月球上 0.16G 的反应，也许有助于我们了解在火星上 0.38G 的环境下长期生存的可能性。如果与 ISS 相比，月球上的骨骼和肌肉损失减少了 16%，那么这可能意味着低重力对健康的影响是在 0 到 1 之间的一条直线。如果骨骼和肌肉的改善情况比 16% 好得多，这对 0.38G 来说确实是个好兆头。同样，我们在月球上做的每一件事——建造庇护所、种植食物、提取水和其他资源、四处游荡——都将成为远离地球生活的实践。到火星的旅程需要 6~9 个月，如果你住在火星上需要紧急救援，等待救援的时间会很长。但月球到火星只有 3 天的旅程。我们甚至可以用不到一天的时间，更快地把物资送到那里，代价就是消耗更多燃料。毋庸置疑，要“实践”成为太空物种，月球比火星更安全。

在哪里扎营

中国在太空领域的抱负已经促使所有主要的太空玩家——美国、欧盟、俄罗斯、日本和新兴的印度——不仅谈论重返月球，而且开始谈论永久驻扎。这一点也不夸张，而且反映出一个事实，即在当今这个时代，只为了插上一面旗帜和收集几块岩石就飞到月球的阿波罗式登月不仅毫无意义而且已经过时。技术以及我们对月球的了解都有了很大的进步，很多人认为建立月球基地即使长期不盈利，也是可行的，而且相对来说，也是负担得起的。

表 4.1 对月球和火星以及月球的两极和赤道作为定居点的利弊进行了比较，从中可以看出没有十全十美的地点供我们安营扎寨，要折中考虑。我这里拿火星做比较，是因为一些人认为我们应该忘记月球直接去火星；另一些人则认为月球是通往火星的必不可少的垫脚石。我认为双方的论点都有缺陷。从月球到火星不是从困难到更困难，而是从困难到同样困难。此外，垫脚石意味着向更大更好的东西过渡，但我不认为火星就比月球优越。在我们向太阳系扩张的过程中，它们有不同的用途。我也不认为一旦登上火星，人们就会像“垫脚石”这个词暗示的那样，把月球抛在身后。

表 4.1 哪里是最佳定居场所？
月球和火星相比有利也有弊，但月球本身也是如此

月球和火星比较

月　球	火　星
利	**弊**
3 天就可以抵达	要花 6~9 个月才能抵达
与地球的通信近乎实时	与地球的通信存在 8~40 分钟延时
地球就像天空中一幅美丽、熟悉的图画	地球看起来只是一个孤零零的小圆点
可开采矿物，容易加工、出口	可开采矿物，难以加工、出口
低重力有利于进出月球以及向太空运送原材料	较大的重力意味着进出火星有挑战
弊	**利**
低重力环境似乎不适合孩子成长	重力环境不会影响孩子的成长
缺乏挥发性物质（氮、碳）	有大量的挥发性物质，有生命需要的一切
一个夜晚持续 2 周的时间	昼夜周期与地球几乎相同
极端的昼夜温差	可以承受的昼夜温差
没有大气	由 CO_2 构成的大气，虽然有点稀薄
有毒的月尘容易粘在所有东西上	大量的矿藏

月球两极与月球赤道比较

月球两极	月球赤道
利	**弊**
气温恒定，-50℃	昼夜温差波动剧烈，-173℃ ~127℃
环形山边缘有 85%~100% 的光照	黑暗的夜晚持续 14 天
环形山里有大量的冰	缺水
弊	**利**
工业用途的矿产少	有大量氦 -3 以及其他有用的矿产
太阳风在环形山边缘产生电荷	容易把矿产送入月球赤道轨道

在月球上停留时间最长的一次是 1972 年，尤金 · 塞尔南和哈里森 · 施密特在月球表面停留了 75 小时。这是阿波罗任务中科学成果最丰富的一次，包括广泛的地质采样（施密特是地质学家，也是第一位进入太空的科学家），以及对跟随宇航员的 5 只小鼠（名字分别叫作 Fe、Fi、Fo、Fum 和 Phooey，它们是第一批登上月球的啮齿类动物）的生物学研究。然而，在月球上生活几天将是一项挑战。塞尔南和施密特暴露在月球表面的时间总计 22 小时，开着他们的月球车四处游荡，其余时间则待在相对安全的着陆器里。

月球基地需要提供多种保护措施。

前面第 2 章指出，最大的、无处不在的威胁是太阳和宇宙射线。月球只有非常稀薄的大气层，大约是地球的十万亿分之一，基本相当于真空。几乎可以忽略不计的大气层和近乎不存在的磁层意味着致命的辐射整天整夜轰炸着月球表面。塞尔南和施密特在月球上时如果发生了严重的太阳耀斑，那么就有可能死于辐射中毒。因此，任何月球基地，无论位于哪里，都必须建在地下，或者上面覆盖超过两米的月球土壤，以阻挡辐射进入人体。[23]

176

自 20 世纪 50 年代以来，几乎每个月球定居点方案都设想采用点缀在月球表面的相互连接的穹顶结构。只要穹顶结构的墙足够厚，这个想法就可行。ESA 已经提出将机器人送上月球，去建造穹顶结构、可充气式栖息地，上面覆盖两米厚的月球土壤。★ 由于低重力，这种结构不需要那么坚固就能支撑其质量。† 相反，一定的质量还有利于保持充气穹顶的完整性。记住，月球上没有气压，所以充气式结构会不断膨胀并爆炸，就像气球在地球平流层的稀薄空气中会爆炸一样。在 ESA 的方案中，先是无人月球着陆器在月球上登陆，然后分离出一个居住舱——一个几米宽、长度大约是宽度两倍的圆柱体。然后，在这个太空舱舱门的一侧安装两个带轮子的机器人装置，另一侧安装一个巨大的充气式庇护所。这些机器人可以从地球上控制，也可以从拟建的月球轨道空间站控制，继续挖掘月表土壤，用三个月的时间，通过类似于 3D 打印的方式给充气式结构覆盖上一层外壳。太空舱充当庇护所的气闸。这个加压栖息地可能还装饰有穹顶，允许过滤后的阳光进入，适合四人居住。这些人在预先建造的月球房屋完成后才到达。该方案已经在地球上试验成功。

177

这样的穹顶可以防止受到宇宙射线、太阳射线、小的流星体（也是一个大问题）和温度波动的伤害。它还提供了一个类似地球的微环境，有合适的气压和氧气——这是我们在太阳系的几乎所有天体上都需要的基本条件。如果在月球上掌握了这一技术，就没有理由不能在火星甚至冥王星上实现，进行简单的调整即可。类似的庇护所方案看起来是一个圆顶，但实际上

★ 这个厚度只适合短期停留，完全保护则需要覆盖超过 5 米厚的土壤。

† 我不应该摆出一副满不在乎的样子。月震并不罕见，尤其是每天早晨当太阳温暖月壳时，就会引起热震。

是一个很大的区域，大部分在地下，只露出顶部。这样的方案可以追溯到几十年前，但这需要大量的挖掘以及向月球运送大量的材料，在未来一段时期内是很不现实的。如前所述，不仅要从地球向月球发射原材料，还要将重型设备和物资运送到没有空气的月球上，这些都需要大量燃料。ESA 的计划是依赖月球当地资源，从而大大降低了项目成本和复杂性。而且，这些定居点可以一个接一个地建立，并在地下连接起来，慢慢形成一个村庄。★

我们也应该可以用月球土壤制造砖。砖通常需要水，而水是月球上一种珍贵的商品，但工程师们已经提出将月球土壤和硫黄混合，或者仅仅通过对月球土壤进行高温烘烤，来制造无水砖。[24] 前一种方法简单，但生产的砖强度差；后一种是能源密集型方法。不管用哪种方法，砖都需要上釉或以其他方式密封，使其不透气。这可不简单。

178

辐射问题解决了。但是在月球上，白天十分炎热，夜晚又非常寒冷。因为没有大气层锁住热量并让热量循环起来，月球表面“白天”会热到 127℃（高于水的沸点），然后在“夜晚”又骤降到 –173℃。住在坚固的庇护所里是一回事，只穿着一层宇航服外出冒险是另一回事。NASA 将登月安排在月球的“黎明”时分，在月球表面温度上升到无法忍受之前。这些词都是用引

★ ESA 的“月球村”方案经常被误解为在月球上建造一个村庄。但 ESA 设想的“村庄”是地球上的科学家和工程师聚集在一起分享想法，使月球定居点成为现实的一个社区。

号引起来的，因为一个完整的月球“日”，即绕其轴线相对太阳完全自转所需要的时间，大约是 29 天，也就是地球上的大约一179 个月（这并不是巧合，因为月球与地球处于潮汐引力的锁定之中，所以月球绕月轴的自转与绕地球的公转相匹配）。因此，在月球赤道上，月球的黎明会持续多个地球日，正午从第 7 天开始，日落是在第 14 天，黑夜持续两周。

这意味着，对月球表面的大部分地区来说，无论如何保护，它经常要么太热要么太冷，不能待在外面。户外工作的最佳时间是月球的黎明和黄昏，大约每个地球月中有一周的时间。夜间 –173℃的低温远远超过了地球上的任何区域。地球上自然记录的最低温度是在南极的苏联东方站，为 –89℃（–128 ℉）。至于月球上典型的 127℃（260 ℉）高温，是一种适合炖牛肉的慢煮温度。这不利于高效的采矿作业。机器人可能在某种程度上能够在这样的温度下生存，但人类不行。两周的黑暗也意味着无法收集太阳能。没有一种切实可行的方法能够在两周有光照的时间内收集并储存足够的太阳能，以供接下来两周的持续黑夜使用。将需要另一种能源，首先可能是核裂变反应堆。长时间的黑暗也极大限制了种植蔬菜的能力。

与任何其他因素相比，月球的昼夜周期更能促使太空探索者在月球两极建立基地。事实上，ESA 的充气穹顶就计划建在月球南极的沙克尔顿环形山附近，中国的基地也在那里。那里，温度范围和日照时间几乎是恒定的。与地球不同，月球没有四季。它的轴向黄道倾斜的角度，也就是太阳的视运动，只

艺术家想象的 ESA 计划中的月球基地

一旦组装完成，充气式穹顶就会被机器人覆盖上一层 3D 打印的月球土壤，以保护居住者免受太空辐射和微流星体的伤害。需要几米厚的土壤才能完全保护居住者。

有 1.5 度，而地球是 23.5 度。月球两极的日照区域平均温度约为 -50℃，寒冷但可行，与地球南极的温度相当。更重要的是，一些高海拔的月球极地地区在 85%~100% 的时间里有光照。马拉帕尔特山——马拉帕尔特环形山（Malapert）山脊部分的非官方称谓，位于沙克尔顿环形山附近，它可能是“永昼之巅”，是月球上一个永远有阳光照射的地点。尽管如此，即使每月有一两天的时间处于黑暗之中，只要将几个太阳能收集器合理地布置在极地环形山的边缘，就可以产生源源不断的电流。尽管《外层空间条约》的前提是月球不属于任何人，但这片永久发光的区域将成为月球上的黄金地带。 180

月球两极基地额外的好处是，你居住的地方的斜坡下，那永远被阴影笼罩的环形山底部有冰。当然，要想把深埋在几千米深的环形山底部、冻结了数十亿年的水开采出来，所需要的工程绝非小事。我所说的“水”指的是冰冻的砾石，可能只有5%~8% 的冰晶。相比之下，撒哈拉沙漠还含有 2%~5% 的水。月球两极有冰的想法，可能会使人联想到北极的巨大冰原，随时可以切割和收获。但这不是你可以在上面滑冰的冰。一辆装满砾石的手推车只能产出一两加仑的水——只是相对而言的绿洲。[25] 通过艰辛的劳动（应当大部分由机器人和机器完成），我们可以挖掘砾石并提取水分。然后我们用这些水作为饮用水、种植食物，或者将之分解成氧和氢。太阳能可以为电解提供足够的能量。一个令人鼓舞的消息是，通过对印度“月船 1 号”探测器上月球矿物绘图仪 10 年前传回的数据进行重新分析，发现一些笼罩在阴影之中的月球极地环形山在几毫米深的月表下可能有冰，冰的质量百分比浓度可能达到 30%。[26]

电解的过程很简单，但前提是能够挖掘到冰冻的砾石。这些砾石已经有数亿年没有见过阳光，温度估计只比绝对零度高 40℃（−233.15℃，−387.67 ℉），可能低于机器能够运转的温度。因此需要核动力机械，而任何想要发射核动力装置的公司都需要获得特别许可，更不用说把它们放到月球上了。

181

如果水可以方便地进行大量开采，那么下一个问题就是，现在该怎么办？你在月球两极能干什么？要记住，要在月球上永久存在就需要有一个目的，来证明存在的代价具有合理性。你可以在这里进行各种科学和工程实验啊。开局不错。但碰巧的是，除了水以外，月球上大部分有价值的好东西，如氦-3和稀土元素，更多地存在于干旱、不太适合人类居住的赤道地区。[27]月球背面也有丰富的矿产，但那里是一个孤独的、永远看不见地球的地方。

有一个古老的笑话，讲的是一个醉汉在夜晚的街灯下寻找他家的钥匙。当被问到他在做什么时，他解释说他把钥匙丢在街上了。“那你为什么要在这里找钥匙呢？”醉汉回答说：“因为这里有灯光。”这个笑话可以借用到月球上。虽然还需要进行更多的勘探工作，但普遍的共识是，极地地区提供的采矿机会较少，特别是氦-3，它是因为太阳才在月球赤道处富积下来的。但我们可能需要在含量不那么丰富的极地地区开始采矿，因为按照直白的说法，那里有光（和水）。

我们将如何在月球上生活

月球上的科学基地和营地一开始会很简陋，与南极的类似，只能容纳4~8人。我们需要进口所有维持生命的资源：空气、水、食物和温暖。随着越来越多的国家和公司对月球房地产感兴趣，这些基地将不断扩大，按照国别相对聚居。庇护所绝大多数都在地下，有点像核潜艇——的确，在太阳能变得可靠之前，用核燃料供电的可能性非常大。就像南极一样，旅游业也将紧随其后。

182

虽然月球确实提供了一定的重力，但月球上的生活仍然充满了在轨生活才会有的危险。这就决定了我们需要什么样的庇护所。科幻作家经常幻想巨大的玻璃穹顶城市。的确，从那些穹顶散发出来的温暖的黄色光芒确实有家一样的温馨，就像是天上的夜光。但这种结构不切实际，而且不太可能实现，原因有二。其一，如前所述，月球受到来自太阳及其他地方的致命辐射。大多数情况下，那些让光进来的东西也能让辐射进来。在地球上，高科技制造业使用金属和先进的过滤材料可能会生产出一种玻璃，它可以过滤掉有害辐射，同时让光穿透进来。但你如何在月球上制造这样的玻璃？其二，即使你有这种玻璃，而且它也足够坚固，能够承受经常像雨一样降落在月球上的微流星体的冲击，但支撑这样的结构需要巨大的工程。地球上最大的玻璃结构跨度不超过几十米。虽然低重力可以让你在月球上建造更大的建筑，但仅仅可行性就把世界一流设计给干掉了。所谓可行性，指的是劳动力成本、建筑材料、工作场所风险，比如 -50℃的低温加上没有空气或气压。建筑作为一种艺术首次亮相月球之前，可能需要花上几十年时间掌握月球上的建筑经验。

我无意冒犯太空插画师，但以下是所有太空定居点的基本原则：先是冰屋和蒙古包，然后是更宽敞、魅力适中的宿舍，再然后，只有当高级艺术得到建筑结构和基本物理原则的支持，并具备了宏伟设计的理由时，才是泰姬陵。

183

关于月球上这些巨大的穹顶城市：它们为谁建造？谁会住在月球上？月球人口规模的大小将由月球重力决定。如果 0.16G 的重力不足以让人们正常怀孕，随后也不能让婴儿和幼儿正常发育，就没有人能在月球上繁育家庭。到此为止。定居结束。月球将仅限于成为工业园区和科学乐园，再加上部分旅游元素，也许还有部分养老元素。这反过来又决定了这些短期的月球居民将采用朴素的建筑。

太空时代的穴居人

第一个月球基地或营地类似于南极营地，很巧合，也位于月球的两极，那里的温度与地球冬季两极的温度几乎相同。严酷的条件——温度和辐射，意味着工人们每 24 小时只能在户外待上几小时，而且要住在狭小的圆顶栖息地里。在他们的小屋里，生活很像现在的南极，只是空间更小……或者像 ISS 一样，但是要比空间站大一些。他们需要保持严格的锻炼机制，来对抗 16% 地球重力的影响。当然他们也有非常忙碌的日子，一天到晚进行基础设施建设或科学实验。其中一个好处是可以看到地球的奇妙景色，它的大小是满月的 6 倍。麻烦的是有毒的月尘，因为静电电荷的作用，它们会粘在任何东西上。

如果历史可以作为参考，月球上的劳动力可能主要是男性。今天偏远地区的矿区和科研地点就是这种情况。1970 年以前很少有女性冒险前往南极；到 1980 年，男女性别比例约为 20∶1；但到了 2015 年，探险队中女性的比例约占 1/4。考虑到人们来去匆匆，这只能算是一个粗略的估计。如今，性别平等在一些科学领域得到了体现，但在采矿和资源开发行业却没有那

184

么明显，而正是这些行业可能会转移到月球。月球会不会像北达科他州的巴肯地区那样，成为一个无法无天的新兴城市？2006~2012 年，大量涌入巴肯地区的男性工人带来了犯罪、暴力、酗酒、不正当性行为和其他令人讨厌的行为。这只是一种推测，但南极的活动并不像各个基地周围的冰那么纯净。

我并不是要把潜在的月球居民描绘成一群穴居人，但随着数量的增加，他们很可能像我们十几万年前的一些祖先那样生活在洞穴里。更准确地说，这些洞穴应该叫作熔岩洞，是数十亿年前在月球早期形成过程中被熔岩侵蚀而成的地下洞群。在我们想去的地方，也就是接近水或其他有价值资源的地方找到熔岩洞的机会非常渺茫，尤其是在我们重返月球后的第一个十年。因此，在不久的将来，我们需要的是简单的基地和人造地下连接系统。但就容纳数百甚至数千名工人而言，熔岩洞可能是一个选择。

和地球上的洞穴一样，熔岩洞可以很方便地变得又宽又平，有些估计有几百米宽。它们几乎是现成的庇护所，可以躲避辐射、流星体，在某种程度上还可以隔绝温度。熔岩洞的温度可能只有 -20℃（-5 ℉）。[28] 我们要做的就是把它们密封并且加压，让人们享受正常的，尽管是地下的生活。我们需要依靠人

185

工照明，但这些熔岩洞确实有天然的天窗。NASA 的月球勘测轨道航天器（Lunar Reconnaissance Orbiter）已经拍摄到数百个洞，这些洞看起来像是进入地下洞穴的天窗。日本的“月球女神号”（SELENE）月球探测器在月球北半球风暴洋（Oceanus

Procellarum）的马利厄斯丘陵（Marius Hills）地区发现了一处地下结构，它看起来像是一个 5 万米长、100 米宽的洞穴。[29]

一些天然洞穴加上一个穹顶，就可以形成一个巨大的、加压的庇护所。离阿波罗 11 号着陆点几百千米远的静海洞（Mare Tranquillitatis Hole），是在月球上安营扎寨甚至是建造月球旅馆的可选之地。它长宽大约 90 米、深 107 米，有点像体育场。这个洞的底部似乎足够深，不受直接太阳辐射和大多数宇宙射线的威胁，在两周的太阴日期间可以用镜子将太阳光反射到地下区域。[30]底部的昼夜温度范围似乎非常适合居住，为 –20℃ ~30℃（–5 ℉ ~85 ℉）。[31]

不要忘了我们还需要呼吸。虽然月球上没有空气，但月球土壤富含氧。氧在质量中的占比高达 45%，只不过都被锁在诸如二氧化硅（SiO_2）、二氧化钛（TiO_2）、氧化铝（Al_2O_3）、氧化铁（FeO）和氧化镁（MgO）等矿物质中。开采这些矿物将释放氧气供人呼吸。除采矿外，NASA 正在试验就地资源利用（In-Situ Resource Utilization，ISRU）产生氧气的方法。一种方法是将水（H_2O）分解成氢（H）和氧（O），前提是有充足的水。另一种方法是利用温室植物进行二氧化碳 / 氧气循环，下文将进一步说明。还有一种方法是将土壤加热到 900℃左右，然后与（进口的）氢气混合，生成水，再得到氧气。[32]其中一个项目是先驱者月球本地制氧试验台（Precursor In-situ Lunar Oxygen Testbed，PILOT）。该试验台于 2008 年建成，其生产率相当于每年生产 1000 千克氧气，以支持月球前哨站。[33]

186

月球迪士尼乐园

现在该来找点乐子了。旅游业肯定是月球的未来。

人们很容易将两周的月球之旅想象成 150 年前的非洲狩猎之旅。最初是为富人准备的，带有一丝危险，但肯定不是为孩子们准备的，至少一开始不是。有几家公司已经在计划各种可能性。一种类型的旅行是飞越。这可能很快就会实现，就在 21 世纪 20 年代初，近地轨道旅游业建立之后。因为飞到月球但不着陆，并不比发射到离地球几百英里的轨道上困难多少或昂贵多少。2018 年，SpaceX 宣布，该公司第一位为这种旅行付费的客户是前泽友作，一位日本的亿万富翁，靠在线服装销售发家致富。前泽友作计划带上至少 5 名艺术家，实施一项叫作“亲爱的月球”（Dear Moon）的计划。这趟为期 5 天的太空之旅将搭乘 SpaceX 的重型猎鹰火箭 BFR，很可能在 2023 年进行，目前 BFR 正处在研发阶段。[34]

不过，让我们快进一点，想象一下到 21 世纪中叶，真正的旅游业会是什么样子。

总有一天，到月球旅行会变得足够安全、足够舒适、足以负担——这里指的都是相对的——对于那些到阿斯彭滑雪的人、达沃斯年会与会者以及诸如此类的富人，将有能力登上月球参观。这一直都是酒店经营者的目标。1967 年，康拉德（Conrad）的儿子巴伦 · 希尔顿（Barron Hilton）在美国航天学会（American Astronautical Society，AAS）的一次会议上提出了月球希尔顿的概念，比阿姆斯特朗和奥尔德林在月球上行走还早了两年。他设计了一把模拟的房间钥匙，甚至还设计了一张预约卡，但显然没有想到有一天能够通过互联网进行预订（钥匙是什么）。现在讨论酒店概念是否像半个世纪前讨论它一样愚蠢？我会大胆地说不，因为技术最终会使这一切成为现实。

如前所述，为酒店建造一个大型穹顶将是一项具有挑战性的月球工程壮举。一个更合理的方法是建造一个大小适中的地下旅馆，里面留有几个观赏圆顶，你可以每次在圆顶里待上几小时，暴露在少量的辐射中。窗户必须有，这一点我同意。对游客来说，从月球上看风景是它的三大基本魅力之一。另外两个魅力是低重力和历史遗迹。但排在第一的，肯定是景观。

“无比壮丽的荒凉”，而且“比地球上任何地方都荒凉”。这就是布兹·奥尔德林（Buzz Aldrin）曾经对着月球说过的话。这听起来可能不像是一个卖点，但在美国的恶地国家公园或北非的撒哈拉沙漠，荒凉的景色确实有它的美丽。唯一不同的是，整个月球都是这种荒凉的景色，笼罩在黑色的天空之下。月球的地貌主要由月海、高地、环形山构成。之所以叫月海，是因为从地球上看，它们就像海洋一样，是古代火山喷发形成的巨大干燥的平原。月球高地，或者叫“台地”，是比月海海拔更高的没什么特色的平原。环形山是很久以前小行星和彗星撞击形成的。站在一座巨大的月球环形山的边缘，想象造成它的撞击，肯定会令人惊叹不已。

但是，月球上真正美丽的可能是地球。它呈一个巨大的球体出现在天空中，大小是我们从地球上看到的太阳或月球的 6 倍。从月球上看，地球在一个月的时间里会有盈亏变化，从酒188店的观景台上可以看到漩涡状的云团和大风暴。这种景色令人惊叹，很难限制自己待在玻璃下的时间。无论白天黑夜，地球都是可见的。与过去或未来的任何“殖民地”相比，这里的景色独一无二——如果你在月球的正面，就能永远直接看到故国土地的景象。

因为月球上没有空气，星星就不会闪烁或变形。它们看起

从绕月球飞行的阿波罗 8 号上看到的地球升起

这张照片由宇航员比尔·安德斯（Bill Anders）于 1968 年 12 月 24 日拍摄。这张标志性的照片是从太空拍摄的地球照片之一，捕捉到了我们地球家园的美丽与脆弱。

来会比从地球上看到的稍微大一些，颜色也更多一些。此外，由于光污染极小，你可以用肉眼看到更多的星星——这一景象或许可以与电力时代之前大多数人所看到的景象相媲美。地球从太阳前面经过时，也会出现可预测的日食，这是人类还没有见过的奇观。

189

由于低重力，各种活动令人大开眼界。在安全的加压旅馆里，你可以通过拍打人工翅膀飞行。这需要一些力量和练习，但理论上肯定是可能的，只要手臂能够产生足够的扑力，就可以在 0.16G 的环境中保持在空中。你可以跳 10 英尺高。但这并不危险，因为你落到月球表面的速度也会更慢。你还可以举起至少是地球上 6 倍的重量。你可以用一只胳膊把你的同伴举起来扔出去。月球上的一个乐趣就是玩一些反常的运动。低重力再加上蹦床，你可以达到惊人的高度。不过，有一种奇怪的感觉是，所有东西的移动速度都变得更慢了。在低重力情况下，你会以地球上 1/6 的速度滚下斜坡。杂技会更容易些。

哈里森·施密特猜想，人们在月球上滑雪可以滑得相当好。他采用越野滑雪者的动作在陶拉斯－利特罗谷（Taurus-Littrow valley）前行。他选择了这种技术动作而不是著名的月球兔子跳。他甚至对他的搭档尤金·塞尔南喊道："真糟糕，我没带滑雪板！"然后开始做滑雪的动作并发出滑雪的声音。施密特想象着越野滑雪板在这种地形上高效滑行的场景，以及滑雪板沿着暴露在阳光下的环形山滑下去的场景。在这些环形山里，天气不会太冷。撞到树上的可能性为零。

既然我们在户外玩儿（外面存在各种危险，肯定不是一个健康的环境），那我要提醒你，你可能跑得过或滑得过日落。因为太阳落山很慢，如果你在赤道上以 16 千米 / 小时以上的速度向西移动，你就能走到黑暗的前面。当然，你永远不可能长时间保持这个速度，但在地球上，你需要坐飞机才能跑得比太阳快。也许你可以用这个事实来打动你在月球滑雪小屋的朋友。

190

最初的游客可能住在月球极地营地。对这里的旅游业来说，一个明显的不利之处是，几乎永远有光照，妨碍人们看星星，而且远离历史古迹，也就是阿波罗登月计划期间宇航员到访过的 6 个地点。在阿波罗 11 号着陆点附近的静海洞建造一家名为“静海基地”（Tranquility Base）的酒店该是多么诱人啊。那里有很多值得一看的东西：人类在月球上留下的第一个足迹；不会飘动的美国国旗；以及“鹰”登月舱的下降级上挂着的一块铭牌，上面写着：“来自地球的人类首次踏上月球。1969 年 7 月。我们为了全人类的和平而来。”第一次登月留下了总计约 100 件物品，大部分是纪念品、工具和装备。新墨西哥州立大学的月球遗产项目（Lunar Legacy Project）保存了所有已知的详尽清单，还有一张地图——所有这些都位于月球黄金地带，其所有权将挑战《外层空间条约》。

另外五个阿波罗计划着陆点对美国游客也将具有重大历史意义。那三辆月球车还待在原来停着的地方。毫无疑问，来自俄罗斯、日本、欧洲、中国和印度的无人探测器着陆点（有时是故意坠毁的）将成为这些国家公民参观的地点。阿波罗 12 号的着陆点——知海（Mare Cognitum），位于广阔的风暴洋地区，将会是一个特别有趣的地方。据说月球博物馆就在那里。所谓的月球博物馆是一个一英寸大小的陶瓷片，六位艺术家——罗伯特·劳森伯格（Robert Rauschenberg）、大卫·诺沃斯（David Novros）、约翰·张伯伦（John Chamberlain）、克拉斯·奥尔登伯格（Claes Oldenburg）、福雷斯特·迈尔斯（Forrest Myers）和安迪·沃霍尔（Andy Warhol）——每人在上面雕刻了一幅简单的图画。沃霍尔画的是阴茎或者说是火箭船。据说，这块瓷片被包裹在月球着陆器的一条腿上。瓷片确有其事，当然，它落入了一位未透露姓名的 NASA 签约工程师的手中。问题是，工程师是否真的把艺术品放在了着陆器上。他告诉首席艺术家迈尔斯，他真这么干了。

191

城市出行

在月球上经营旅馆绝非易事，主要是因为对工人和物资的需求。这些工作人员可能一次在月球上生活一两年，就像在南极一样，驻留时间取决于低重力对健康影响的严重程度。工作人员可以带领旅行团。或者，带你到月球的小团队可能会兼任导游。在月球上从一个历史性的着陆点前往另一个着陆点，或者在熔岩洞、庇护所以及村庄之间往返，都需要先进的基础设施。飞机不能在没有空气的月球上飞行。喷气背包并不是不可能的，但它们要消耗大量燃料。月球车或四轮车的移动速度类似于高尔夫球车，除非你有足够的时间、食物和保护措施，否则不适合用它们穿越数百英里的沙质丘陵地带。磁悬浮列车是理想的选择。在没有空气阻力的情况下，它们的速度可以像飞机一样快。火车车厢将会加压，非常舒适。铁轨可以用月球上的铁锻造而成。但考虑到恶劣环境下锻造和铺设铁轨所要付出的劳动，这项工作将耗费数年时间。

月球运输将从简单的带轮子的加压月球车开始。阿波罗时代的四轮车——确切称呼为月球车（Lunar Roving Vehicles，LRV）——最高时速为16千米/小时。由于在0.16G环境下的牵引力减小，再加上月尘会飞进车子的轮毂和底盘里，所以想大幅提高速度可能比较困难。你可不想在相距数百英里的两个月球基地之间抛锚。那就等于死亡，因为供给已经耗尽，白天的炎热或夜晚的寒冷即将来临。行进缓慢但稳定的大轮漫游车比较合适，可以装载足够两周用的补给，但需要从地球运送过来。将这些车辆运送到月球花费巨大。可以想象，在头10年左右的时间里，市场上的需求巨大，但可提供的数量有限。

一种可行且相对简单的交通方式是悬索系统（Suspended Cable System），类似滑雪场使用的那种。缆车的优点是远离有毒月尘的高度。它们也可以移动得相当快，因为没有空气阻力或侧风。不像道路需要混凝土（还需要珍贵的水来制造混凝土），或者绵延数英里的铁轨，悬索系统只需要在月球表面设置一些关键支撑点。一个更超前的想法是月球跳跳车，但很难对其进行描述，因为它们目前还不存在。这个想法是给车辆装上四条有弹性的腿，这些腿一下能把车辆推出很远的距离，就像跳蚤跳一样。低重力意味着车辆可以很容易地弹起并且轻轻落下。

在交通基础设施到位之前，月球工人将局限在基地周围几十公里半径范围内，用月球车、喷气背包或简单的设施可以在几小时内到达。这种交通状况会严重阻碍旅游业的发展，更不用说让人们在那里舒适地生活一段时间的宏伟计划了。简而言之，你将被限制在基地，就像在南极越冬的那些人一样。

令人不安的健康问题

如前所述，在月球上生活将面临许多严重的健康风险。许多风险可以通过适当的庇护所降低。然而，低重力很可能成为月球文明发展的绊脚石。我们在第 2 章讨论过重力问题。长时间处于低重力状态下，到访月球的人有可能面临再也无法回到地球重力环境的风险。也许存在一个无法回头的临界点，但是，目前科学界还不知道。也许在月球上生活 10 年后，你的身体就可能再也无法适应地球上的生活。回来的时候，你的骨头可能会粉碎。我们对不完全地球重力的长期影响一无所知。绝对一无所知。

193

我在第 3 章讨论了在轨城市的概念。这种太空住所比月球住所有更多的优势，因为在太空住所你可以管控重力。你可以旋转整个轨道装置来模拟地球重力。然而，一旦你到了月球表面，建造一个旋转的世界就会变得过于复杂而不切实际。你需要建造一个室内购物中心大小的摩天轮，旋转的角速度要让乘客——也就是月球上的居民——能感受到脚下的离心力，但又不会把他们压在墙上动弹不得。这样的计划已经存在，目前只在科幻片中看起来是可行的。

再来一次。全是关于“为什么”的问题。为什么要一辈子生活在月球上，那里没有空气，没有水，也没有鲜艳的色彩，还要抚养孩子，而且探索外部世界的能力有限，难道就是为了待在一个地下旋转轮里吗？它的吸引力在哪儿？参观，没错。但这种新奇感很快就会消失。在这种情况下，如何将数十万或数百万人吸引到月球上居住？地球上的极端贫困是一种悲惨的存在，但至少你有重力和空气。

除了低重力问题，我们将很难保护自己不受有毒月尘的侵害。实际上，用“尘埃”来形容这种物质并不恰当，尘埃是指某种蓬松且易于擦拭的东西。月尘就像石棉一样，锋利且粗糙。月

194

尘之所以这样，是由于微流星体和辐射的持续撞击将月球土壤凿成了微型武器，就像早期人类把岩石砸成尖矛一样。月球上缺少液态水，从而导致月球土壤永远不会被侵蚀成光滑的形态。

科学家发现，月尘通过呼吸进入人体后会穿透并杀死肺细胞，或者造成无法修复的 DNA 损伤，如果我能造一个术语的话，就将之称作“月球土壤作用”（lunar regolithosis）。[35] 尽管阿波罗计划的科学家在月球表面停留的时间非常短，但他们还是受到了月尘的影响。哈里森·施密特不小心吸入了一些，就出现了整整一天的花粉过敏症状。月尘很难避免，因为它带静电，

容易附着在所有东西上，而且在低重力环境下受到扰动时沉降缓慢。更糟糕的是，在离地面几英尺的地方似乎存在月尘喷泉或溪流，这是静电悬浮现象造成的结果。所以，即使你不在月尘中玩耍，只要走到外面，你的宇航服上就会沾满灰尘。然后你又把它带进了栖息地。

尤金·塞尔南是最后一位在月球上行走的人，他在1973年阿波罗17号的技术报告中注意到了月尘问题的严重性："我认为月尘可能是我们在月球上进行常规作业的最大障碍之一。我认为我们能够克服其他生理、物理或机械问题，但月尘不行。"[36] 月尘甚至堵塞了宇航服的拉链，危及宇航服的完整性。如果他和施密特在月球上待的时间再长一点，那么他们的宇航服和设备都有可能出现故障。由于这是在最长也是最后一次阿波罗任务之后才被记录下来的，NASA还不知道需要什么级别的保护才能确保宇航员安全，更不用说保护长期居住在月球上的居民了。[37] 这与我们知道如何保护自己不受太阳和宇宙射线的危害形成了鲜明对比。防止月尘可能需要一个类似于清除石棉的净化和排气系统。这就是所有人在月球上的生活。

月球上的食物种植

危险清单上的下一项是食品安全。与月球上的大多数其他活动一样，食物生产也需要受到保护——也就是说，不是在地上而是在地下种植食物。然而，科学家和工程师在这一挑战中取得了显著进展。例如，亚利桑那大学受控环境农业中心建造了一个长约 5.5 米、高约 2.2 米的圆柱形月球温室，每天可生产约 1000 千卡的食物。这个温室——一种生物再生生命维持系统（Bioregenerative Life Support System ，BLSS），还可以为宇航员提供 100% 的空气和饮用水。在这个封闭循环系统中，植物在光照下水培生长，由含有植物生长所必需的氮、钾和磷等营养盐提供营养。有了这些输入，植物就会排出氧气和水蒸气，供宇航员呼吸和饮用；当然，植物本身也会被吃掉。而宇航员呼出的二氧化碳，以及排出的尿液和粪便等又被反馈回系统。简而言之，创造一个微型生物圈，并把它放到月球栖息地，就不会像在潜艇或 ISS 上那样需要一个庞大的氧气 / 二氧化碳交换器。你的食物就是你的空气和饮用水。

据领导生物再生生命维持系统项目开发的吉恩·贾科梅利（Gene Giacomelli）称，该系统每千瓦时能够生产 26 克新鲜可食用生物量，非常高效，至少在月球的白天它可以依靠太阳能电池板产生的电能来运行。暴露在月球表面自然光下的植物会像人类一样被有害辐射淹没。人们可以设计地下温室，在月球两极用反射的太阳光来照耀这些植物，在两极地区至少有 80% 的时间有光照。但这需要大规模的建设工量，挖掘大量土壤，营造出在地球户外看到的那种温室。也许一旦月球基础设施建成，像这样的大型温室就可以开始建造。生物再生生命维持系统的美妙之处在于，通过合理的作物设置以及光照，能够使空间与作物的比例最大化。此外，它们是可充气的，比较轻，可以用

月球温室原型

该6米 × 2.5米的圆柱形容器由亚利桑那大学受控环境农业中心设计。它质量轻，可扩展，可供在月球或火星地下使用。该容器可为一个人提供100%的氧气需求，以及每天1000千卡的食物。

飞船运到月球。

贾科梅利团队设计了一个4人月球栖息地，包括4个生物再生生命维持系统，实现用植物提供食物和氧气的双重目标。太空任务需要运送大量食物。一名努力工作的宇航员可能每天会消耗3000千卡的热量。此外，植物生长还需要不时变换光线，以及营养。尽管如此，食物运输量减少1/3，也能为早期月球任务节省一大笔资金，并提供了宝贵的心理支持，即手头有新鲜食物，以谷物和其他“储存食品”作为补充。地球上的生物再生生命维持系统原型完全在室内种植绿叶菜、草莓、西红柿和红薯。因为亚利桑那大学的研究小组可以控制温度、湿度、营养输入和虫害，所以它们比户外种植更高效。不用除草！

亚利桑那大学的生物再生生命维持系统只是一个原型，但如果 NASA 选择将本地化食物生产作为补充的方式，而不是 100% 向月球运送食物，那么它们最终会使用该系统或类似的自给自足系统。本章前面提到的中国“月宫一号”包括多种重要作物（如大豆），可提供蛋白质和脂肪。在中国的新闻报道中，相关的研究团队称该系统的效率为 98%。这意味着一旦实验开始，只有 2% 的供应需要外部供应。如果得到验证，就太了不起了。★ 世界各地的其他研究团队也在尝试通过月球土壤模拟物种植食物。[38] 效果不是很好。植物会发芽，但无法茁壮成长。但是人们不禁会问：如果水培法在空间和水的分配效率上更优越，完善土壤种植的目的又是什么呢？各种各样的作物，甚至根茎类蔬菜，都可以在水培系统中生长。月球土壤模拟物不是月球土壤；先为登月准备一个可用的水培系统，然后在登上月球后，再试验其他形式的农业。这样做可能更有意义。

198

此外，月球离地球很近，再加上完善大规模月球农业来养活大众的难度如此之大，很可能导致月球食物生产永远不可能实现 100% 的自给自足。将大部分食物运到月球上可能更容易些，就像我们现在在南极做的那样。大量人口在月球上居住意

★ 该项目对外公布的技术细节很少，科学团队的成员也没有回答我的问题。没有看到明显的气闸，所以 O_2/CO_2 循环的完整性尚不清楚。

味着到月球的交通变得更便宜，所以进口食品可能不会那么贵。为了提高食物产量以养活成千上万的人，我们需要成千上万个生物再生生命维持系统，而每个生物再生生命维持系统都由其所有者管理。或者，更传统的温室需要设置在地下，采用复杂的镜面将自然光线反射到所有植物上。月球上缺少碳、氮和氢，从而意味着这些元素至少需要进口一次，而且是大量进口，以提供农业所需的基础原材料。还有一个麻烦是授粉可能需要人工完成，因为蜜蜂和其他昆虫在没有磁场的情况下可能无法在低重力环境下飞行，更不用说繁殖和发展壮大了。0.16G 可能会排除畜牧业。如果找到足够的水，真菌有可能生长。同样的道理也适用于生长在大桶中的藻类。藻类，美味极了。

月球地球化

住在其他卫星和行星上，总是会有被困在酒店里的感觉，最好也不过是困在了室内购物中心。你永远不会体验到在外面的感觉。即使你在外面，那也不是外面，因为你被限制在需要空气、压力或辐射保护的宇航服里。没有风吹过你的头发，永远不会有。也许你可以用风扇将室内的空气吹过你的头发，但永远不会有真正的风……或真正的雨……除非我们把这个地方改造成地球。

对月球进行地球化改造——也就是说，让它成为一个迷你地球，这样你就可以在没有防护装备的情况下在月球表面行走。

但即使一切进展顺利，那也是未来几个世纪的计划。月球地球化的整个前景是杰出工程和拙劣逻辑的结合。至少，我们必须制造大气。最主要的方法是故意让50~100颗彗星轰炸月球。（以某种方式）从太阳系边缘得到这些彗星。这可以同时增加与海洋水量相当的水和大量氮，同时将土壤中的氧气释放到空气中，并将月球自转速度提高到每天24小时。[39]但这样精心策划的破坏需要将月球居民疏散一个世纪左右，因为你要让它自我修复；然后，每隔几千年还要重复一次这个过程，因为月球没有磁场，无法阻挡太阳风在较短时间内吹走大气的主要成分。但如果有技术能做到这一切，我们反而更加可能去建造大量的在轨城市，因为在那里我们可以控制重力水平。需要明确的是，改造月球仍然不能解决重力问题。火星地球化，没有这个问题。这很好，花上几个世纪的时间就能实现。月球地球化？很愚蠢，除非有一种我们今天无法想象的技术，能让我们在不破坏现有居民生活的前提下，快速将月球改造成地球，否则根本不应该讨论这个问题。

我所看到的方向是，工业化的月球上有短期驻留的工人，他们依靠地球提供食物和其他供给。好饭不怕晚。我们不能仅仅因为以前去过月球，就直接跳到月球上开始。在人类重返月球之前，最明智的做法是准备好基础设施，比如月球通信卫星，让宇航员能够跨越月球地平线，实现远距离交流。电信公司正在竞相为月球建立4G蜂窝数据网络，前提是要有市场证明其投资的合理性。[40]一系列绕月在轨基地也可以为补给和疏散提供宝贵的安全保障。我们在南极的基地现在非常稳固，因为这样的基础设施已经到位，使这些基地能够发挥作用，而不需要额外的高昂维护费用。第一批探险者踏足这片冰雪大陆约50年后，基地才得以建立；又过了50年，往返南极才成为很平常的事情。同样，在阿波罗计划50年后，我们正处在永久重返月球的道路上。

预　测

到21世纪20年代后期，人类将踏上月球；21世纪20年代末，初步进行机器人勘探；21世纪20年代末，富裕的客户可以进行月球轨道旅行；到21世纪30年代，人类将以小型科学和采矿营地的形式在月球永久存在；到21世纪40年代，将有小型旅行团和数百人暂时居住在月球上；到21世纪末，大多数人都能负担得起去月球度假或学习的费用。

关于月球的最后一点说明：我无法想象读了这本书的人会相信登月骗局说，即NASA伪造了登月过程，并在一个秘密仓库里制作了所有视频。相信这是一场骗局的人多得惊人。你根本无法与他们争论科学事实。但有一个逻辑他们不能忽视：登月竞赛是与苏联之间的竞争；如果美国造假，苏联就会大声指责我们犯规，但他们没有。他们向美国人表示祝贺。[41]

5

生活在小行星

201

小行星。有人称之为太空岩石，还有人将之称为名副其实的金矿。它们大多是星子（planetesimal）的残骸，一些由矿物和金属组成的固体碎片。它们在太阳系早期未能形成行星。绝大多数小行星在介于火星和木星之间的小行星带上围绕着太阳运动。其中有一部分小行星被称作木星－特洛伊族小行星（Jupiter Trojans），与木星共用轨道围绕太阳运行；还有一部分名为近地小行星（near-carth asteroid，NEA），它们会突然向我们逼近，有时比月球还近。一颗直径约 350 米的近地小行星，名字叫毁神星（Apophis）★，将于 2029 年 4 月靠近地球，距离地球不到 3.1 万千米，比地球同步通信卫星的轨道还要低。

小行星与流星不同，后者是直径不到 1 米的岩石。小行星是直径大于 1 米的岩石，其中有数亿颗直径大于 100 米，总数加起来可能有几十亿颗。最大的被命名为谷神星（Ceres），它是如

★ 又译为阿波菲斯，编号“99942”。——译注

此之大，直径约1000千米，其质量占到整个小行星带的近1/3，现在甚至像冥王星一样被归类为矮行星★。接下来的11颗最大的小行星占小行星带总质量的另外1/3。剩下的几十亿颗，实际上就是碎屑，占总质量的1/3。科幻电影中常见的画面是在小行星带冒险飞行，躲避左右两边的巨石。事实上，太空很大，这些小行星在三维空间中大多相隔几十万千米。你得是个多差劲的飞行员才能撞到它们？然而，小行星带中第八大小行星的林神星（Sylvia）有两颗小“卫星”——林卫二（Remus）和林卫一（Romulus）环绕着它运行，分别距林神星700千米和1300千米。在小行星带中，唯一一个通常用肉眼就能看到的天体是灶神星（Vesta），它的大小只有谷神星的一半，但距离地球更近，反射的阳光也更强。

202

小行星也不同于彗星，彗星是在太阳系边缘形成的、离太阳远得多的“肮脏的冰球”。[1]有些彗星的轨道可能是高度偏心的大椭圆轨道，使其以大约100年的周期相对接近地球。当它们接近太阳时，冰和挥发性气体会燃烧掉，在太阳风的吹拂下形成了肉眼可见的彗尾。我将在第7章详细讨论彗星。如果未来几个世纪我们在外太阳系殖民，它们将派上用场。

小行星可能没有月球或火星那么有吸引力，但它们仍然是宝贵的资源。许多小行星含有价值数万亿美元的贵金属，如黄

★ 矮行星（dwarf planet），又称侏儒行星，体积介于行星和小行星之间，围绕恒星运转，有足够的质量使其自身重力克服刚体的作用力，使其呈流体静力平衡（近似圆形）的形状，没有清空所在轨道上的其他天体，同时不是卫星。——译注

金和铂金。因为它们只有很弱的引力场，所以在它们上面着陆或离开只需要很少的能量，就像与ISS对接一样。如果我们将触角扩大到太阳系，小行星采矿可以发挥重要作用。单是它们所含的水就让其无比珍贵，更不用说那里的金子。就这一点而言，许多科学家认为小行星比月球更适合采矿。事实上，在支持月球和支持小行星的人之间存在着一场持续不断的激烈争论，似乎两者之间只能有一个选择。在我看来，这两种类型的采矿方203案都有挑战和回报，我们现在真的不能说哪个更好（换句话说，现在不要相信任何商业投资的鬼话）。

小行星有三种主要类型：C型、S型和M型。它们都很有价值。C型属于碳质，主要成分是碳。这种类型在小行星中占大多数，约75%，它们位于小行星带较远的边缘，离木星比离火星近。由于离太阳远，它们的温度更低，水也没有被蒸发到太空中。水被冻结在冰里，其中10%的质量可能是水冰。许多C型小行星还含有磷。科幻小说作家艾萨克·阿西莫夫（Isaac Asimov）将磷称为“生命的瓶颈”，因为一个星球上磷的数量决定了这个星球能够支持多少生命。火星上几乎没有磷，所以火星上的人类可能需要进口磷……从C型小行星进口。我们也可以在地球上使用这些磷。某些C型小行星还含有氨，可以为火星提供急需的氮。火星似乎的确有大量的水以地下冰的形式存在，足以支持人类的生存。如果将冰冷的C型小行星拖到火星稀薄的大气层中，对其施加控制使它掠过火星大气层顶部，那么就会释放出大量的水蒸气和氧气，这可能有助于形成适宜居住的火星大气层。谷神星和灶神星都是C型小行星，但它们太大了，移动起来也太危险。

S型小行星属于硅质或石质，富含石英和花岗岩等硅酸盐。硅酸盐是水泥、陶瓷、玻璃以及我们称之为土壤的基本成分。S型小行星还含有镍、铁和贵金属。这类小行星占小行星总数的近20%。可以开采这些金属用于太空建筑，如太阳能电池板和航天器。M型小行星富含金属，这类小行星占小行星总数的5%。"M"可以当之无愧地代表金钱。这类小行星中有某些含有价值数万亿美元的铂、金、钛以及人们梦寐以求的其他金属。小行星16号灵神星（Psyche）是最大的M型小行星之一，直径约200千米，被认为含有价值1万万亿美元的铁、镍和金。[2]这个价格估计有点愚蠢，因为价格是由稀缺性决定的，把号灵神星拉回地球，会让市场崩溃。然而，如果把这颗小行星弄回地球的成本低于地球上这些金属的价格，就会赚大钱。私营企业正瞄准M型小行星上的铂族金属：铱、锇、钯、铂、钌和铑。这些金属在地球工业中可用作催化剂。而它们在地壳中很罕见，事实上，地球上那可怜的一点点也来源于小行星撞击。

请注意，这些基本分类——C型、S型和M型——是在一个多世纪之前划分的。现代观测已经对分类系统进行了扩展，并发现这一早期分类系统有重叠的部分。★

★ 小行星也可以按轨道类型分类：阿莫尔型（Amors）——从未抵达地球轨道；阿波罗型（Apollos）——与地球轨道交会的周期大于1年；阿托恩型（Atens）——与地球轨道交会的周期小于1年。

这里的要点是，我们在太空中生活所需要的一切在小行星上都有。而且事实上，我们已经在开采小行星了，因为我们在地球上开采的许多金属都来自小行星。地球上天然储藏的这些金属大多埋藏在可开采的地壳之下。在地球还处于熔融状态的年轻时期，地心引力将包括钴、金、镍、银、钨等许多亲铁元素拉向地核。较重的物质沉下去；较轻的物质，如氢、碳、氮和氧，则往上浮起来。我们在地表附近开采的矿物，大部分是亿万年来坠毁在地球上的东西。在太空中开采小行星的另一个好处是，这些物质都已经被分离出来了。有些小行星除了纯粹的金属内核外什么都没有，其外部碎片都已经随着岁月消失。大多数小行星从未经历过熔融状态，所以贵金属不会沉降到它们的核心。一些小行星表面，金的含量似乎高达 0.7ppm（百万分之），而地壳中金的含量只有 0.001ppm（其中大多数是含金量大的小行星碰撞后留下的）。铂金含量可能高达 63.8ppm，而地球上只有 0.005ppm。[3]

205

新型黄金——水

如果这些资源中有些听起来很普通——水、氨、铁等，那么你要记住：地球上有价值的东西与太空中有价值的东西是不同的。水要多少钱？在地球上 1 加仑水大约是 10 美分，而在 ISS 上是 1 万美元。有些小行星资源在太空中会显得十分珍贵，而且有利可图，比如水；还有其他一些小行星资源，比如地球上供应短缺的那些资源，在地球上也是很值钱的。还有一些与小行星有关的奇异物质，比如蓝丝黛尔石★，比钻石还坚硬，是C型小行星撞击地球，或者说得更安全一点，是在撞向月球时形成的。

关于到哪里“挖掘”我们知道得越来越多了，于是一些公司开始研发小行星开采技术。由于携带采矿设备去往这些小行星费用昂贵，因此这个“哪里”至关重要——在这种情况下指的是到哪颗小行星。这就是政府的用武之地，而且我们有基于地球的类似经验可以学习。纵观人类历史，各国政府都曾资助过探险活动，以此获取本国境内所需的资源。1804~1806年，受美国总统托马斯·杰斐逊的委托，刘易斯和克拉克远征队穿越美国西部到达太平洋，花费约5万美元（相当于今天的数百万美元）。探险队不仅绘制了刚从法国人手中获得的新领土的地图，还收集了有关木材、矿产和一个成长中国家所需要的其他资源的大量信息。也是出于这种原因，当代政府机构正在积极探索小行星，并利用望远镜和太空探测器进行深空勘探，通过解读小行星的反射光以及释放气体的光谱，来确定它们的物质含量。从理论上来说，了解小行星的潜在价值将促进商业开发。

206

对小行星的所有“探险”都是机器人完成的，其中很重要的一次是NASA于2016年发射的OSIRIS-REx［Origins, Spectral Interpretation, Resource Identification, Security, Regolith Explorer（起源、光谱解释、资源识别、安全、土壤探索者）］任务。OSIRIS-

★ Lonsdaleite，又因其晶体结构及特性被称作六方金刚石、六方碳。——译注

REx 于 2018 年 12 月抵达小行星 101955 号“贝努”（Bennu），并将于 2023 年 9 月携带样本返回地球供研究分析。做这些事情需要时间。OSIRIS-REx 花了两年时间才到达贝努——这是一颗约 500 米宽的 C 型小行星，其宽度相当于一座摩天大楼的高度。[4] 又花了两年时间在 5 千米高的轨道上围绕小行星运行，以确定着陆地点和采样地点；然后，航天器仅着陆几秒钟，采集了不到 2 千克的样本，就离开小行星踏上了两年的返回地球之旅。[5]

贝努是 1999 年发现的一颗近地小行星，每隔 6 年（在地球和火星之间）靠近地球一次。它被认为是一颗具有潜在危险的小行星（PHA），因为它有一天可能会撞上地球。NASA 选择它进行探索主要是出于科学原因。贝努相对来说比较近，足够大，有研究价值，而且它包含了太阳系起源时的原始碳质物质。这项任务也是采矿领域的一项工程实践：如何绕轨道运行、着陆、挖掘并离开小行星。如果这些近地小行星离我们太近，让我们感到不安全，也许有一天我们能把它推离我们的轨道——或者把它转移到月球轨道上，等我们有空的时候再开发。[6]

207

NASA 的 OSIRIS-REx 并不是在小行星上着陆的第一部航天器。这一荣誉属于 NASA 的 NEAR 航天器，它于 2001 年降落在小行星 433 号爱神星（Eros）上。日本宇宙航空研究开发机构（JAXA）是第一个用“隼鸟号”探测器（Hayabusa probe）采集小行星样本的，“隼鸟号”探测器于 2005 年在小行星 25143 号“丝川”（Itokawa）上停留了大约 30 秒。采样并不像计划的那样顺利，直到 2010 年太空舱返回地球，JAXA 才确定它取回了

小行星 162173 号龙宫

日本“隼鸟 2 号”探测器于 2018 年抵达龙宫，目标是让漫游车着陆，探索小行星表面，并将样本带回地球。龙宫富含铁、水以及其他资源，约有 1 千米宽。从右图可以看到“隼鸟 2 号”接近时在其表面投下的阴影。

什么东西。这些样本并不是 JAXA 所希望的大块岩石，更像是尘埃；尽管如此，但这毕竟是从小行星上带回的第一个样本。JAXA 还证明了离子推进器的作用。它是在小行星上以及围绕小行星进行精确机动的理想工具。2018 年 6 月，“隼鸟 2 号”抵达小行星 162173 号龙宫（Ryugu），并进行了类似的实践。此次飞行搭载了 4 辆小行星表面微型漫游车，计划于 2020 年带样本返回。★这些漫游车跟你见过的都不一样——没有轮子。龙宫上的重力非常小，车轮无法抓住地面。所以，这些漫游车看起来像盒子一样在小行星表面翻滚。这次任务可能会使日本成为小行星采矿的先锋。

208

★ “隼鸟 2 号”已于 2020 年 12 月 6 日成功返回地球。——译注事情似乎自相矛盾。从我的描述看，在小行星上着陆就如同与 ISS 对接一样简单，而事实却证明这比在月球上着陆或采集样本还要困难。造成这一困难的原因有三个：小行星比月球远，与探测器的往返通信有几分钟延迟；小行星的表面坑洼不平，探测器需要消耗大量燃料进行快速绕飞才能找到最佳着陆点；这些任务的运行支出低得不能再低，与阿波罗时代“钱不是问题”的自由相去甚远。[7]但是熟能生巧。

2018 年 11 月退役的 NASA“曙光号”（Dawn）探测器使用离子推进技术进入并离开了灶神星和谷神星这两个天体的轨道，成为完成此举的第一枚探测器。此举很能说明一个问题：NASA 引入新技术来服务其主要目的——空间科学，但同时也在为先进的太空探索做准备。我们在小行星采矿和火星旅行方面都需要离子推进技术。

随着人类越来越擅长在小行星上着陆，私营企业也开始制订商业计划，打算原地开采这些岩石，再将其拖到离地球更近的地方，为其他公司或政府提供服务，使他们能够在太空工作。行星资源公司（Planetary Resources, Inc.）分别在 2015 年和 2018 年发射了两颗卫星以测试低成本的望远镜技术，用于天文学、地球观测以及发现和跟踪利润丰厚的小行星。2018 年 10 月，行星资源公司被康瑟斯公司（ConsenSys）收购，后者是一家开发用于加密货币的区块链软件和工具的公司。该公司推测，加密货币可能被用于太空采矿投资，以及随后的矿物材料销售，最终取代地球上以政府为基础的金融机构。[8]同样，深空工业公司

209

（Deep Space Industries，DSI）也正在制订一项在太空赚钱的商业计划，最终通过建设一系列轨道加油站来销售从小行星上开采的水、氧或氢。然而，深空工业公司近期正在制造推进系统，让航天器能从近地轨道跳到高地球轨道，或者以更低的成本改变 Δv。此举将使人们可以开采更多的小行星。例如，在轨道上达到 4.5 千米 / 秒的 Δv 时，你可以到达大约 2.5% 的近地天体。当 Δv 提高到 5.7 千米 / 秒时，你就可以到达大约 25% 的近地天体。[9] 通过这种方式，深空工业公司正在一步步建立一个商业化的深空市场。

哈佛–史密森尼天体物理中心（Harvard-Smithsonian Center for Astrophysics）的类星体专家马丁 · 埃尔维斯（Martin Elvis）近年来对小行星采矿产生了浓厚兴趣。他说，一颗直径约 30 米的小行星可能含有 300 吨的水。其中所含的氢可以为从近地轨道飞往火星的任务提供足够的燃料。一家私营企业或许可以为 NASA 或 ESA 的火箭提供高达 10 亿美元的燃料。[10] 许多专家推测，在月球上采矿虽然很具挑战性，但是有了这些燃料，开始会容易一些。一旦技术成熟，小行星就可以提供取之不尽的资源。私营企业在关注这些项目的同时，也在努力降低进入太空的成本，这是目前着手采矿的主要限制。

谁想成为亿万富翁？

谁拥有这些小行星？根据《外层空间条约》的规定，小行星不归任何人所有，或者说归所有人所有。我在前一章曾指出，210该条约含糊不清，可能会重新拟定或至少重新解释，以允许小行星采矿的商业化。有些人可以很有说服力地争辩说，任何公司从月球上获利都是不公平的——例如，仅仅为了给火箭提供燃料而烧掉所有珍贵的水，但这种论点对于小行星来说站不住脚。有那么多小行星——确切地说地球上每个人都能拥有一颗，而且它们没有生命，就像月球一样。考虑到地球上的资源有限，不开发太空所提供的资源是愚蠢的。为什么小行星落到地球以后才能进行开采，比如现在（事实上也已是数十亿年后的事了），而不是当它们在轨道上的时候就开采呢？

天体物理学家尼尔·德格拉斯·泰森曾说过，第一批万亿富翁将是那些开采小行星资源的人。这可能有些夸张。亿万富翁，是的，当然。万亿富翁？嗯，正如刚才提到的，有太多的小行星，任何一个人都无法独占。而仅仅抓住一颗价值上万亿美元的富含铂的小行星，并不意味着你就能卖出价值上万亿美元的铂。生产如此大量的铂会导致原材料价格下跌，从而降低采矿的利润。如果哪位太空大亨想囤积资源，那其他人就会在数十亿颗小行星中找到另外一颗。但是大量事实表明，小行星的主人可以为燃料和其他资源建立一个市场，使之成为价值数万亿美元的充满活力的太空经济的一部分。

首先被开采的小行星应该是距离地球最近、基本上唾手可得的那些。有趣的是，这些小行星被认为既危险又有价值：危险是因为它们够大，也够近，一旦与地球相撞，就足以毁灭生命；有价值也是因为它们够大够近，从而可以在它们上面着陆并采矿。

日本正在探索的小行星龙宫是最有可能被开采的小行星之一。龙宫直径约 1 千米，富含水、氨、钴、铁和镍。1 千米在宇宙中似乎是微不足道的东西，但你试着想象一幅地球上同样大小的露天矿坑的画面，矿坑中有一些卡车和挖掘机。如此小的体积就可以提炼出数百万吨的物质。在龙宫的成分中，首先最珍贵的是水。几十年后，氨对于人类在月球或火星上定居也将非常重要，因为这些地方缺乏大规模农业所需要的氮。实际上，地球上并不缺乏镍和铁，在我们开始建造太空飞船和在轨城市等大型设施之前，太空也不需要镍和铁。不过，地球上可能很快就需要星状钴，因为钴的开采往往会导致中非的劳工剥削行为，从而地球上会出现因伦理问题导致的短缺。

其他目标小行星有 1989 ML、海神星（Nereus）、李大星（Didymos）、2011 UW158 和倡神星（Anteros）。2011 年发现的 2011UW158 小行星直径只有 300 米，蕴藏着大量的铂。我提到这一点只是为了强调这样一个事实，即每年都会发现有可能被利用的小行星。且这些小行星的开采将主要由机器人完成。小行星开采在很多方面具有一致性，都是在松散碎石组成的低重力小行星上进行作业，可以用螺旋输送机刮去小行星表面，也可以用磁铁耙。其他挥发性物质，如氨或水，可以加热后收集蒸汽。更坚硬的小行星可以通过打竖井的方式开采。一些几十米大小的较小的小行星可以拖到近地轨道，“停放”在空间站旁边，让生活在太空的工作人员逐步开采。

NASA 的“小行星重定向任务”（Asteroid Redirect Mission，ARM）计划与一颗近地小行星会合，然后利用机械臂或者其他方式抓住它，之后再把它拖到地月之间的轨道上。根据白宫太空政策 1 号指令（White House Space Policy Directive 1），该任务于 2018 年被取消，新的优先任务是登月。ARM 的目标是一颗非常小的小行星，直径只有几米，但仍然含有好几吨物质，原打算把它拖到一个稳定的月球轨道之上，然后让宇航员进行开采——也就是说，凿出样本，然后带回地球。该项目的一项关键技术是太阳能电推进（solar electric propulsion，SEP）技术，即利用太阳能电池阵列产生的电力来产生电磁场，用以加速并排出带电离子，通过高效利用推进剂来产生精确的推力。学会以低推力控制大质量物体将有益于未来的火星任务。关于这一点我还想说，执行火星任务的飞船可以先与小型小行星交会，将之粉碎成很细的沙砾，然后覆盖在飞船外表，形成辐射屏蔽层，从而解决火星旅行的飞船防护问题，否则从地球上发射这样的飞船太沉。ARM 还验证了行星防御技术，因为将小行星拖向地球的能力也意味着将小行星拖离地球的能力。但是，该项目被搁置在了 NASA 的仓库里等待重新注入资金。

212

在小行星采矿成为可能之前，要研发许多技术，更不用说需要完善的相关技术了。其中包括精确机动、停泊在低重力天体表面，以及在几乎零重力的环境下处理矿石。在考虑开采月球或小行星时，需要权衡利弊。月球始终是比较近的，你可以建立大规模的长期作业。重力将较重和较轻的元素分离开来。

不利的一点是，仍然有引力并要对付。因为重力只有 0.16G 以及缺乏大气制动，重型设备着陆很困难。减缓下降速度需要点燃发动机消耗燃料。在能够安装质量驱动器将月球表面物质抛出去之前，月球发射或出口也需要消耗大量燃料。月球的逃逸速度是 2.38 千米 / 秒，大约是高速飞行的子弹速度的 2 倍。小行星距离地球较远，但由于 Δv 较小，即在小行星上着陆所需的速度变化不大，减速所消耗的燃料也就不多。这些只有几百米大小的小行星的引力可以忽略不计，在其表面着陆就像与空间站对接一样。逃逸速度也很低，仅几米 / 秒。你可以从大多数小行星上跳下来，但采矿设备确实需要被锚定，这样挖掘时（作用力）就不会把机器推离小行星表面（反作用力）。面对所有这些挑战，在接近零重力的环境下采矿还从未实现过。正如我们在 JAXA 的“隼鸟”任务中看到的，即使是一次快速挖掘也很有挑战性。

213

来到卢森堡

没错，卢森堡。它是世界上最小的国家之一。小而富有，且人们想变得更富有。卢森堡已经在太空采矿上投资了数亿美元，其中 2800 万美元用于投资行星资源公司，占该公司 10% 的股份。[11] 尽管卢森堡在 1967 年签署了《外层空间条约》，但该国在近 50 年后的 2017 年通过了一项法律，向企业赋予从月球、小行星或其他天体获取太空资源的权利。[12] 该国长期以来一直是卫星通信行业的领导者。现在，它似乎想成为太空采矿的硅谷。首先，行星资源公司（现在隶属于康瑟斯公司）和深空工业公司已经在卢森堡设立了办事处。

卢森堡希望在太空采矿方面能像在通信卫星方面一样有所作为。20 世纪 80 年代以前，通信卫星是由政府资助或监管的，后来规则放宽。1985 年，卢森堡政府支持成立了一家公司，叫作欧洲卫星公司（Société Européenne des Satellites, SES）。这是欧洲第一家私人卫星运营商，现在是世界第二大卫星运营商，在轨运行的卫星超过 60 颗。该国的财政支持、法律制度和宽松的监管结构，可能会使太空采矿成为现实。这项法律的签署者、卢森堡副首相艾蒂安·施耐德（Etienne Schneider）表示，“我们的目标是为‘天体’资源（如小行星或月球）的勘探和商业利用建立一个总体制度”。[13]

214

卢森堡的法律并非没有先例。美国在 2015 年曾通过一项类似的法律——《促进私营航空航天竞争力与创业精神法案》（Spurring Private Aerospace Competitiveness and Entrepreneurship Act，SPACE Act）。该法案规定，私营企业可以拥有并出售其开采的资源，但不得拥有天体本身。这些不过是为了遵守《外层空间条约》的措辞而已。不过该法案有点自相矛盾。根据这项美国法律，一家公司可以开采整个小行星，以水、燃料、氧气或建筑材料的形式出售资源，直到任何碎屑都不剩，却从来不曾拥有被其完全蚕食掉的东西。墨迹还未干，律师们就开始讨论这项美国法律的合法性。一些人争辩说，这项法律直接违反了《外层空间条约》第 2 条，该条规定“外层空间，包括月球和其他天体，不受国家主权要求以及使用或占领或任何其他手段的支配”。律师争论的焦点是“国家拨款”（一家私营企业应该被视为一个国家吗？）以及“使用或占领的手段”（好吧，站在月球上就意味着你在使用它）。

《外层空间条约》成功地使武器远离了月球。不过，没有人对月球和小行星的商业采矿提出过挑战，因为在 1967 年这还只是一种幻想。而现在，这即将成为现实。这是一个完全不同的时代。正是因为这个原因，迄今为止已有两个国家制定了相关法律来鼓励投资。我认为，如果不能保证从太空资源中获取利益至少具有可行性，就不会有公司投资太空。同时我还认为，《外层空间条约》，当然还有《月球协定》不允许人们通过开发这些资源赚钱。因此我预计，随着进入太空越发容易，重新审议《外层空间条约》的压力将会加大。

生活在小行星表面和里面

这是一本关于太空移民的书，而我却一直在漫谈机器人采矿。生活在小行星并对其进行开发，似乎并没有多少理由。最初，人类的存在可能局限于对小行星带进行短暂的访问，以确保设备的安全或运输开采出来的原材料。唯一的例外可能是谷神星。如前所述，它现在被认为是一颗小行星。它的大小约是冥王星的 1/2，月球的 1/4。人们可以把谷神星想象成一个科学前哨站，或者一个供应中心，用于支持服务于火星和地球的小行星采矿网络，到 21 世纪末会有临时人员居留。不过话说回来，附近的在轨航天港可能更适合人类居住。

谷神星的生活将会非常艰难。谷神星像月球一样没有空气，没有天然的辐射防护。工人们需要在地下挖洞建立庇护所。这一切很有可能，但是地壳的组成和深度，以及在哪里会找到谷神星的冰层，在很大程度上是个未知数。往返谷神星的飞行需要数年时间，因为它比火星还远。它的重力是 0.03G，造成的后果不像微重力那样严重，但似乎也不利于人类的长期健康。那里的阳光只有地球的 1/10，所以收集太阳能很困难。你可能需要核能来维持所有工业运转。与地球的通信有平均 30 分钟的延迟。也就是说，在谷神星生活比在月球生活更加困难，因为它更遥远，且几乎没有重力，除了水和一些矿物，资源也很稀缺。

216

不过科学研究还是值得一做的。谷神星在其冰冷外壳下的液态海洋中孕育外星生命的可能性微乎其微。在绕灶神星运行数年之后，NASA 的“曙光号”探测器于 2015 年进入谷神星轨道。2017 年，“曙光号”科学团队估计谷神星上 10% 的物质是水冰，他们还发现了一种叫作索林斯（tholins）的有机化合物，这是一种生命起源前的物质，可能促进了地球上生命的诞生。[14] 对谷神星的冰进行钻探，可以为更具雄心的探测任务——对木星和土星那些冰冷的卫星进行探测，打下基础。这些卫星存在生命的可能性更大，但它们到地球的距离是谷神星与地球距离的 2~4 倍。载人谷神星任务只比载人火星任务稍微困难一点：更远一点，但更容易着陆，所有这些都在当前技术可达成的范围内。

作为工业采矿中心，谷神星的位置可能很好，位于小行星带的中心。谷神星上有大量的水可以开采，而仅有的一点重力对于处理来自其他小行星的矿石来说可能很有必要。从太空飞行的角度来看，着陆和离开谷神星并不困难，因为谷神星的引力井不深。因为那里的重力很低，所以你可以在谷神星上跳跃行走，并建立一个永久的工业基地。其他小行星的重力环境极低，从一些小行星上你甚至可以跳入太空。当然，谷神星也很容易跟踪，所以你总能知道它在哪里。

问题是，你需要这样的中心吗？小行星采矿将从近地小行星开始，因为它们离地球很近。把它们开采到几乎什么都不剩，再把它们转移到地月轨道，这对地球的长期安全很有好处。我们是否需要小行星带中的那些小行星，取决于我们将在太空中建造多少设施，而在轨城市之类的真正的建设项目，则需要等一个世纪以后。

217

最重要的问题是，在未来100年里，似乎没有任何实际理由需要长期生活在谷神星，因为在月球生活更容易。出于经济原因允许我们到达谷神星附近甚至在那里定居的技术，可能会使我们创建一个巨大的在轨球体，不仅温暖而且有人造重力。这听起来要文明得多。

住在小行星表面似乎不太现实，但是住在小行星里面会怎么样呢？有些小行星确实有一座城市那么大，质量和直径都如同一座山。你可以把它们挖空，创造一个足够容纳成千上万人的地下空间，然后让它旋转起来产生离心力来模拟重力。一个直径 100 米、被挖空的小行星每分钟旋转 4 圈，就会产生 1G 的人造重力。[15] 这将不同于你在地球上经历的地球自转。从一个局外人的角度来看，你会在地下来回颠倒，你的头朝向小行星核心，你的脚朝向小行星表面，就像被固定在转桶里的水一样。

奥地利建筑师及土木工程师沃纳 · 格兰德（Werner Grandl）估计，为了保持稳定，小行星核心的最小体积密度必须达到约 3 克 / 厘米^3，接近地球的上层地幔。许多小行星满足这一标准。[16] 小行星上的家园就是这样。这将是你自己的世界，有足够的资源来供养你、你的家庭和社区。垂直农场可以离地表更近一些，在不旋转的腔室内，由过滤后的反射太阳光和人造光提供光照。C 型小行星有 10% 以上的冰，所以应该有足够的饮用水和氧气，可以与来自农场的二氧化碳循环、交换。你也可以用 3D 打印机打印大部分工具，也可以开着宇宙飞船从谷神星或灶神星等人"贸易站"运回补给，就像几百年前把运货马车开到城里一样。或者一些位于谷神星的聪明公司可以通过无人机给你运送物资。

218

无论居住在小行星，还是利用小行星资源来建造在轨城市，小行星提供的水、空气、燃料、金属、土壤和营养等资源，足够支持 10 万亿 ~100 万亿人口。[17] 让我们把这一概念再向前推一下：如果氢聚变成为可能，就可以把山那么大的小行星变成一艘防护良好的太空方舟，乘着它出发去往其他遥远的恒星系，用几百代人的时间到达那里。

预　测

21世纪30年代，小行星采矿将完全自动化；21世纪40年代，机器人将探测谷神星和灶神星；21世纪60年代，人类将踏上谷神星；21世纪末，谷神星上将出现人类的小规模、半永久性存在；小行星定居点将在23世纪出现。

6
生活在火星

219

火星是令每个人都感到兴奋的存在，这有着充分的理由。如果21世纪人类能在太阳系中除地球以外的任何一个自然天体上永久定居，就一定是这颗红色的星球。所谓“定居”，我指的是成年人可以养育孩子、新文化可以发展的地方。在地月系统内建设大量在轨城市当然可行，但出于实际原因，不要期望这种情况会很快发生——建造它们的费用和复杂性都很高，而且当它无法提供地球所没有的东西时，人们在其中居住的意愿也不会高。火星与其他选项相比如何？月球又冷又荒凉，被黑色的天空笼罩，且存在着低重力问题——适合采矿，适合科学探索，适合游览，但不适合抚育后代。金星倒是不存在重力问题，但它的表面温度高到足以融化铅，很难想象大老远跑到金星，住在飞船或飘浮的城市，生活在金星大气层高处会有什么样的诱惑。水星的重力和火星相似，但是仍然有高温的问题。

因此，除了火星，太阳系中没有其他固态天体能够提供适

220

当的重力以及温度。火星实际上是可以驯服的，这一点大家都

知道。它的山脉、峡谷、沟壑、溪谷呼唤着我们。雄伟的奥林波斯山（Olympus Mons）几乎是珠穆朗玛峰的3倍高；令人惊叹的水手号峡谷群（Valles Marineris）是一座峡谷，其长度相当于美国横贯东西的长度。而且，火星还拥有我们生存所需的所有化学元素。它曾经温暖潮湿，足以孕育生命；如果我们致力于这项工作，它可能会恢复昔日的环境。然而，最重要的问题是，火星能维持一个自然的人类定居点吗？现在干旱的山谷能不能变成肥沃的土壤，干涸的河床能不能重新流淌——如果没有水，那么用某种丰饶生命的承诺能不能吸引一代又一代人在火星生活？孤独的前哨站能不能发展为城镇，然后成长为具有生机勃勃的生物和经济生态系统的城市？

把人类送往火星的第一步，当然是要有一项把人类送往火星的计划。对美国来说，这意味着该计划不能每4~8年就被新一届政府所改变。中国计划21世纪40年代在火星上建立人类定居点，而且可以用你的最后1元人民币打赌，你绝对有把握赌赢。计划可能会推迟，但不会因为政府换届而被完全取消。NASA则有另一项新计划，与其说是路线图，不如说是诗和远方。它描绘了一些虚无缥缈的阶段，让我们通过一系列技术目标，而不是通过任务本身，来实现从“依赖地球”到“实验场”再到“独立于地球”的过渡。[1]这首诗将NASA所有分散的、没有资金支持的想法，编织成一个没有具体日期、相互关联的时间表，而不是像阿波罗时代那样对交付有着具体要求。

在实现人类太空飞行重大突破的过程中，美国遇到的问题

火　星

这张照片由“海盗号”（Viking）轨道器拍摄的 102 幅照片拼接而成。最引人注目的是水手号峡谷群。它超过 2000 千米长，8 千米深。西部边缘可能是一个适合游览或居住的风景区，有 3 座塔尔西斯火山（Tharsis volcanoes，照片中的黑点），每座约 25 千米高，在遥远的西部也可以看到。

是：NASA 必须面对所谓的“总统探索愿景”。[2]抛开政治不谈，221 谁会真正关心总统在太空问题上的想法呢？总统的想法一点也不重要。把钱给 NASA，让它的科学家和工程师决定去哪儿、怎么去。但是由于 NASA 的起源有着军方背景，国会和美国总统可以对NASA的人类太空活动进行微观管理，可以随心所欲地取消项目，或者更糟糕，不顾效率低下，指示NASA在某些国会选区实施这些项目。这就是为什么航天飞机和ISS项目都如此愚蠢的原因。成本加成的承包合同以及效率低下的供应链分散在全国各地，几乎可以确保成本会超过预算——于是NASA变成了一个宪法驱动的机构，而不是一个任务驱动的机构。 222

实际上，NASA在任务驱动下的表现很出色，所有空间科学任务都是如此。NASA已经发射了造访过木星、土星、天王星、海王星和冥王星的探测器，这些都是送给人类的礼物；美国还用哈勃、钱德拉、开普勒和WMAP等望远镜主导了基于太空的多波长天文学研究。其工作机制很简单：天文学家提出一项任务建议，并为构建该任务的科学能力提供合理说明；NASA每年从这些建议中选择一定数量的任务；然后天文学家着手实现这些任务。所有任务几乎都能在预算内按期完成。在这方面，NASA和美国是全世界航天机构羡慕的对象。但是在美国政客构想的大项目中，特别是有宇航员加入其中时，事情很快就会出岔子。

我和其他人认为，过去40年里NASA在人类太空探索方面做得如此之少，其主要原因是，NASA直接受不断变更的美国总统的领导（自成立以来有12位总统），并且受到美国国会的微观管理。“愿景”是一个不断变化的目标——待在近地轨道；不，去月球；不，还是去火星吧；不，去月球。吉米·卡特推动空间科学超越人类活动；罗纳德·里根支持ISS成为轨道上更大规模存在的垫脚石；乔治·H. W. 布什推动重返月球，然后是火星之旅；比尔·克林顿重点关注如何与俄罗斯合作，完成ISS建设。他上任时该项目超出了预算，而且国际化程度较低；乔治·W. 布什想重返月球；而巴拉克·奥巴马想要跳过月球去小行星和火星。[3] 2016年选出的那位美国总统，其主张随着时间不断变化，一会儿要去月球，一会儿要去火星，一会儿又要创建一支由五角大楼领导的太空部队。[4]

223

如果巴里·戈德华特（Barry Goldwater）在1964年的美国总统大选中击败了林登·约翰逊，那么美国就不会登上月球。戈德华特直言不讳地批评阿波罗计划，他说民用太空计划从军事太空项目中分流了太多的资金。[5] 但约翰逊赢了，而且按照计划于1969年7月实施的阿波罗11号任务马上就要实现，因此理查德·尼克松在1969年1月就职时已无法取消。尼克松又等了3年才提前结束了阿波罗计划。

NASA的年度预算大约是200亿美元，似乎可以用这笔钱登陆月球或火星，或者两个目标都实现。但NASA要做的工作不只这些。在NASA的议程上还有其他一些重要项目，如火箭、空间科学、航空、地球科学和载人航天。更大的问题是，该机构每年都要为ISS投入大笔资金，占其预算的1/5。20世纪90年代，马丁·玛丽埃塔公司（Martin Marietta Corporation）的工程师大卫·贝克（David Baker）和前面曾提到的罗伯特·祖布林（《赶往火星》的作者）提出了一项叫作“火星直击”（Mars Direct）的计划，他们声称可以用10年多一点的时间，花费大约400亿美元（按今天的美元计算），或者在其开发过程中每年投入几十亿美元，然后每年花上约40亿美元来维持，就可以在火星上建立人类的永久性基地。[6]这相当于目前ISS的年度预算。可惜的是，尽管“火星直击”计划得到了NASA的认真考虑，并得到了该机构内许多人的赞扬，但这一愿景一直没能与国会或NASA的旨趣相一致。

最重要的是，从财政、生物和工程的角度来看，火星永久定居点是可以实现的。以下是对未来20年发展情况的展望。 224

航行从地球开始

火星的地貌与南极相似：寒冷、单调、遥远，却拥有令人着迷的美丽。之所以没有大量的人口生活在南极，是因为那里的生活充满挑战，尤其是在没有阳光的冬天。由于缺乏一种被称为空气的生命维持物质，生活在火星……大量的人生活在火星，会更加困难。这是用来呼吸的空气，是形成足够的气压防止我们的血细胞爆裂的空气，也是阻挡来自太阳和其他地方的有害辐射的空气。与完全没有空气的月球相比，火星上的空气要多得多。尽管如此，火星上的空气仍然太稀薄，而且几乎全部由二氧化碳组成，大约只有1%~2%的氮气、氩气，以及一点点氧气。我们无法呼吸，无法生存。只要那里不那么冷，某些地球生物也许可以。

地球的大气中大约有78%是氮气，20%是氧气，1%是氩气，还有少量的二氧化碳和其他气体。海平面高度的气压大约是 10 万帕斯卡，称为 1 个大气压。在火星上，气压是 600 帕斯卡，大约是地球气压的 0.6%。在火星上生活的主要困难有：没有可呼吸的空气，没有足够厚的大气层保护你免受太阳和宇宙射线的影响，或者避免你体内的液体和气体膨胀。在火星上定居后，要考虑的事情几乎都是如何克服大气的问题。当然，我们只能希望没有重力的问题，希望 0.38G 足以让胎儿发育，让孩子健康成长。除非在 ISS 上进行一次模拟火星重力的实验，否则

225

我们无法知道在 0.38G 的情况下我们会过得怎样。但 NASA 或多或少已经禁止了这一实验，直到我们到达火星并尝试后才能找到答案。

顺便说一下，这就是定居火星和定居月球的区别。月球既存在大气问题，也存在重力问题。火星可能只有大气问题。

先在月球生活能否教会我们如何在火星生活？绝对可以。两个天体上的基本庇护所都是一样的：一个地下栖息地或其他能很好地屏蔽辐射的地方，有足够的压力、空气、食物和水。关键的不同之处在于居住在这些地方的长期战略。未来几个世纪，月球上的生命将依赖于地球，部分因为月球离地球很近，部分因为在月球 29 天昼夜循环周期中极端严酷的温度。最初的技能包括应对低重力和资源开发，比如冰。冰完全混合在月球的土壤里而且浓度很低。然而，火星将被视为一个前沿阵地，最终并且会很快需要高度的自给自足，才能成为经济上可行的人类目的地，一部分原因是火星与地球的距离，另一部分原因

则是其相对可控的温度和昼夜周期。在火星上，需要的技术包括将二氧化碳转化为甲烷和氧气来制造火箭燃料，以及在自然光下建造巨大的温室来种植食物。

我们可以先去月球，学习如何在太空庇护所中生活。我们还要在那里获得运输、供应、储存和外出穿着方面的知识。这绝不是在浪费时间，并不是“要么火星要么烂渣”（Mars or Bust）阵营里的人所认为的那样。我们在太空中所做的每件事，都在太空生活方面教会了我们某些东西，尽管付出了代价。月球表面的栖息地将是“真实的东西”，有真实的危险和真实的生活环境，需要实时补救，而来自地球的帮助或疏散到地球则需要 3 天时间。因此月球栖息地为火星任务（单程要花 6~9 个月时间）提供的经验，在潜艇或地球模拟栖息地上是无法相比的。也就是说，基于地球的模拟栖息地相对便宜，它们是通往月球和火星的起步阶段。

226

沙漠隐居

我在第 1 章讨论了人类探索研究模拟项目（HERA）和夏威夷太空探索模拟与仿真项目（HI-SEAS）。这些模拟项目最大的局限性（即使不是最明显的）是，它们不是真正的太空冒险。NASA 很可能只是在研究监狱犯人的心理压力。在一次真正的火星之旅中，你要去的是火星。这是一个相当大的心理负担，远超出在狭小空间里生活一两年所带来的任何微小不便。不过，我个人认为这种心理风险被夸大了。在首次火星任务中，人会产生巨大的使命感。在随后普通人的迁移中，技术将会进步，宇宙飞船会更加舒适，行程也会更短。

在地球上进行的其他火星模拟项目，主要是模拟火星上的生活、工作和移动，为未来的火星任务提供好的方法。闪线火星北极研究站（Flashline Mars Arctic Research Station，FMARS）和火星沙漠研究站（Mars Desert Research Station，MDRS）是火星学会（Mars Society）运营的两个地表探索基地。火星学会是由祖布林等人于1998年成立的非营利性太空倡导组织。这些设施看起来跟你对火星首个基地的想象一样：简单的圆柱形结构，有一个气闸，一些天线，外面停着一辆车。闪线火星北极研究站位于加拿大努纳武特地区巴芬湾的德文岛，是一个极地沙漠生态系统，在很多方面与火星极地地区相似。火星沙漠研究站位于美国犹他州南部的沙漠环境中，在设计上类似于闪线火星北极研究站，但有一个温室和一个天文台。有了这两处设施和有限的预算，火星学会通过种植食物，以及测量和挖掘附近的土地来实现祖布林在《赶往火星》中提出的概念。本章稍后将就此进行讨论。之所以选择这些地点，是因为它们与火星的地质情况相似。参与者都是志愿者，其中很多是大学生。当火星沙漠研究站的温室两次被摧毁时（先是被风，然后火），他们尝到了“真正”问题的滋味。

227

NASA有自己的沙漠藏身之处。位于美国亚利桑那州的NASA沙漠研究和技术研究项目（Desert Research and Technology

Studies，Desert RATS）针对在月球或火星表面的生活进行了一系列年度野外技术测试，主要测试生存和移动技术，这是对20世纪60年代阿波罗任务测试的恢复。NASA与大学合作，测试航天器、宇航服、工具，等等。其中包括全地形六足外星球探测器（All-Terrain Hex-Limbed Extra-Terrestrial Explorer），看起来像是从《星球大战》的虚构世界里出来的东西。这是一种六足蜘蛛形航天器，能够（希望如此）在月球或火星的任何地形中导航。NASA还测试了另一款机器人设备。它可以把一块地弄平，然后将其烧结成着陆点和发射台。

NASA资助的霍顿火星计划（Haughton Mars Project，HMP）位于德文岛，与闪线火星北极研究站类似，只是更大一些。霍顿火星计划坐落于霍顿陨石坑内，那里的地形类似火星，干燥、无植被、岩石松散。因此，霍顿火星计划可以很好地模拟测试那些将在火星上使用的机器人采矿技术。与闪线火星北极研究站一样，由于地处偏远且缺乏基础设施，还可以对能源存储、通信和远程医疗技术进行测试。霍顿火星计划是NASA工程师帕斯卡尔·李（Pascal Lee）的创意。他是火星学会和国际火星研究所（International Mars Institute）的创始人之一。在Desert RATS和霍顿火星计划之间，NASA及其合作伙伴正在测试一些基本必需品。这些必需品看起来就像是火星科幻小说和电影里的东西：加压火星车、机器人挖掘机和灵活的加压服。

228

靠土地为生

其他重大项目还包括原位资源利用（In-Situ Resource Utilization，ISRU），主要开发一些可以帮助“行星拓荒者”以土地为生的小工具。月球和火星上的临时和永久定居点能否成功，将取决于 ISRU 的能力如何，因为火箭方程的物理本质不允许我们携带奢侈的以及沉重的物质，如空气和水。是的，空气很重。我们每天要呼吸 550 升氧气，大约 1 千克重。如果要携带足够的氧气供 4 名宇航员前往火星执行为期两年的任务，旅程辎重将增加 3 吨（6600 磅，3000 万美元）。

土壤、环境科学、氧气及月球挥发性物质萃取系统（The Regolith and Environment Science and Oxygen and Lunar Volatile Extraction，RESOLVE）由 NASA 和加拿大航天局联合开发。这是一个集漫游车、钻井平台、烤箱、实验室于一体的装置，旨在生产水和氧气。该移动装置可以提取直径 1 米的岩芯，并将之粉碎，然后将这些富含氧气的岩石加热到 900℃，释放氧气，再将氧气与氢混合，大约 1 小时就能产生水。[7] 从岩石中取水，就像摩西一样法力无边。这个装置是为月球设计的，但也可以在火星上用来寻找其他重要的挥发性物质，如氨、一氧化碳、氦和氢。与此相关的是，先驱者月球原位制氧试验台（Precursor In-situ Lunar Oxygen Testbed，PILOT）可以把锁在土壤矿物质中的氧提取出来，这在火星上可能也有用处。[8] 不过，火星土壤的含水量比月球更丰富，而且从水中提取氧气的能量消耗也更低。

229

火星的空气中有氧，但被锁定在二氧化碳中。火星原位氧资源利用实验装置（Mars Oxygen In-Situ Resources Utilization Experiment，MOXIE）可以吸入二氧化碳，将其加热到800℃左右，然后通过一种叫作固体氧化物电解池的催化剂，产生可以呼吸的氧气，化学方程式是 $2CO_2 \rightarrow 2CO+O_2$。有毒的一氧化碳副产品可以用作燃料或进一步转化为甲烷（CH_4）。MOXIE 已通过实验室的全面测试，计划用于NASA的2020年火星车任务。★如果成功，NASA 准备将其规模扩大到原来的100倍。MOXIE 的样机每小时可以产生10克氧气，而只需要300瓦电量，这部分能量可以由太阳能来提供。为火星宇航员提供的全尺寸版本则可能需要一台放射性同位素温差发电机（radioisotope thermoelectric generator，RTG）。它可以将放射性衰变的热量转化为电能。火星以外的大多数航天器上的电子设备，都需要以此为能量来源，因为那里的太阳能实在是太弱了。

不仅呼吸需要氧气，燃烧也需要氧气。氢、甲烷和所有碳基燃料没有氧气作为氧化剂，是无法燃烧的。因此，尽管温室很好，能够为植物和动物创造一个完美的二氧化碳与氧气的比例，但是我们仍然需要更多的氧气来满足燃烧的需求。可以大量装配 MOXIE，以储存大量的氧气。† 你还可以看到化学循环

★ MOXIE 搭载“毅力号”火星探测器于2020年7月30日升空前往火星，并于北京时间2021年2月19日成功安全着陆。——译注

† 储存气体是一个更复杂的问题，需要很重的储箱，这意味着航天器的质量会更大，除非它们能在火星上用当地材料制造出来。

的美妙之处。火星拥有我们文明所需的一切，只不过不是我们想要的那种形式而已。但是只要有能量输入，氢、碳和氧的分
230
子都是可以转换的。如果在火星上使用，任何东西都不会浪费。从水中释放出来的氢作为燃料与氧一起燃烧后又回到水中。二氧化碳转化为氧气和一氧化碳，而一氧化碳与氧气燃烧时又转化回二氧化碳（$CH_4+2O_2 \rightarrow CO_2+2H_2O$）。物质不能被创造或消灭。我们唯一会失去资源的时候就是无法对它们进行收集的时候，比如火箭发射时。

请注意，中国已经开始了自己的原位资源利用项目和沙漠实地研究。中国正在柴达木盆地建造一个数百万英亩的火星世界。柴达木盆地位处青藏高原干旱地区，贫瘠的地貌与火星上的地理条件相似。该建筑群将主要用于科学研究，但也会包括一处以火星为主题的旅游景点，有探险营地和模拟火星体验。[9] 在世界范围内还有其他多个不错的项目——欧洲、日本以及太空游戏的新玩家迪拜——这些项目的首字母缩写都很巧妙，而且都在测试中取得了相当大的进展。看来我们已经准备好去火星了。嗯，基本上准备就绪。

第一个障碍是离开地球

1989 年 7 月，阿波罗 11 号登月 20 周年纪念日，美国总统乔治 · H. W. 布什站在位于华盛顿特区的国家航空航天博物馆的台阶上发表了讲话，为人类探索太空提出了一个全面计划，包

括建造一个在轨空间站［后来被称作“自由号”（Freedom）空间站］，永久重返月球，以及在30年内实现载人火星任务。载人火星任务的目标是2019年，即人类踏上月球半个世纪后。该计划被称为太空探索计划（Space Exploration Initiative，SEI）。NASA欣然接受了这一想法，并委托进行了现已声名狼藉的“90天研究”（90-Day Study）。90天后，人们计算出这项计划将花费5000亿美元，相当于现在的1万亿美元以上。

231

可悲的是，这与其说是太空政策，不如说是太空娱乐，一个几乎没有现实基础的美妙计划。SEI的部分问题在于，它依赖于当时尚未建成的“自由号”空间站，而这一ISS的最初方案很快就超出了预算，于是后来用“国际”代替了“自由”一词，为的是获得其他国家的资金资助。这一计划似乎囊括了每个人心仪的项目，包括为空间站添加燃料的燃料库，放到月球上的基地，以及在月球上建造的飞往火星的巨大飞船——只是为了让一部分乘组人员在火星上停留几天插上美国国旗。1989年，布什成立了国家太空委员会（National Space Council）来指导该项计划，委员会由他的副总统丹·奎尔（Dan Quayle）领导。这又是另一个重大错误。太空委员会的成员们与NASA的意见相左，认为NASA在为昂贵技术问题寻找创新解决方案方面缺乏主动性，而奎尔从不具备调解能力。NASA自己则错误地认为布什的宣言会转化为一笔意外的资金。白宫和NASA都没有与美国国会就该计划进行过讨论。当国会看到这个自“二战”以来最昂贵项目的花费时，惊呆了。

巨额的价格标签，与许多美国人认为 NASA 不再有“恰当的东西”来完成如此伟大的事业的信念结合在了一起。航天飞机没有达到政客们的承诺。1986 年“挑战者号”航天飞机发射时发生爆炸，包括一名教师在内的 7 名乘组人员全部遇难。而距布什发表太空探索计划演说不到 1 年，发射上天的价值数十亿美元的哈勃太空望远镜竟包含一个有缺陷的镜片——一个愚蠢的错误。这时也是后里根时代的美国：财政赤字不断上升，经济举步维艰，当时的政治与财政现实在 3 年内就扼杀了太空探索计划。[10] NASA 历史学家托尔·霍根（Thor Hogan）这样总结太空探索计划：“说到底，太空探索计划的消亡是决策失误的一个典型案例——缺乏足够的顶层政策指导，未能解决关键的财政约束，备用方案制定得不充分，没有得到国会的支持。”[11] 对于很多人来说，这听起来就跟某人在 2019 年呼吁人类在 2024 年登月一样。

232

那个时代迈出的积极一步，是 1992 年太空探索计划失败后任命的 NASA 局长丹尼尔·戈尔丁（Dan Goldin）提出，NASA 在对太阳系的探索过程中，要把通过机器人技术研究火星作为其主要目标。该目标不会受到总统愿景以及取消项目的影响。脾气暴躁的罗伯特·祖布林也在那个时代崭露头角。他发现了一种方法，可以利用现有技术，以太空探索计划价格的 1/20 到达火星。他的计划被称为“火星直击”，但是 NASA 最终以安全为由拒绝了该计划——不愿承担风险的 NASA 认为这一计划有太多的不确定性。1995 年前后提出的这个计划与 NASA 今天的想法惊人相似，后者可能最终会把人类送上火星。

祖布林设想通过精简计划和靠土地为生，为火星任务节省大量资金，这与 NASA 在太空探索计划中的做法大相径庭。NASA 的太空探索计划要打包带上往返旅程所需的一切：燃料、空气和水。而这三种资源火星上都有。在“火星直击”计划中，我们首先发送一部返地航天器（Earth Return Vehicle，ERV）和一船氢气，大约 6 个月后到达。着陆后，一辆火星车将携带一台机器开出来，该机器可利用氢气（H_2）将火星大气中的二氧化碳（CO_2）转化为甲烷燃料（CH_4）和水（H_2O）。★ 然后水可以分解成氧和氢。经过一年的时间，两个反应产生的燃料和氧化剂足够推动 ERV 返回地球，同时还有额外的燃料来驱动地面车辆，以及额外的水供饮用，这些水分解成氢和氧可供“呼吸”。用来自地球的 6 吨氢气，我们可以在火星上制造出 108 吨的甲烷和氧气。[12] 这个化学过程相当简单。事实上，为了证明其可行性，祖布林用 NASA 提供的少量资金建造了一个制造甲烷的装置。困难之处在于让航天器安全着陆，并让它在寒冷、低重力、低气压的环境下工作。

233

注意，地球和火星大约每 26 个月有一个距离最近的时刻。因此，大约在 ERV 发射两年后，我们再向火星发射两枚火箭，将另一部 ERV 和一个 4 人栖息地模块发射到火星。第二部 ERV

★ 祖布林调整了这一计划，因为最近在火星上发现了大量的水，所以不必向火星运送氢气了。取而代之的是，我们从水中提取氢，而水可能就在脚下。

是为了启动另一个燃料循环和水的生成过程。因为不用携带大量燃料、空气和水前往火星，乘组人员可以轻松着陆；第一部ERV在那里可供他们返航，只需装上已经在火星制造好的燃料。第二部ERV用作应急返航飞船，以防第一艘飞船因某种原因受损。宇航员在火星上大约待1.5年后返航，此时火星与地球再次靠近。与此同时，又有4个人带着ERV和另一个栖息地模块抵达火星。这种循环不断重复，每两年就会有另一拨乘员、ERV和栖息地到达火星。当栖息地通过地下通道连接在一起的时候，火星村落就慢慢发展起来了。

在“火星直击”计划中，每两年还可以带去新的设备，比如一个小型核反应堆和太阳能电池板。多年以后，宇航员将有足够的工具开始建造火星上的基础设施，包括生产塑料、玻璃和陶瓷的小工厂。

“火星直击”计划的主要问题是，NASA不相信祖布林的数字，觉得他提出的燃料需求和质量需求太乐观。NASA调整了计划，采用一次发射三艘飞船的新方案，祖布林将其称为“半火星直击”（Mars Semi-Direct），并非完全蔑视。据计算，新方案10年的费用为550亿美元。这符合NASA的预算，同时允许它从事其他活动，如空间和地球科学。

234

“火星直击”计划还有其他问题，比如要为ERV提供两年的防护，使其免受强烈的紫外线和持续的灰尘的损害。像这样的小事情都会增加任务成本。到最后，NASA也没批准“火星直击”或“半火星直击”计划。火星任务的某些倡导者怀疑，该机构是不是不希望外人告诉它该做什么或怎么做。罗伯特·祖布林和大卫·贝克（帮他一起开发该计划的同事）毕竟只是两个普通人，甚至不是 NASA 的一分子。NASA 转而专注于建造 ISS 这项花费巨大的任务。

第二个障碍是在旅行时保持健康

好吧，让我们假装有钱，有火箭，有登上火星的意愿。胜利组合可能会来自某些政府，可能是中国及其合作伙伴，也可能是美国及其合作伙伴。这些合作伙伴可能是 21 世纪 30 年代的任何国家。然而，如果价格足够便宜，一些亿万富翁很可能会出钱去一趟。不管资金和动机如何，问题是：我们如何实现这一旅程？因为去火星比在火星生活更困难。

正如第 2 章所指出的，火星之旅带来的健康风险非常大。我认为低重力是任务成功的最大风险，所以在此我要详细说明这个问题。

到火星的旅行时间是 6~9 个月。如果这段时间是在微重力环境中度过的，骨骼和肌肉就会变得脆弱。在 ISS 待了 6 个月的宇航员，即使他们在轨道上每天进行两小时的锻炼，回到地球后还是无法正常工作。他们通常至少一天不能走路，一回来就会感到恶心。这还不算太糟，因为地球上会有一个专门团队把你抬出飞船，再把你抬到轮椅上。而火星上可不会有这样的欢迎团队。宇航员必须完全控制自己的身体……是立即。更重要的是，长期的微重力使他们的肌肉萎缩，骨密度以每月至少 1% 的速度下降，并且视力也受到损害。在太空中待满 9 个月后，在火星（不是在地球）着陆的唯一安慰是，火星的重力是 0.38G，重力的影响可能没有那么极端。★

回想一下，宇航员斯科特·凯利在 ISS 待了 342 天后，NASA 对他的能力进行了全面测试。他在着陆时几乎不能走路，但情况一天比一天好。他可以完成许多机械操作，但他的协调性显然很差。这种情况有个名字，叫“航天适应综合征”（Space Adaptation Syndrome，SAS）。当大脑不知道“下”在哪里时，它会感到困惑。当宇航员到达 ISS 时，SAS 会侵扰他们；当宇航员返回地球时，SAS 也会侵扰他们。升空没那么糟糕，因为 ISS 上的那些工作伙伴已经适应了。在飞往火星的任务中，地球上的任务控制人员在头几天可以帮助宇航员。但是在火星上，斯科特·凯利所经历的这些症状可能会使任务陷入危险。

236

在旅途中每天进行几小时的阻抗训练会有所帮助。所以，去火星基本上有两种方式：在微重力环境下旅行，在途中锻炼，并希望在火星 0.38G 的环境下，SAS 的严重程度只有 38%；或者花钱让飞船旋转起来制造人造重力。我认为重力不是奢侈品。把宇航员送到没有人造重力的火星将使他们无法执行任务，这相当于判了他们死刑。

★ 一项健康测试可能是让一名宇航员在太空生活 6 个月后再登上月球，看看他或她在 0.16G 下的表现如何，但我还没有听到任何关于这种可能性的讨论。

在许多科幻电影中，重力问题被忽视了。在《星际迷航》和《星球大战》两部影片里，仿佛都假设存在一个引力场发生器给飞船提供了必要的重力，但这种技术并不存在，它属于曲速引擎领域，超出了已知物理学的认知范围。在火星旅行中，我们需要通过制造离心力来产生人造重力。许多工程师，包括祖布林在其《赶往火星》一书中，都提倡采用一种简单设计，即一种系上配重的太空舱。这两部分都会发射到太空，当两部分分开时，连接它们的缆绳展开，使两部分分离 1500 米。然后发动机点火，让一端翻转到另一端，去往火星的一路上都这样。每分钟转一圈就会产生类似于火星的重力，每分钟转两圈就会产生类似于地球的重力。也许不优雅，但有效。安迪·威尔（Andy Weir）在他的科幻小说《火星救援》（*The Martian*）中描述了一种更优雅的设计。这艘飞船被称为“赫尔墨斯”（Hermes），是一根 100 米长的管子，中心有一个状似摩天轮的旋转轮毂。在轮子的外缘可以感觉到像火星一样的重力，宇航员大部分时间都在这里度过。

虚构的“赫尔墨斯”非常大，可以在太空中组装，远远超出了 NASA 的考虑范围。可悲的是，NASA 似乎并未考虑更简单的系绳设计。NASA 目前的计划是，用正在研制的“猎户座”（Orion）飞船将 4 名宇航员送往火星，计划用“太空发射系统”发射。“猎户座”飞船不旋转。NASA 想依靠 ISS 开发的锻炼机制来维持宇航员的健康，不去确定人造重力的可行性及其增加的任务成本。事实上，当你考虑到增加的锻炼器械的重量，以

237

及需要额外的食物来补偿额外消耗的热量时，省钱的想法是愚蠢的，更不用说每天锻炼几小时所浪费的时间。

NASA 还假设宇航员在火星上可以自我恢复，只需要休息一两天。虽然宇航员返回地球后几天内可以部分恢复是事实，但他们是在专业医疗人员的照顾下恢复的。协调问题、肌肉衰弱……也许这些问题在没有医疗护理的情况下是可以控制的。但是当微重力遇上巨重力时，另一个症状是直立性低血压，这是由脱水和心血管功能失调共同引起的一种危险的低血压。心脏向大脑供血有困难，导致返航的宇航员感到晕眩，偶尔还会昏厥。此外，宇航员的骨头很脆，在日常活动中很容易骨折，比如走路或拎重物，但是他们在做这些事情的时候还必须穿上沉重的装备。漫长的微重力航行一结束，他们的任务就开始了。

人造重力可以起作用——已经测试过，还可以进一步测试。日本科学家在 ISS 上本国的舱段里放置了一个旋转装置，用来安置家鼠。这些家鼠在 ISS 上的人造 1G 环境下生活了 35 天，与同时期生活在微重力环境下的家鼠相比，它们完全没有在轨生活的不利影响。[13] 多代独立殖民地的外星居住、自治和行为健康计划（Multigenerational Independent Colony for Extraterrestrial Habitation, Autonomy, and Behavior Health, MICEHAB）的野心更大。这项任务计划将啮齿类动物送入太空，由机器人照看，观察它们在设定为 1G 或 0.38G 的人造重力环境下如何繁殖。但 MICEHAB 还处于概念设计阶段，没

238

有得到资金支持。如果想测试人类在火星上妊娠的可行性，MICEHAB 是一个理想方法。

我在第 2 章还描述了火星之旅的辐射风险。该风险最终归结为可接受的风险，至少在最初的载人任务中是这样。然而，要把这些人送到火星上建立定居点，我们需要弄清楚如何有效地屏蔽辐射。如果在飞往火星的飞船中遭遇太阳风暴，你会受到近 40 雷姆（40000 毫雷姆）的大剂量辐射，相当于 40 次全身 CT 扫描。飞船上一处简单的风暴庇护所就可以将这个数值降低到 5 雷姆，虽然很糟糕，但并不可怕。一个小而防护良好的房间，如水箱后面的食品储藏室就可以达到目的。可以在这个小小的储藏室里躲避几小时，直到风暴过去。

执行阿波罗计划的宇航员在大约 10 天的时间里受到了 1 雷姆的辐射。12 名宇航员中，有 1 人于 61 岁去世（心脏病发作），一人 69 岁去世（摩托车事故），一人 74 岁去世（白血病），其他人都活到了 80 岁，比美国男性的平均预期寿命还要长。虽然样本量很小，但我们多少可以相信阿波罗计划并没有缩短他们的寿命。斯科特·凯利在 ISS 工作的一年里受到了 8 雷姆辐射，比美国工人允许的限度多出了 3 雷姆。只有时间才能告诉我们凯利是否会得癌症；即使得了，他代表的样本量也只有 1。是辐射引起的吗？ 1/3 的人会死于癌症。“天空实验室”的宇航员在短短 2 个月内接受了 17.8 雷姆的全身辐射剂量。[14] 艾伦·比恩（Alan Bean）就是其中之一。他还去过月球。他在 86 岁时死于一场突发的、未公开的疾病。NASA 估计，“和平号”空间站上的宇航员在一年内接受的辐射剂量为21.6雷姆。[15]俄罗斯人对他们的健康守口如瓶。前往火星的旅行增加了赌注。火星之旅的辐射量远高于任何美国“工人”所承受的辐射量，遭遇核事故除外。

第三个障碍是活着着陆

困扰火星之旅的还有一个问题——着陆！目前任何一家航天机构都不知道如何让如此大的重量在火星上安全着陆。（差一点儿就）实现火星着陆的最重的物体是苏联的“火星2号”和“火星3号”探测器，每个重1210千克。“火星2号”在火星表面坠毁，“火星3号”在着陆后几秒钟也出了故障，尽管当时的沙尘暴并没有很大影响。美国“海盗号”着陆器的重量只有它们的一半。此后探测器越做越轻，直到2012年，NASA重达900千克、搭载着“好奇号”（Curiosity）火星车的火星科学实验室（Mars Science Laboratory, MSL）成功在火星着陆，情况才有了改观。火星居住计划需要搭载数吨货物登陆火星。稀薄的火星大气层使进入其中的航天器温度升高，同时又限制了通过降落伞进行空气制动的质量。这两种情况在各自领域里都是最糟糕的。也没有海洋可以让你滑落。NASA研发了所谓的“空中吊车”来降低“好奇号”的高度，其实就是一个让发动机反向点火来减缓下降速度的装置。机器人探测器着陆失败（已经很多次）造成了数十亿美元的损失。如果不能让载着宇航员的栖息地着陆，损失的将是生命——同时也是价值数十亿美元的梦想的破灭。

NASA“洞察号”（InSight）探测器于 2018 年 11 月完美着陆是个好兆头。该探测器进入火星大气层时重约 600 千克，其中部分是燃料；而且它降落在一个地势较高的区域，因此可用于刹车的大气更少。

火星高速公路

240

解决辐射和微重力问题的好办法是什么？那就是尽可能快地到达火星。从理论上来说，我们可以用现代技术（核爆炸）在 6~9 天内到达那里。然而实际上，这趟旅行需要 6~9 个月。下面将解释为什么。

月球与地球的距离相对稳定，平均约为 38.4 万千米。在近地点，即月球距离地球最近的点，为 36.3 万千米；远地点，即距离地球最远的点，是 40.5 万千米。所以，无论我们选择什么时候去月球，近地点还是远地点，都没有关系，因为火箭飞行时间只差几小时。然而，到火星的距离变化很大。有时这颗红色星球在太阳的另一侧。火星到地球的距离近可至 5500 万千米，远可至 4 亿千米。时间就是一切。你想要在最恰当的时间点离开地球，在火星这个移动目标离我们较近的时候在上面登陆。发射窗口大约每 26 个月出现一次。

但是，决定我们旅行速度的其他三个主要因素是：重力、燃料效率和减速的必要性。减速与 Δv 有关。改变速度，从一种轨道变为另一种轨道，需要向相反的方向点燃发动机。如果你没有精确减至所需速度，就会跑到目标前面，从而要消耗更多的燃料（如果你有的话）才能回到目标。阿波罗登月计划花了大约 3 天时间抵达月球。这种有点悠闲的步调让宇航员可以轻松减速进入月球轨道。走得越慢，就越容易减速。NASA 的“新视野号”（New Horizons）冥王星探测器不需要在月球停留，它以 5.8 万千米 / 小时的速度用了 8 小时 35 分钟就快速掠过了月球。241如果以这个速度，在火星离我们最近的时候出发，“新视野号”探测器只需要大约 41 天就可以掠过火星。所以，从理论上来说，使用现代火箭和化学燃料，在合适的发射窗口，携带着补给的火箭只用 41 天就可以到达火星表面。草率性和破坏性兼具，但很快。

然而，燃料效率让我们无法选择最短路径。“新视野号”探测器以到达太阳系边缘所需要的逃逸速度飞行。从理论上说，你能够以这个速度从地球上以直线的方式直接发射到火星，然后在半路上点燃发动机全速减速，在 60~80 天内到达火星。但这种方法将消耗非常多的燃料，不切实际。让我们回到第 3 章讨论的火箭方程中令人不快的必需品：你不能带着所有的燃料从地球起飞。如果我们在近地轨道补充燃料，那么这个方案就变得可行了，但仍然需要大量的化学燃料。因此，火箭工程师转而通过霍曼转移轨道（Hohmann transfer orbit）将航天器送到火星。这是一种绕太阳旋转的椭圆形轨道。航天器一离开地球轨道，就会沿霍曼转移轨道逐渐绕太阳半周，向火星轨道靠近。这是截至目前到达火星最节省燃料的方式之一。燃料效率决定一切。以这种方式到火星大约需要 9 个月。还有更直接的方法，但这些方法都类似于逆水行舟。自 20 世纪 60 年代末以来，霍曼转移轨道基本上就是我们通往火星的高速公路，大多数探测器都走这条路。

祖布林在他的“火星直击”计划中提出了一条类似于霍曼转移轨道的路径。该轨道略有不同，需要更多燃料，但抵达火星的速度要快一些，需要 8 个月。到达火星的另一条更快的路径是地球—火星循环车。这是一种以非常特殊的轨道运行的航天器，它永远不会着陆，而是绕着太阳轨道运行。这种轨道可以使航天器接近火星，再接近地球，一圈又一圈，每一圈都这样。你可以把它想象成一列太空火车。这条路径被称为自由返回式轨道（free-return trajectory），因为来自一个大型天体（比如火星）的引力会将航天器永久地甩向另一个天体（比如地球），而几乎不需要燃料。航天器停留在轨道上，由引力弹弓推动。当它经过地球或火星时，需要用航天飞机接近它。在可供选择的众多自由返回式轨道中，有一种被称作 S1L1 轨道，使用这种轨道到达火星需要大约 150 天，也就是 5 个月的时间。[16]

242

祖布林的“火星直击”路径在目前技术下是可行的，但是地球—火星循环车面临两个挑战。到达这一轨道然后与循环车对接所需的精度从未实现过。当然，我们需要在轨道上建造一部大型航天器作为循环车。一旦我们开始定期前往火星，地球—火星循环车就会是一个非常好的系统。只需要一点燃料，非常少，就能让循环车保持在正确的轨道上，并弥补在对接和分离期间损失的速度。布兹·奥尔德林也设计过一枚火星探测器，叫作“奥尔德林火星循环车”（Aldrin Mars Cycler）。他说他的火星之旅可以在 6 个月内完成。“地球—火星循环车”的另一个魅力在于，部分货物可以被送到火星的卫星火卫一（Phobos）上。火卫一将是一个重要基地，详见下文。

想要更快地到达火星吗？弗里曼·戴森的“猎户座计划”（Project Orio），为核动力推进火箭系统，其威力足以在一周内到达火星。不要把它和“猎户座”飞船搞混了。“猎户座”飞船是 NASA 目前提出的用于近地轨道以外太空旅行的航天器，一个只能搭载 4 人的小东西。“猎户座计划”是美国政府在 1957~1965 年搞的一个机密项目，旨在建造一部 4000 吨大小的由数千枚核弹提供动力的航天器。核燃料的效率要比化学燃料高得多，因此航天器可以携带所需燃料并将之加速到很高的速度，然后在中途翻转减速。当然，“猎户座计划”从未实现，其设计充满了安全问题（你知道的，原子弹），但概念仍然可行。另外，人类不能加速得太快，否则会遭遇致命的加速力，这种力在加速过程中会将你牢牢固定在座位上动弹不得。

243

人类最快的旅行是 1969 年 5 月的阿波罗 10 号绕月任务。这次任务是为几个月后的登月进行的彩排。3 名乘员在返航时的最高时速为 39897 千米 / 小时。速度本身并不是危险所在。从生物学的角度来看，如果技术允许，人类可以在一个受保护的容器中以接近光速的速度旅行。问题是加速度。我们需要慢慢达到这样的速度。这就像在高速公路上开车一样：在匝道上，当在几秒钟内就从大约 30 千米 / 小时加速到 90 千米 / 小时，你会感到大约 0.5G 的压力。★ 一旦达到巡航速度，加速力就会减小。看一看快速刹车造成的创伤就会明白：当你快速减速，身体在几秒钟内从 90 千米 / 小时减速到 0 千米 / 小时，即使系上安全带也无法避免身体受伤。在太空中的飞行速度是汽车的 1000 倍，加速到最高速度需要几天的时间，然后在减速时间到来时反向重复这一过程。

在起飞过程中，宇航员有几分钟会体验到 3~8G 的力。但是因为他们被绑在座椅上，而且是仰卧，所以加速力作用的方向是从胸部到背部，不会导致昏迷——也就是说，不会把血液从大脑里挤出来，流到双脚。然后当他们达到巡航速度时，一切又都归于平静。按照戴森设计的方式进行火星之旅，加速到如此快的速度会把你紧紧钉在座位上，如果没有任何减震器，会把你弄成一摊烂泥。一颗原子弹的加速力在 10000G 的范围内。戴森认为，从理论上来说，可以把加速力减缓到 4G 左右。旅行时间的效率会随着旅行长度的增加而提高，比如去半人马座 α 星，其间你就有慢慢加速的空间。根据戴森的计算，一台核动力发动机可以在大约 60 天内将一艘载有 8 名宇航员、重达 100 吨的宇宙飞船以舒适的加速力水平送到火星，而且有效载荷可以占到总重量的 1/2。[17]

244

速度过快的另一个问题是宇宙碎片对飞船的撞击。当我们

★ 一辆跑车在 2.74 秒内从 0 加速到 60 英里 / 小时，将产生 1G 的加速力。

的速度超过光速的 1/10 时，星际旅行就会面临此类问题。想想汽车挡风玻璃上的虫子就明白了。或者鹅卵石。速度越快，小石子就越容易砸破挡风玻璃。在 1/10 光速下，太空中的微小尘埃颗粒会像子弹穿透纸张一样穿透航天器。这个问题没有真正的解决办法，不过这个问题太遥远了，不值得现在就去解决。

火星计划：奇特型、实用型，及介于两者之间的类型

关于在火星这颗红色星球上定居，在一干奇特想法中，有一个是由一家荷兰小公司运营的“火星 1 号”私人项目。下面是该项目的细节。在尚不确定的日期，将尚未确定数量的普通人单程送往火星，生活在一个尚未指明的栖息地，所有资金来源尚未明确，有可能来自众筹和销售该项目纪录片的相关版权，以及拍摄发射、着陆、生活和接下来的死亡（据推测）的电视真人秀。甚至该公司自己的书《火星 1 号：人类下一次伟大冒险》（*Mars One:Humanity's Next Great Adventure*）也缺乏细节，一些技术问题也没有加以讨论，如怎样在太空安全飞行几个月，怎样让航天器在火星上安全着陆，而且该航天器比 NASA 曾经造过的任何航天器都要大，然后怎样以自给自足的方式生活，等等。[18]

245

“火星 1 号”于 2012 年提出，它要么是一个精心设计的骗局，要么是一个注定要失败的严肃项目。其背后公司——火星 1 号创投公司（Mars One Ventures），只是在协调将人类送上火星的工作。该公司本身没有航天工程经验，而是将火箭、飞船、

着陆器、栖息地、生活保障系统……所有的东西，都外包出去。已经有成千上万人通过该项目注册成为第一批火星宇航员。该公司将这个数字缩减到100，目标是找到24名候选人。有些人已经结婚，而且有了孩子，却要丢下家庭不管（亲爱的，你能明白我的意思吗）。“火星1号”的所有努力都体现在筛选候选人上。目标一是到2016年发射一颗通信卫星并向火星运送补给，可是到了2020年还没有实现。所以，所有其他的目标——2018年的火星车，2020年的生命保障装置，2023年的第一批宇航员——也曾经或将被错过。航天业内人士和专家在很大程度上一致认为，“火星1号”是一场闹剧，它的任何一部分最终都不会飞上天。该公司于2019年破产。不过关于“火星1号”，我想说的是，它证明了公众对火星有着极大的兴趣。

说实话，埃隆·马斯克用一艘大型飞船将100人送往火星的计划只比这个稍微实际一点。该计划的主要卖点是冠上了埃隆·马斯克的名字。与“火星1号”不同的是，马斯克和他的SpaceX已经成功发射了火箭。此外，SpaceX还制订了详细的火星运输基础设施建设计划，其中包括一枚目前正在研发的可将150吨重的物体送入轨道的可重复使用火箭，运载能力至少比将人类送上月球的“土星5号”运载火箭高出10吨。实际上，目前还没有能把2人送上火星的火箭，更不用说100人了。SpaceX计划实现这种能力，首先是通过近地轨道火箭，然后是通过发往火星的火箭。运载乘客的火星火箭发射重量是300吨，其中包括一艘名为“星舰”的飞船。它有40个舱室和大面积的公共区域。该计划

246

打算将 100 万人送往火星，每批 100 人。不过让我们做一下计算吧：这需要 10000 次飞行才能完成。大量火箭，大量燃料，大量噪声。以每天飞行 1 班的速度计算，需要 27 年以上才能完成。

SpaceX 的这一计划很大胆，但在几个因素到位之前并不是特别可行。要建造一个比“土星 5 号”（已经是人类有史以来造过的最大火箭）大得多的火箭系统，需要数百亿美元的巨额投资，而 SpaceX 必须获得这笔资金。考虑到这项投资的高风险和低回报，这将不是一件简单的事。据推测，SpaceX 将从副产品技术中获利，即更加高效的小型火箭。这种小型火箭可以在 30 分钟内把人类送到近地轨道，或者将货物运送到全世界。接下来，火箭需要在轨道上加注燃料。这是一个聪明的想法，但还没有经过实际测试。着陆器需要在火星上补充燃料，这就需要一个火星燃料供给系统，其规模比“火星直击”计划设想的要大得多——也就是说，要在火星上用机器人制造出大量的甲烷和氧气。SpaceX 还需要让这个庞然大物在火星上着陆。在此之前，还没有任何类似大小的物体登陆过火星。如果这是 SpaceX 的真正目标，那么投资一辆或两辆地球—火星循环车，通过它们把东西送到火星，则更为谨慎可行。此外，100 万人太过雄心勃勃，带有一种 P. T. 巴纳姆（P. T. Barnum）★风格。

因为去火星最困难的部分是从火星返回，许多大思想家已经呼吁实施单向任务，其中包括布兹 · 奥尔德林（第二个在月球

★ 电影《马戏之王》的原型，以擅长营销，夸大宣传著称。——译注

上行走的人）以及劳伦斯·克劳斯（Lawrence Krauss，一位理论物理学家和宇宙学家）。2009年，克劳斯在《纽约时报》的一篇专栏文章中讨论过这个话题。他在文章中建议将老年人送往火星，让他们在火星上度过余生。奥尔德林并不认为这是一项自杀式任务，而认为其是一项没有即刻承诺返回的任务。如果技术进步，我们就能把宇航员接回来。与此同时，他还说，我们已经在火星上迈出了第一步。在我看来，这种说法很令人困惑。为什么这么着急？地球上并没有十分紧迫的危险。为什么不能等到我们知道如何安全地把宇航员送到火星上再这么做呢？从现在起500年内，第一批人类是在2020年还是2080年到达火星，并没有多大区别。

从某些方面说，考虑火星计划是没有意义的。因为自1952年以来，政府和科学团体考虑的此类计划超过70个，但我们还是没有到达火星。尽管如此，我们现在比历史上任何时候都更接近于登陆火星，无论这些早期计划当时实施得有多么认真。为了给未来的月球或火星生活做准备，以前从来没有这么多的政府、公司和私人基金会如此一致地研发基础设施——栖息地、宇航服、温室、车辆，等等。

NASA正在寻找一条长期、低风险、循序渐进的火星之路。自20世纪90年代中期以来，该计划已经改变了好几次。2009年随着奥巴马总统的上台而重生，之后又进行了几次调整。因此，NASA的计划在这里很难下定义，而且由于要同时考虑几种情况而变得更加复杂。有些是以不同的方式涉及月球，有些是直接前往火星，还有一些是以 4 人或 6 人乘组的方式前往火星。★ 这里的要点是，在部署宇航员之前需要一个初级阶段，向火星发送一部下降 / 上升着陆器、火星电力系统、可能独立的货运着陆器以及一个火星表面栖息地（Surface habitat）。在 NASA 的术语中，这种火星表面栖息地被称为 SHAB。与 ISS 一样，这些东西可能会在地球上分段制造，并在近地轨道上组装。一旦通过测试，就送往火星。着陆器和电力系统将在火星着陆，而 SHAB 将留在火星轨道上。NASA 已经取得了一系列成功，包括在火星上着陆耐用机器人设备，在火星周围部署卫星。因此说所有这些都是可行的。一旦 NASA 确定着陆器和 SHAB 工作正常，他们将用一种尚待设计的火星运输工具，通过所谓的快速转移轨道，花费大约 200 天时间把宇航员送到火星轨道。宇航员将在火星轨道上与 SHAB 交会对接，并乘坐 SHAB 到达火星。宇航员将在这颗红色星球上探索 40 天、60 天或 18 个月，具体时间仍未确定。然后，他们再乘坐下降 / 上升着陆器返回原来的火星运输工具。宇航员在火星停留期间，火星运输工具一直停留在火星轨道上。[19] 然后它返回地球，接受人们用彩带举行的欢迎仪式，假如 2040 年前后彩带还存在的话。

你可能已经注意到，目标能否完成取决于需要完成的几个步骤，任何一个步骤出现延迟都可能影响目标的实现，比如航天飞机研发的延迟注定了天空实验室的失败，以及其他许多任

★ NASA 火星路线图“人类探索火星设计参考体系结构 5.0”（Human Exploration of Mars Design Reference Architecture 5.0）于 2009 年首次发布，长达 100 页。其后续报告于 2014 年出版，长达 500 页。

务的推迟，同时也导致ISS的成本超支。而且，这只是到火星的一锤子买卖。NASA可以重复这个计划，但是计划本身除了可能会留下一些东西供重复使用，并没有固有的周期。在我看来，祖布林“火星直击”计划的美妙之处在于，它通过每两年着陆火星一次，建立了一个可扩展的火星基地系统。宇航员来了又走，但基地变得越来越大，以适应人类在火星的永久存在。NASA正在考虑像祖布林那样用甲烷/氧气作为返回火箭的推进剂，而不是像多年来的计划那样用核热推进。也正是在这一方面，使NASA的火星2040计划看起来越来越像祖布林的火星2000计划。

中国也有类似的人类登陆火星的计划。中国的举措包括一个大胆计划，即在21世纪20年代初几乎同时发射一部带有7枚探测器的轨道航天器和一辆带有6枚探测器的火星车；21世纪20年代中期发射近地轨道和地月轨道空间站；21世纪20年代末完成火星采样返回任务；以及在21世纪二三十年代实施多次月球任务，为2040年的人类火星之旅做准备。与此同时，日本已经明确表示，将在2024年向火星的卫星发射机器人，以支持后续的人类火星基地。

温度、压力、辐射

在火星生活，至少就短期而言，如果计划得当，应该不会十分困难。

我们需要把对重力的关注放在一边，因为我们不知道 0.38G 的长期影响会是什么。但有一件事很明确：如果宇航员乘坐模拟地球 1G 的飞船到达火星，他们在火星上将拥有超人的力量，在举起、跳跃和投掷方面的能力是在地球上的 3 倍。如果在 0G 的环境下于 9 个月后到达，他们将需要大约 1 周的时间来适应 0.38G。根据旅途中肌肉和骨骼的流失程度，他们在火星上仍可能感觉到稍稍强壮了一些。

温度不会成为一个引人注目的问题。当然，火星会很冷，但仍在人类可以理解和体验的范围之内。在火星赤道，白天温度最高可达 20℃，确实是令人愉快的白天。到了晚上，由于没有厚厚的大气层来保持热量，火星的温度会下降到 –100℃，比地球的南极还要低一点，但仍然有办法控制。幸运的是，火星的“夜”真的只是地球的一晚，大约 12 小时。火星上的一整天为 24 小时 37 分钟，与地球非常相似。

250

火星上真正的天气灾害是沙尘暴。《火星救援》这部书和电影就是以一场沙尘暴开始的。这场沙尘暴对 NASA 的乘组人员造成了巨大破坏，使他们被迫撤离火星。现实中，碎片在火星上不可能飞得这么快，因为火星上只有少量空气来承载它们。作者安迪 · 威尔承认这个细节不准确。但坦率地说，在这部非常真实的科幻小说中，这是唯一一处较大的错误。★ 沙尘暴的危险之处，在于它们可能会蔓延整个火星，将太阳遮挡数周甚至数

★ 我待会儿再谈土豆。

月之久。能见度会下降到几米，灰尘会覆盖在仪器的太阳能电池板上，导致电力中断。火星沙尘暴并不少见。不幸的是，1971年11月，苏联的“火星2号”和“火星3号”探测器就是在一场如此巨大的沙尘暴到来之时将着陆器送上了火星，对任务造成了巨大影响并导致任务提前结束。NASA的“水手9号”（Mariner 9）在这之前一个月抵达火星，但留在了轨道上，因此躲过了这场沙尘暴，完成了绘制火星地图以及进行大气研究的任务。当人类在一个寒冷陌生的世界着陆时，却恰好遭遇一场沙尘暴，很可能会夺去已经厌倦了太空旅行的宇航员的生命。2018年一场旷日持久的沙尘暴最终导致长寿的“机遇号”火星车（Opportunity）报废，因其数月无法获得太阳能。

辐射暴露并非无关紧要。火星没有磁层，只有稀薄的大气层，因此对宇宙和太阳辐射几乎没有防护作用。宇宙射线来自四面八方，但火星本身阻挡了宇宙射线射向其另一边，所以与宇航员乘坐飞船前往火星时相比，宇宙射线暴露量基本减少了一半。火星大气层也可以提供一些保护。NASA“好奇号”火星车发现，在300火星天内，火星表面的辐射剂量率变化范围为180~225微戈瑞/天。[20] 戈瑞是一种测量辐射吸收的单位，更加侧重于身体健康。因为宇宙射线能量更大，因此比太阳辐射更具穿透力，更致命。好消息是，相对来说，这和宇航员在ISS上受到的辐射差不多——不理想，但也不可怕。如果发生严重太阳耀斑，火星表面的人将事先收到警报，并可以据此采取庇护措施。此外，还有可能限制他们一天最多只能在户外待8小时，而“好奇号”每周 7 天、每天 24 小时暴露在外面，更确切地说，是每周 7 天，每天 24.6167 小时。

火星上稀薄的空气也意味着人类需要一套加压服才能在火星上行走。火星表面的平均气压为 6 毫巴★，在高原和高山地区还要更低。在地球上，海平面高度的气压约为 1000 毫巴。即使在珠穆朗玛峰，气压也仍有 340 毫巴。但是在 6 毫巴的时候，由于液体会在几秒钟内变成气态，你的血液会“沸腾”。因此，在火星上，无论温度如何，你永远都无法自由行走—— 永远也不可能赤身裸体待在户外，永远感受不到真正的风吹在你的脸上—— 直到将火星彻底地球化的目标得以实现，将压力提高到至少 300 毫巴。在遥远的那一天到来之前，只能用笨拙的宇航服来保护你。

但是宇航服需要改头换面了。自阿波罗时代以来，它们没有发生多大变化。为航天飞机和 ISS 设计的现代宇航服，用 NASA 的行话叫“舱外机动装置”（Extravehicular Mobility Units，EMU）。俄罗斯的同类宇航服叫作“奥兰”（Orlan），在俄语中是“海鹰”的意思。这些宇航服很笨重，因为它们基本上就是一艘穿在身上的飞船，可提供足够的压力、氧气、温度、尿不湿（太空行走时间很长）和通信系统。多年来，宇航员们一直抱怨宇航服很难穿，要花 1 小时以上才能穿上。这个过程有 30 个步骤。大部分时间都花在适应宇航服的“环境”上，也就是

252

★　气压单位，简称为 mb，1 毫巴等于 100 帕。——译注

350 毫巴的压力，百分之百的氧气。★ 太空行走之后，宇航员需要反向重复这 30 个步骤。

EMU 在火星上不起作用主要有两方面原因。其一，它们的重量是阿波罗宇航服的两倍；虽然这一重量在微重力环境下不算什么，但在火星上就显得很重了。其二，它们太笨拙了，不适合火星上的行走、挖掘、搬运等繁重的探索活动。当你到达火星，每天都是太空行走日，毕竟这就是人类去火星的目的。EMU 是为飘浮设计的，而不是为行走设计的。在太空中，你不会真的走路或屈膝。还是让我们面对现实吧！ EMU 缺乏未来太空探索中难以言表的某些东西。

一种很有前途的新方法是基于 NASA 和美国空军在阿波罗计划之前设计的一种叫作“太空活动服”（Space Activity Suit，SAS）的东西。它使用机械压力而不是膨胀的空气给身体施加压力。† 麻省理工学院正在研发一款太空活动服，它采用紧身设计，由数千根柔韧的软线来保持压力，但又可以自由活动。该项目团队由麻省理工学院的达娃 · 纽曼（Dava Newman）领导。她曾在 NASA 任职多年。项目团队与一位意大利设计师合作，以确保形式、功能、格调相结合。他们已经把形式确定下来；宇航服的款式看起来很不错。但是经过多年研究之后，几乎仍不具备任何功

★ 如果空气中只有 15%~20% 的氧气，你几乎无法在 350 毫巴的气压下呼吸，就像在地球上一样，但是 100% 的氧气可以确保呼吸舒适。

† 这些缩略词太生动了。如果想到处走走的话，你愿意穿 EMU 还是 SAS？ SAS 看起来真飒，EMU 看起来像笨鸟。

能。尽管他们在 21 世纪第二个 10 年中期做了 TED 演讲，还有一些积极的新闻报道，但宇航服离实际应用还需很长时间。

火星建筑

第一批宇航员的火星庇护所将预先在地球上建好，在人类登陆火星之前或者作为登陆飞船的一部分送往火星。如果有足够多的栖息地在火星上着陆，很快就会形成一个与南极科考站相媲美的村落。辅助庇护所可以是轻便的、可充气的结构，上面覆盖着火星土壤，用作辐射防护，就像月球上的设计一样。NASA 有一种叫作“冰屋”（Ice Home）的火星庇护所原型。这是一种巨大的圆顶形充气结构，足够容纳 4 名宇航员，还有图书馆和种植室等奢侈设施。“冰”是指庇护所墙内和顶部有几米厚的冰和水，既保温又防辐射。

在人类登陆火星初期，宇航员在火星上将只待一年左右，所以与火星永久定居者相比，长期辐射防护对他们来说并没有那么重要。如果长期居住则需要大部分时间住在地下或熔岩洞内。由于辐射的缘故，火星表面是不毛之地。除非在材料科学上取得突破，否则就没有切实可行的办法为整个社区提供辐射防护。只有将城镇建在地下，或者覆盖上大量的东西。原因在于保护程度与质量息息相关。做牙科 X 光检查时你要戴上铅围裙，因为铅的密度大，用薄薄的一层围裙就可以起到保护的作用。你穿上同等质量的羽毛也可以很安全，但这样的围裙可能

艺术家描绘的火星冰屋概念

在火星待上一年的甜蜜的家。火星上的第一批居民是一群吃苦耐劳的人。从月球到火星，再到冥王星以及无垠宇宙，所有庇护所基本上都是一样的，需要提供温暖、氧气和气压。

会厚得可笑，但不可否认，这会让看牙医变得更有趣。在地球，我们头顶的大气层阻挡了大部分有害辐射，因为它的质量（或压力）约为 15 磅力 / 英寸 ^{2}。对于太阳和宇宙粒子来说，它们要穿过很多很多的原子。在火星上，稀薄的大气层的质量（或压力）约为 0.087 磅力 / 英寸 ^{2}。在任何时候，我们上面都需要有一个更大的质量，才能获得类似于地球的辐射防护。这种质量可以以铅、羽毛、泥土或水的形式出现，任何一种都可以起作用。

对于大规模长期居住来说，最实用的材料是泥土或土壤。铅不实际，因为需要勘探、开采，然后冶炼矿石，而且我们现在已经了解到铅是一种神经毒素。羽毛……是不会到那儿去的。水是非常有用的，这也正是NASA考虑建造冰屋的原因。土壤保护层太厚，需要更薄的物质进行辐射防护。但是火星上的水可能太珍贵，不能用于大规模长期栖息地的防护，至少一开始是这样。剩下的就是到处都是的土壤了。要达到地球大气层的保护程度，一个庇护所上至少需要覆盖5米厚的土壤。[21]

当然，挖掘两层楼高的泥土并不是小事，即使是在地球上。第一批到达火星的人需要一台挖掘机来完成这项工作。小型机器人挖掘机可以在几年时间里完成这项工作，这一点并不难理解。其中一项严峻挑战是要与火星地下的水冰做斗争。任何钻头或挖掘机都会有摩擦，从而产生热量，使冰融化。然而，在低压的火星上，融化的冰会立即蒸发，而不是变成水。如果当地的大气温度低于0℃，那么水蒸气就会在工具周围凝固并冻结。而那里没有人，无法让这些工具重获自由。

庇护所一旦挖好，就需要加压（并且要一直保持下去！），这样一来，挖好的庇护所内部所使用的材料应该是耐用的、可充气的东西。这些材料要从地球送到火星定居者那里，直到他们有了制造塑料和开采金属的基础设施。庇护所也可以用土壤制成的砖来建造，但它们需要以某种独特的方式上釉，以免漏气和失压。鉴于这些困难，火星上的第一个村庄可能会集中在

256

有洞穴或熔岩洞的地方。在那里，洞已经为我们挖好了。定居者只需要在这些洞里建立他们的加压栖息地即可。和月球一样，火星上的熔岩洞也很常见，且有些熔岩洞很大，足以容纳整座城市。

你可能会问自己，为什么要大老远跑到火星上，只是为了被迫住在地下？你在插画中看到的以及科幻小说里描写的那些地表住所只适合临时居住。在火星生活一辈子意味着你只能生活在地下，除非创造出合适的大气层，或者物理学和工程学取得突破性进展，能让你生活在透明但有保护的玻璃下。但是你可以聪明一点，把定居点建在一个有阴影的山坡上——例如，北半球的北面。山将会阻挡几乎所有的太阳粒子，并进一步显著减少宇宙射线。在这种情况下，建筑的北侧可能有厚厚的强化玻璃做成的条带，供人们观赏火星上的壮丽景色，这样那些因封闭带来的忧郁也就被赶走了。可以在窗边放松，只是不要把你的床放在那里。我说“厚玻璃条”是因为任何很大很薄的东西都会被内外压差挤破。栖息地里面的气压大概是500毫巴，而外部世界大约是5毫巴。因此，火星建筑设计中另一个常见术语——大块玻璃，用已知材料根本就行不通。

山坡上的住所不难想象，因为它们在地球上也很常见。类似的庇护所应该有保护良好的建筑物——地下或地上，只有几扇窗户——全部通过隧道和管道连接，就像美国明尼苏达州明尼阿波利斯市的一样。其庞大的空中交通网络和通道连接着市中心的大部分地区。大型室内购物中心也很有启发性：数百家零售商店可以被看作数百个生活区。地下建筑可以分为住宅、商业、工业和教育区域，或者任何建筑都可以是一个独立的社区。就和地球上一样，我们很可能会看到按照激进的城市规划而设计建造的火星村庄。这些村庄将在未来许多年里运转良好。但在火星实际居住以后，会因为一些不可预见的危险和工作效率的提高，这些火星村庄会自然而然地演化成新的形式。

随着火星技术的进步，也就是说，当地球上的技术可以在火星上复制时，就有可能出现新的建筑。前面提到，水是比土壤更好的辐射防护，而且是半透明的。建造水屋顶是可行的。1立方米的水提供的保护相当于5立方米的土壤。即使50厘米厚的水屋顶也能阻挡大部分有害辐射。因此，一个双层充满水的有机玻璃屋顶可能非常具有吸引力。水的重量也将有助于控制内部的压力。火星拥有制造有机玻璃（聚甲基丙烯酸甲酯）的材料，化学原理也很简单，不过考虑到紫外线辐射会耗损这种热塑性塑料，屋顶维护就显得相当重要。

任何庇护所都需要有严格的空气交换系统。在火星上，你不能打开窗户。我在潜艇一节中提到，人类吸入氧气，呼出二氧化碳，而植物则相反。但其实所有物体都在以某种方式散发着气体。如果没有适当的空气交换，庇护所内的二氧化碳、一氧化碳和其他气体很快会达到有毒水平。在潜艇和ISS上，我们已经验证了调节气流的技术，当然新鲜空气也可以进口。但是在火星上，糟糕的空气让人无处可逃。

呼吸氮气和氩气

258

关于空气的话题，请你思考一下这个很少提及的事实：我们吸入了大量的氮气。地球海平面高度的空气中大约有 78% 是氮气，20% 是氧气，还有 2% 是像氩气和二氧化碳这样的微量气体。然而，只有氧气才能被我们的血液吸收。氮气被我们的肺吸进去又呼出来。两个氮原子结合得非常紧密，几乎不会与任何物质发生反应。氮气约占地球空气的 78%，这一事实意味着它们约占气压的 75%……或多或少吧。氮的相对原子质量是 7，氧的相对原子质量是 8，稍微重一点。这里的关键是，空气不是空的。★ 它以氮气为主，惰性的氮气对气压非常重要。

根据 NASA“海盗号”任务获得的数据，火星大气层虽然很薄，但却含有 95.3% 的二氧化碳、2.7% 的氮气、1.6% 的氩气，以及少量的氧气、水蒸气、一氧化碳和其他气体。[22] 那么，在加压的火星栖息地，我们所呼吸的空气是由什么构成的呢？我们动物所需要的只有氧气。但是 100% 的氧气环境具有高度腐蚀性且易燃。只要一点火星，整个栖息地就会爆炸。理想情况下，我们希望栖息地的空气与地球的空气相似。问题是火星上的氮气供应不足。只能做一部分工作，也就是利用能源，从火星大气层中提取氮气。大星球，小栖息地，所以应该足够用……最初够用。

★ 现在你可以明白了。那个众所周知的杯子既不是半空，也不是半满，而是全满，因为另一半是空气。

行星科学家克里斯托弗·麦凯建议，将 50% 的氮气、30% 的氩气和 20% 的氧气混合。[23] 麦凯的推理是，该氮气—氩气比例与火星大气的自然比例非常接近，其中 2.7% 是氮气，1.6% 是氩气。所以，我们可以用一台机器吸入火星空气并去除其中的二氧化碳。这样就剩下 58% 的氮气，34% 的氩气，3% 的氧气和 2% 的一氧化碳。我们舒适地呼吸需要大约 20% 的氧气，所以增加氧气并去除有毒的一氧化碳后，得到的比例是 50∶30∶20，我称之为麦凯鸡尾酒（McKay Cocktail）。麦凯进一步计算了处理 1700 立方米火星空气以获得 1 千克氮气和氩气的混合气体，所需能量为 9.4 千瓦时。[24] 这大致相当于在烘干机中烘干两三次衣物的能量，在阳光明媚的日子用几块太阳能电池板就可以得到。人类可以生活在 500 毫巴压力环境中，相当于地球海平面气压的一半，从而减少了气体的消耗。★

然而，如果定居点的人口从几百增加到几百万，那么氮气和氩气将成为珍贵的商品。

送来农民

氮气不仅仅用来制造气压，我们还需要它来种植食物。因此，当 NASA 的“好奇号”探测器在 2015 年探测到火星上存在

★ 1981 年，克里斯托弗·麦凯与人合作组织了一场极具影响力的会议，会议名字叫“赶往火星”。1984 年，会议记录以同样的名字出版，比罗伯特·祖布林出版同名著作《赶往火星》早 12 年。

一氧化氮（NO）时，就像是找到了闪闪发光的金子。一氧化氮可能来自受热的硝酸盐（NO_3）。硝酸盐是一种生物学上可获得的氮，不同于氮气（N_2）。硝酸盐可以转化为肥料，这是农业生产的必需品。简而言之，“好奇号”的发现，意味着在火星上耕种变得稍微容易了一些，而这原本是一项极其困难的任务。现在的问题是，在哪里种植食物呢？ 260

第 4 章讨论的生物再生生命维持系统（BLSS）水培温室，在火星和月球上同样适用。困难之处是在一系列 BLSS 温室中种植一个大型社区所需的全部食物。由于月球离地球足够近，所以可将散装食品运到月球上，而来自 BLSS 的新鲜食物真的只是作为一种补充，就像在南极的冬天那样。另外我还预测，由于月球上的重力极低，使得在月球上养育后代的可能性大大降低，任何时候只有几千人在月球生活。没有那么多要吃饭的人，对大型月球农场可能不会有巨大需求。

从一开始，火星任务的目标就是实现各种形式的自给自足。这要从种植满足火星定居者需求的全部食物开始，不管定居者数量多少。一种方法是利用人造光源建造大型地下温室。在地球，室内堆叠水培或垂直种植已经实现了惊人的效率。一层又一层的植物，由 LED 灯照明，电脑控制温度、湿度、营养输送，并使用最适合植物生长或结果的波长。没有杂草，没有虫害。这种效率可以在一个集装箱大小的空间里生产出一英亩土地才能产出的食物，大部分是绿叶蔬菜。蘑菇可以在木头、茎秆和其他不能食用的植物上生长，增加蛋白质，极大提高了将所有植物转化为可食用能量的效率。这是亚利桑那大学“火星蘑菇”项目（Mushrooms for Mars）的一个关键特征。

这一切在地球上都非常有效。但有一个问题很少有人讨论：你从哪里得到灯泡？灯泡不能永远使用，最多只能用一年。在火星上制造 LED 灯是几十年以后的事情；在这之前，你需要频繁地从地球运送灯泡，就跟运送食物一样。除非火星在 LED 灯或其他照明设备方面能够自给自足，否则使用人工照明的温室进行食品生产是无法实现自给自足的。

261

火星上有很多陆地，所以空间利用率不是问题。火星也有充足的阳光，大约是地球的一半。第一批基地和定居点的位置很可能选在赤道附近。那里的太阳每天大约照射 12 小时，强度约为 600 瓦 / 米 ^{2}。这相当于位于北纬 75 度的加拿大德文岛的夏季阳光。如果作物可以在德文岛的温室里生长……它们的确可以，那么它们就应该能在火星上生长。但种植的应该是冷季作物，如白菜、根茎类蔬菜和冬小麦。限制性因素不是温度，而是缺少阳光。像番茄和瓜类这样的夏季作物需要大量的阳光。你可以在阿拉斯加这样遥远的北方种植一棵番茄——勉强种植，在温室温度的帮助下提前开始种植——但这是因为夏季的日光可以持续 18 小时或更长时间。在火星赤道，你最多有 12 小时的日照，不管你能提供多少温暖，一天只有 12 小时的光照且光线太暗，番茄可能无法结果。

没关系。在火星巨大的温室里，我们可以在自然光下种植各种各样的主食来生存，包括谷物、绿色植物和喂鸡的蛆。像番茄和西瓜这样的夏季作物只能依靠人工照明。不管有没有人造光源，这些温室肯定是火星基地或村庄最受欢迎的地方，是一片温暖的绿洲。我们也可以办养鱼场。地球上耕养共生的超高效养殖系统——水产养殖加水培技术——可以形成一个近乎完美的闭环：富含氮的鱼类废料通过细菌过滤成为植物的肥料。这里需要注意的是，会有几周的时间，由于沙尘暴的缘故太阳光不够明亮。这是一场远未结束的大辩论。火星上的沙尘暴是否很频繁且持续时间很长，足以摧毁庇护所里植物的生长？如果是这样的话，温室里的辅助人工照明能帮助我们度过这段黑暗期吗？ 2018 年，一场特别强烈的沙尘暴席卷了整个火星，使火星的天空黑暗了两月之久。

262

还有一个重要警告是，火星土壤是有毒的。它充满了高氯酸盐，即高氯酸根（ClO_4^-）的盐和酸。植物不能在这种物质中生长，人类摄入这些物质也会生病，因为它会损害甲状腺调节激素的能力。但正如老话所言，当生活给予你 ClO_4^- 时，就去制造氧气吧。由我们的朋友克里斯托弗 · 麦凯领导的一个小组提出了解决方案，利用高氯酸盐还原菌或其产生的酶，来进行转化。作为概念验证，该小组用酶和水把 6 千克的 ClO_4^- 转化成了可供呼吸 1 小时的氧气。[25] 科学家们把这想象成火星上的应急空气供应，手头只要有一盒酶就行了。目前还不知道这种方法能否大规模应用，使大片大片的土地变得无毒。

除去了高氯酸盐，农作物就有可能直接在火星的土壤中与肥料一起生长。宾夕法尼亚州费城附近维拉诺瓦大学的一个研究小组在模拟土壤中测试了多种作物。罗勒、甘蓝、蛇麻子、洋葱、大蒜、生菜、红薯和薄荷都长得很茂盛。首席研究员爱德华·吉南（Edward Guinan）开玩笑说，如果学生们记得按时浇水，这些作物可能会生长得更好。[26]但这还不能称为伊甸园。地球上的农业有很多被我们认为是理所当然的东西，比如被称作土壤的复杂的生命网络。它是由矿物质、死去的有机物以及无数活着的微观和宏观生物混合在一起组成的。火星上没有地球上的这种土壤。因此，尽管植物可以生长，但这些植物的营养价值却是另一个未知数。即使在地球上，土壤矿物质的匮乏也会导致植物营养缺失，例如克山病。火星上的访客可以靠氮、磷、钾三种常见肥料种植的食物生存，但是必须确保定居者摄入了所有必需的维生素、矿物质和植物营养素——而该领域人们还没有完全了解。

263

还有一个缺失的成分是脂肪。人们可以得到种子和坚果油，但是种这些东西需要大量的空间。向日葵也许就够了。据农民的粗略估计，1.5 千克种子可以榨取 1 升油，相当于一个家庭一个月的供应量。在地球上，1 公顷土地可以生产 1800 千克种子，也就是 1200 升油。这大约是 100 个家庭 1 年的供应量，所以无论困难有多大，在更大的温室里是可以达到这个目标的。油菜籽、芝麻和花生也是如此。树坚果的含油量较高，但在火星微弱的阳光下可能难以生长。

那么土豆呢?

考虑到阳光、土壤和与生长有关的其他问题,《火星救援》中的人物马克·沃特尼能种土豆吗?不能。不能在有毒的土壤里，也不能在那些灯光下。他在其他方面都做得很好：肥料（人类粪便）、水和少量二氧化碳。但是，他必须将土壤中的高氯酸盐除掉。还有那些灯是为基本照明设计的，无法提供足够的能量来生产块茎。充其量，只能长出一点绿叶。沃特尼也不可能像他的计划那样，仅靠土豆就活了4年。土豆含丰富的维生素C、钾、镁、碘和部分B族维生素，但是在没有生命的土壤以及粪便中生长的土豆，其营养状况还无法确定。但即使在地球上，土豆也缺乏一些基本的营养。不到一年沃特尼就会出现一系列症状：因缺乏维生素A患上夜盲症，因缺乏维生素D患上佝偻病，因缺乏维生素E导致神经损伤，因缺乏维生素K容易挫伤，因缺钙导致骨骼脆弱，因缺硒导致心脏衰竭和致命的克山病。而且土豆几乎不含脂肪，而脂肪是另一种重要的营养物质。

264

如果NASA用红薯代替土豆，沃特尼的日子会好过很多。红薯也很容易种植（在适当的光照下）；每平方英尺可以产出更多的热量；提供可食用的绿色蔬菜，其营养价值几乎是白色土豆的两倍，可以生吃，同样耐储存。在此我要更进一步说明：土豆不是火星上的首选，因为它们相对缺乏营养，而且容易受到各种细菌、病毒和真菌的影响。

我建议，作为水培系统的补充，在火星土壤中种植的理想作物包括木薯、高粱、香蒲、竹子和所谓的杂草，如蒲公英。原因是物超所值。木薯可以生长在贫瘠的土壤中，是已知的最耐旱的作物之一，同时通过基因工程已经变得更有营养。高粱是一种谷物，在小片贫瘠的土地上可以产出大量的粮食。与沃特尼的土豆相比，按照同样种植面积的产出计算，高粱的蛋白质是土豆的5倍，脂肪是土豆的30倍，热量是土豆的4倍。蒲公英、菊苣、灰菜等可以在人行道的缝隙中生长，每个部分——根、茎、叶、花和种子——都可以食用。同样，速生竹子也是一种理想的建筑材料。至于香蒲，每英亩产出的可食用碳水化合物最多。[27] 它的绒毛可用作填充物，纤维可用来制作绳子。

265

当然，科学家们正在考虑那些可以在火星环境中生长得很好的基因工程植物和藻类，它们甚至可以在没有遮蔽的环境中生长，但所有这些都还没有经过检验，因为没有人可以接近真实的环境，只能模拟。我们的火星农场一开始最明智的做法是，在火星上种植地球上已知的生命力最强、产量最高的可食用植物。野葛，有人知道吗？

幸运的是，火星上有水可以用来种植作物。我们现在知道有足够的水冰，尽管大部分在地下。如果这些水以某种方式完全释放和融化（假设有大气层来防止它蒸发），就可以有一片浅浅的海洋覆盖整个火星。2018年7月，意大利航天局宣布在火星南极下面发现了一个约20千米宽、1.5千米深的巨大液态湖泊，

这大大增加了在火星上发现生命的可能性。[28]这是一个惊人发现，第一次在火星上发现一处巨大的液态水源。★

送来化学家和工程师

目前火星上除了土壤、散落着的坠毁的航天器以及电能耗尽的着陆器和火星车，没有什么可以建造的东西。第一批游客会带来一些东西：一个栖息地，一两辆车，以及部分机器。但在大多数情况下，我们需要依靠土地来生存，让火星成为一个可持续发展的环境。这就需要化学家和工程师凭借稀薄的空气和地下岩洞创造出一个文明。

火星上需要高技能、足智多谋、意志坚定的人。这也是“火星1号”计划如此愚蠢的部分原因。所谓的普通人在这个红色星球上会毫无用处。今天移民火星与17世纪移居新大陆在两个方面会截然不同。火星上没有土著居民教新移民如何生存。今天活着的人几乎没几个人知道该怎么做。现代的大多数人只会购买、置换，而不会制造。你可能知道如何使用电脑，但你会制造电脑吗？如果你的车坏了，你知道如何用3D打印机设计和制作的零件来修车吗？

266

从最近的拓荒时代开始，无数自力更生的技能已经消失了。我们中有多少人能建起一座不会垮塌、不会漏雨的庇护所？有

★　对许多人来说，这是一个双重发现：存在液态水，以及存在意大利航天局。

多少人会使用金属？有多少人能把沙子变成玻璃，把泥土变成陶瓷？有多少人能做家具，修剪果树，保存食物，做醋或酒，做肥皂，织衣服，修理坏掉的机器，了解管道和空气流通，止血，给折断的骨头上夹板？……首先，火星上最重要的人将是那些对事物如何运作有深入了解的。火星上存在现代舒适生活需要的所有化学元素，重要的是要有知识渊博的人将这些元素用于实际目的。罗伯特·祖布林把这种需求总结为一种对民用、农业、化学和工业工程技术的广泛需求，以便将原材料转化为食品、燃料、陶瓷、玻璃、塑料、金属、电线、结构和生存工具。[29]

制造这些产品不需要高科技工厂。这些产品如何制造，人类大多已经掌握了数千年。只有塑料是相对较新的，但制造塑料是一个简单的过程。首先让一氧化碳和氢气结合制造出乙烯（C_2H_4）。它本身不是塑料，但它是制造大多数塑料的起点，无论是软塑料还是硬塑料。由于定居者需要寻找替代材料，比如用硫黄代替水作为黏合剂来制作混凝土，或者制作没有石灰的玻璃（石灰来自古代海洋生物的骨骼残骸），聪明的想法就会发挥作用。不过，在大多数情况下，技术熟练的定居者应该能够在定居点内的简陋工业区创造出他们需要的几乎所有东西。

267

高科技组件可以从地球运来，然后在火星上组装，因为它们的质量不大。想想洗衣机主要是一大块薄薄的金属，加上一个小小的电子元件。除了电子设备，洗衣机的所有其他部件都可以在火星上制造。这种方法甚至适用于太空时代的技术。火星移民将有能力制造并发射卫星，除了高科技电子元件，几乎可以完全依靠火星资源。但是，要在火星上实现完全的、现代的自给自足，可能需要几十年甚至几百年的时间。

作为边缘地带和贸易伙伴的火星

话又说回来，我们不需要把火星改造成自给自足的星球，而是要让地球和火星为了人类的福祉而相互依赖。火星作为边缘地带，不仅仅是一处科学前哨，还有可能激发人类精神的觉醒，这种精神的觉醒自文艺复兴以后就再也没有出现过，而文艺复兴本身就与探索时代非常类似。事实上，除了把火星作为边缘地带，没有其他选择。如果火星只有少数科学家和偶尔几个游客，某种程度上像南极那样，那么成本就太高了，无法维持下去。

人们常把地球与火星类比为旧世界与新世界，后者成为财富和自由的目的地。从 1492 年起，每过 10 年，新世界的财富和自由就变得越来越容易获得。从长远来看，火星可能会在太阳系中占据一个独特位置，成为一个完全适合居住的世界，位于地球母亲和远不那么适宜居住但在经济和科学上都很有吸引力的小行星带和外行星之间。火星还将成为地球与分散的小行星岛屿之间的补给中心。让我们把类比延伸一下。这些更偏远的地方就像西印度群岛，它通过美洲向欧洲提供资源。从短期来看，火星可能拥有对地球有直接经济利

268

益的宝贵资源。[30]

一开始的贸易肯定是单边的。火星的出口可能包括贵金属，如黄金、铂金、稀土或稀有宝石。还有一种是聚变燃料氘——氢的一种同位素，火星上的储量是地球上的8倍。我讲过开发月球和小行星，火星的资源可能与它们有所不同。此外，月球上氦-3（另一种潜在的核聚变燃料）的浓度和分布范围基本上是未知的，而火星上氘的含量则要确定得多，是833ppm。

但采矿具有很大的投机性。地质学家需要在火星上找到一处母矿，即一处大型而且方便开采的金矿或类似的有价值的矿藏。然后，只有制定了允许获利的《外层空间条约》，资助勘探探险的国家才可以出售采矿权，然后才是投资机器和工人开采资源。采矿这类工作主要由机器人完成，但仍然需要人类。但它似乎很难与地球或月球采矿业竞争。以黄金为例，每盎司黄金约2000美元，或每吨约6000万美元。将1吨黄金从火星发送到地球可能要花费1000万美元，所以你会净赚5000万美元。但建造一座矿山的前期成本可能高达100亿美元。这意味着你需要卖出200吨黄金才能收支平衡。世界上最大金矿的黄金储量在1000吨左右，而每年的销售量只有10吨到20吨。要与大公司竞争，又不压低黄金价格，你必须经营10~20年才能收回成本。对高风险投资来说，等待的时间太长了。

269

盈利能力取决于从火星获取材料的价格。有两种聪明的方法来降低原材料获取成本。第一种办法是先用火箭“料斗”将原材料运到火星的卫星火卫一上。火卫一是一块直径只有22千米近乎球形的岩石，距离火星 6000 千米，似乎是一颗偏离轨道的小行星。相比之下，月球距离地球 40 万千米，太远，所以不能采用这种方式。然后，可以在低引力的火卫一上用质量驱动器或电磁弹射器将货物抛向地球。货物可能需要一段时间才能到达地球，但只要是正常发货就不需要那么快。第二种办法是太空电梯。出于安全方面的考虑，这一方案在地球上不现实，即使缆绳足够坚固，但在火星上却是非常可行的。火星的静止轨道点比地球静止轨道点距离地表近得多，前者是 1.7 万千米，而后者是 3.6 万千米。再加上火星的引力只有地球的 38%，这意味着缆绳的抗拉强度可以小一点，总长度也更短一点。因此，我们并不一定需要奇异的碳纳米管，而只需要一种可以用现有技术大规模生产的高强度材料，比如柴隆纤维（M5），或者可能是凯夫拉纤维。同样，第 3 章描述的天钩和太空系绳系统，在火星上也比在地球上更容易建造。这只是一个投资问题。随着越来越多的货物和人需要抵达火星或从火星上运走，这些工具会变得更加实用。

祖布林还提到了一种来自火星的高价值商品，那就是知识产权。祖布林的预测是，火星上的拓荒环境将迫使定居者成为发明家，创造出在地球上也很实用的工具和技术，并提高效率。距离是这里的关键因素。距离文明社会更近的任何定居点，比如月球或南极，都不会迫使定居者进行创新。

270

祖布林称其为美国佬的创造力，即面对挑战时自力更生和发明创造的能力，是他的经典著作《赶往火星》和 2019 年出版的《赶往太空》(*The Case for Space*)两本书中的关键要素。不过，我认为这是过度营销，而且是基于西方的偏见。我们不能假设火星将成为造就美国佬创造力的美国边缘地带，而不是人类在最近几个世纪所面临的其他几十个边缘地带，例如澳大利亚和加拿大。首先，美洲大陆上居住的居民数千年来都有着自己独特的创造力，只是没有专利意识。边缘地带本身并不能培养出有专利意识的人。此外，在加拿大定居的是与前往美国殖民地的同样的欧洲移民，但如今这些国家的文化大不相同。原因可能是，美国的边缘地带是可以被驯服的，这赋予了美国人坚韧、自信、无畏的特性，创造出了像“美国佬的创造力”这样的词汇；而在加拿大，天气实在太冷了，根本无暇顾及征服边缘地带。当然，比起美国边缘地带，火星更像遥远的加拿大北部边缘地带——它本身并不像南美的丛林或澳大利亚的沙漠那样令人生畏。所谓的美国佬的创造力的种子也可能不会在这颗红色星球上生长。因此，人们不得不思考火星上的专利值多少钱，才能证明在火星上投资和建立定居点具有合理性。

总而言之，在火星上赚钱远非一件确定的事情。老实说，这可能会在很长一段时间内阻碍人们在火星上建立定居点。这段时间不是数百年也得数十年。

271

还需要的其他火星关键技术

按照边缘地带的比喻，火星上的机器人既是工人，也是驮物的牛马。需要完善的一项关键技术是自动驾驶汽车。它可以通过编程在火星地形上行进。这样的车辆上可以装配上加压装置，为2~4人提供一周以上的补给，里面有水、空气和食物。人们在该装置里工作、睡觉，不需要自己驾驶。这样，我们就可以探索火星的广大区域。虽然没有行人和车流，但是自动驾驶汽车需要对干涸的河床、峡谷、悬崖、岩石和其他“道路”危险保持警惕。NASA正在研发此类车辆用于局部探索。车辆后面挂着两套加压宇航服，宇航员穿上后就可以爬出加压舱，快速离开车辆开展探索工作。

车辆自己也可以执行任务，比如往返于矿山或水源之间，运送或收集物资。有些车辆还可以通过压平并烧结土壤来建造真正的道路。随着时间的推移，就可以建造起一个巨大的道路网，并且每隔一段就安装一个电子路标来引导其他车辆。其中最重要的自动驾驶车辆是挖掘机。它可以昼夜不停地挖掘土壤来建造庇护所。所有这些车辆都比当前这代火星车先进，因为它们可以在本地编程或控制，而不是由地球上的任务控制中心来控制。地球任务控制中心发出的指令以光速传送到火星，仍然需要4~24分钟。NASA的“机遇号”火星车花了11年的时间才漫游了26.2英里，相当于马拉松的长度。尽管火星车技术十分了得，但这些车辆只能根据地球控制人员发出的一系列指令，一英寸一英寸地移动，因为控制人员担心他们宝贵的漫游者会困在沙地里，或跌到没看见的深谷中。

272

人工智能会有很大帮助。“好奇号”火星车上的初代人工智能系统能够识别岩石和其他感兴趣的物体，并将相机对准它们。新一代的自动车辆和机器，无论在地球上还是在火星上，都将能独立思考，尽管范围有限。就像无人驾驶汽车这一新兴技术一样，这些机器可以通过视觉、嗅觉或触觉感知周围环境，分析输入并将其与预先编程的知识库进行比对，然后采取相应行动，继续前进、改变方向或停止。就像地球上的语音识别软件，机器学习将这种能力提升到一个更高的水平，能够利用统计技术做出越来越好的动作或决策。

这绝不是科幻小说。在 2018 年 5 月的谷歌 I/O 全球开发者大会上，谷歌首席执行官（CEO）桑达尔·皮查伊（Sundar Pichai）演示了谷歌人工智能助理给真人打电话，一次是预约理发，另一次是预订晚餐。尽管对话很复杂，但人工智能的第一次通话完美无缺，因为人工智能会倾听发廊工作人员说话，然后根据需要的服务类型选择时间。第二通电话给人留下的印象更为深刻，因为对方是一位非英语母语人士。他解释说，这家餐厅不接受 4 人以下的派对预订。人工智能听懂了蹩脚的英语，询问周三通常要等待多长时间，并确定了相应路线。

增强现实技术（AR）也可以缓解火星生活的压力。如今，我们可以佩戴一种感应地球磁场的设备，当你面向北方时，它会发出轻微的嗡嗡声。深度失聪的人可以使用植入耳蜗来感知声音，我们很快就能通过类似的电子接口为盲人提供视觉元素。也许我们能将视觉和感觉扩展到可见光谱以外，包括红外线和紫外线。也许有那么一天，在火星上一些目前尚未实现的

273

技术会用海洋、森林以及地球上其他珍贵元素的视觉、气味和声音来安抚大脑，或使定居者能够与家乡的亲友进行更密切的互动。

至于3D打印，可以像地球一样把打印机固定起来，用一种基于土壤或火星之旅中丢弃的材料（如降落伞、橡胶或塑料）制成的油墨打印出工具和其他小配件。跟我们看到的月球计划类似，机器人打印机可以在人类之前到达，预先打印出庇护所或道路。在芝加哥的西北大学，以拉米勒·沙阿（Ramille Shah）为首的一个小组开发出一种方法，可用月球或火星土壤制造3D打印机的油墨。他们把这些物质与简单的溶剂以及生物聚合物结合在一起，产生一种类似橡胶的柔韧且结实的材料，而其重量只有土壤的90%。[31]该小组用这种材料做出了连锁砖（interlocking brick）。其长期目标是使整个过程完全自动化，这样火星车就可以采集一勺土壤物质，制造油墨，再输送给打印机。到达火星初期，劳动力市场会很紧张。至少可以这么说，在外面工作的代价是暴露在辐射中，而且要花很多时间来穿宇航服。任何事情，只要机器人能做的，比如开车、搬运、挖掘、堆放，都必须由机器人来完成。

所有这些技术设备都很重、很精细，却都需要在火星上着陆。这让人们注意到需要完善的另一项技术：重型技术设备着陆技术。事实上，尽管情况正在好转，但我们在火星着陆方面的记录并不怎么样。一旦任务成功，控制中心就会欢呼雀跃，成年男人们相互拥抱、亲吻，他们这样做的理由很充分，因为一半以上的火星任务都失败了。许多航天器在着陆时坠毁。苏联 / 俄罗斯在 20 次尝试中只有 2 次成功。20 世纪 90 年代，NASA 的 6 次火星任务中有 4 次失败了。工程师们称之为火星防御系统。但是自 2000 年以来，12 次火星任务中“只有”3 次失败……尽管这 3 次失败任务中有 2 次是因为着陆失败。可以肯定地说，在火星上着陆是很困难的。这颗星球的引力较大而大气层稀薄，使得空气制动非常复杂。没有一吨以上的物体在火星上成功着陆过。★ 而那些自主航天器的重量？有些重达数吨。

NASA 正在研制一种进入火星大气层的航天器——低密度超声速减速器（Low-Density Supersonic Decelerator，LDSD）。它看起来有点像飞碟。LDSD 会配置一个巨大的可充气凯夫拉纤维管，用来产生降低超声速航天器速度的空气阻力，短短几分钟内就能将速度从 6 千米 / 秒降至 0.5 千米 / 秒。这样的速度足以让低层大气（尽管仍然很稀薄）支撑起巨大的降落伞。即使这样，下降速度也还是不够慢。需要发动机朝向火星表面的反向推进，进一步降低航天器速度，这样飞船才能轻柔地直立降落。NASA 火星科学实验室（MSL）携带着 899 千克的“好奇号”火星车，几乎就是用这种方式进入火星的。在初始制动时，火星科学实验室用 4.5 米直径的隔热罩代替 LDSD。隔热罩

★ 苏联的“火星 3 号”重 1200 千克，据说已经实现了软着陆，但探测器在 14 秒后出现了故障。

的最高温度达到了 2090℃，该温度足以融化铁。[32] 这是有史以来最大的隔热罩，不能保护比“好奇号”更重的物体了。LDSD 正在测试超过 3 吨的负载。

如果没有一个能稳妥进入火星大气层的航天器，移民火星就将无限期推迟。 275

火星移民还需要一个完善的闭环系统。ISS 和核潜艇会定期获得新的补给；但事实是，没有任何人能够造出一个水、氧气和二氧化碳完全守恒的闭环系统。这一尝试在生物圈 2 号项目中失败了。火星上的这种闭环系统将以审慎的方式开始，并提供氧气和水这样的必需品作为应急储备。生物圈 2 号是一项雄心勃勃的实验，有 5 个不同的地球生物群落。火星上的栖息地没有那么复杂，不需要丛林、湿地和海岸环境。但它们应该划分成若干个部分，这样一来，任何一个区域出现问题——比如我们在生物圈 2 号中看到的细菌生长会意想不到地消耗氧气——都可以得到迅速隔离和修复。在“火星城市设计”（Mars City Design）主办的比赛中获奖的所有栖息地设计方案，都是荒诞至极的东西。“火星城市设计”是一个设计火星建筑（他们称之为“Marschitecture”）的合作平台。所有设计都令人眼花缭乱，打算让我们在会爬之前就学会飞。[33] 这些宏伟的建筑设计将在火星上发展演变，而不是在地球上。城市将从最初的一点点逐渐地发展起来，以实用性为指导，而不是靠着那些从未去过该地区的人的想象。太愚蠢了。这些设计永远不会实现。

谁去?

一开始，前往火星的旅行者将由政府航天机构精心挑选。可能到 21 世纪晚些时候，定居点就应该可以实现，事情目前正在稳步向前。移民将是那些能够轻松承担旅行费用或被迫寻求新生活的人，就像美国早期的殖民者和其他定居者那样，把大部分资产投入一场叫作美洲的赌博当中去。当你已经没有什么可失去，却可能得到所有的时候，做出这个决定也许会比较容易。

276

让我们探究一下这些场景。有好几个国家把目光投向了火星。俄罗斯希望在那里有自己的存在，但它们仍被如此众多的失败所困扰。俄罗斯从未完全成功地在火星或月球上着陆过。即使当代，俄罗斯在 2011 年与中国合作的“火卫一—土壤”/“萤火一号”（Phobos-Grunt/Yinghuo-1）任务也没能飞出近地轨道。其 2016 年与 ESA 合作的“ExoMars 轨道器 / Schiaparelli EDL 演示着陆器”（ExoMars Orbiter/Schiaparelli EDL Demo Lander）任务仅取得部分成功：轨道器成功，但着陆器坠毁。俄罗斯在 2045 年之前载人登陆火星的计划尚不完善，俄罗斯联邦航天局目前还没有宣布在此之前有任何机器人任务计划。中国也有许多计划中的任务。载人火星任务可能在 2035 年实现，而且它很可能载的是“男人”，没有女性。尽管美国在到达火星方面更有经验，但中国正通过将人类送往火星来击败美国；而美国在完全意识到这件事之前，可能不会重视这方面的努力。

NASA 正在对送往火星的最佳宇航员乘组进行研究。这个小组将会包含 4~6 人，可能包括男人和女人，尤其是如果超过 4 人的话。4 人乘组很可能都是男性。一个全是女性的小组实际上有好处：女性消耗的热量更少，因此需要的食物也更少（关系到质量、燃料和钱）；且与男性相比，30 岁以下的女性不容易受到辐射引起的内皮和血管损伤。[34] 混合性别乘组的性动力及其对任务的影响不确定，很可能会导致采用 4 男或 4 男 2 女任务乘组，而不是采用平衡的性别比例——可以肯定，这将是一个引发激烈争论的话题。

277

NASA 没有完全公布其选择宇航员的标准，主要是因为该机构不希望有人因作弊而被选中。不过可以肯定，NASA 将使用一套独立的标准来选拔火星任务宇航员，不同于 ISS 或月球任务的选拔标准。在水星、双子座和阿波罗计划的时代，一切都围绕着 A 型性格：努力、有运动能力、求胜心切。一旦进入太空变得更有把握，重点就将从具有专业技术和领导能力的军事飞行员转变为具有多种技能的科学家和工程师，ISS 就是一个例子。然而，火星之旅将是一个全新的挑战，需要独特的个性。

首先，让我们看一下任务概貌。火星任务将持续两三年，并被限制在拥挤的空间里，单调、孤独，要承受身体上的挑战。因此，NASA 正在考虑那些既能迎接这些挑战，又能在性格和技能方面互补的候选人。★ 性格特征将包括传统的大五人格理论

★ 对于计划在 21 世纪 40 年代完成的任务来说，大多数候选人在本书出版的时候可能还是孩子。

（Big Five）的一些组合，这种人格理论也适用于潜艇任务人员的选拔：神经质性（相反，情绪稳定程度）、外倾性、开放性、宜人性和责任心。[35] 在前往火星的长期任务中，可能也需要某种程度的内向——也就是说，一个喜欢独处……或至少能够容忍独处的人，比如那些在南极的冬季还能进行科学研究并保持清醒的人。与这五大人格特质相关的是韧性、好奇心和创造力。无忧无虑可能也是一个重要的性格特征。特里斯坦·巴辛斯韦特（Tristan Bassingthwaighte）是夏威夷 HI-SEAS 5 号任务的一员。他告诉我，他之所以被选中参与火星模拟项目，可能是因为他的性格特点：有趣，讨人喜欢。然而，要知道哪种性格最管用，就像玩猜谜游戏一样，没有办法提前预测，最终也没有人能验证这些选择，除非几十次火星任务都带上不同性格特征的人。

至于技能标准，就清楚得多了。每个乘组人员都必须身体健康、受过良好教育、聪明，在某一项任务中有很强的专业知识，同时还要对飞行中和火星任务的各个方面都有充分的了解。假设在火星上停留几个月，那第一批宇航员必须在每个领域至少有一位专家：飞行、生物、地质、化学工程和机械工程。这些核心知识将有助于确保宇航员能够安全到达火星（飞行员），建站（工程师），并研究火星（科学家）。飞行员和工程师经常会有交叉重叠。除此之外，他们中还要有两人接受过医护人员培训，即便在一名医护人员受伤的情况下也有备份。对于所有其他次要技能是否需要冗余要慎重考虑，比如食物准备、园艺、计算机或电子设备维护。

请记住，NASA、ESA 和其他航天机构（还）没有考虑长期定居。最初的几次完全是科学任务，在所谓的勘探区域建立基地，也没有将基地连成村庄的打算。提议的勘探区域分散在火星上。一些基地可能会被放弃，还有一些则可能被不同的宇航员乘组到访几次。NASA 认为自己在火星上的任务是探索，有点像 16 世纪和 17 世纪的探险家。在政府航天机构的信息和经验的指导或启发下，定居点或殖民地会在稍后出现，但在资金和执行方面都独立于政府。如果事实证明火星没有什么价值，或者存在一些意想不到的危险使永久定居变得过于困难——比如毒素或低重力问题，那么我们可能会在 21 世纪就被迫放弃第二个地球的梦想。

279

让我们假设第一代人类探险家证明了火星殖民具有可行性。

谁真的会去呢？同样，我们可以从历史中寻找线索。在美洲，逃离宗教迫害的动机出现之前，一些最早的拓荒者是寻找财富的人。其中包括深入荒野之地的勘探者和猎人。如果采矿变得有利可图，男性和女性肯定都会报名延长在火星上停留的时间，不一定要在火星上待上一辈子，而是待上 10 年左右攒下一大笔钱。有些人可能会一直待在那里，而大多数人最终会乘坐贸易飞船返回地球。

很难想象宗教迫害会驱使人们移民火星，不是因为宗教不再重要，而是因为那些最受压迫的人，比如缅甸的罗兴亚人，往往是最贫穷的人，无力负担这段旅程。为了逃脱迫害，他们可能会去另一个国家居住，而不是去一个新的星球。然而，意识形态可能是前往火星的驱动因素。很多人，毫无疑问有数以百万计的人，对地球上的政治和其他事情感到非常沮丧，他们会选择在火星上脱离政府管制获得完全自由。许多人会被边缘地带和期望所吸引，认为只要第一个到达新世界，就可以凭借自己的天赋获得土地和财富。毕竟，那些在美国生活时间最长的家庭（不包括印第安人）往往是最富有的。

280 我认为归根结底是钱的问题。一旦人们能够承担火星旅行的费用，他们就会去。物理学家弗里曼·戴森也考虑过这个问题。他将太空迁移与其他大迁移进行了比较。他估计，“五月花号”的航行平均花费了一个家庭大约 7.5 年的工资。摩门教徒长途跋涉去犹他州花费了大约 2.5 年的工资。[36] 目前，火星之旅的花费将超过 10 亿美元，相当于 10000 年的工资。没有人能负担得起。但如果是一次 100 万美元（大约为 10 年的工资）的旅行，也许就负担得起了。毕竟，有些人买房子花了大约 10 年的工资。我们能把价格降到这么低吗？戴森还在这篇题为《朝圣者、圣徒和宇航员》（“Pilgrims, Saints and Spacemen”）的文章中计算出，哥伦布和“五月花号”之间的航行间隔了 128 年；在这段时间里，欧洲各国建造船只，建立商业基础设施，使著名的“五月花号”能够从英国普利茅斯出发，载着 102 名乘客，到达马萨诸塞州的科德角。2085 年距离人造卫星“斯普特尼克”升空正好 128 年，我认为到那个时候，人们应当能够出得起火星旅行的费用了。

在此我要指出，在“五月花号”上的 102 名乘客中，只有

53 人在第一个冬天幸存下来。此前数年，在詹姆斯敦，500 名殖民者中有 440 人死于 1609~1610 年的冬天。这段时间被称为“饥饿时期”（Starving Time）。火星之旅也不可能是第一批移民的郊游，会有死亡。

谁拥有火星?

在移居火星之前，还有一个主要障碍要克服，那就是《外层空间条约》。我在第 4 章中提到，《外层空间条约》明确规定，火星“不受国家主权要求以及使用或占领或任何其他手段的支配”。

如果有人选择在火星上建立定居点，除了无视这个条约，没有其他办法。例如，如果埃隆 · 马斯克坚持将 100 万人送上火星，他就必须在大约 12 个尚未签署或批准该条约的国家之一成立自己的公司，比如列支敦士登。定居者需要放弃原有公民身份……除非他们来自列支敦士登。当然，忽视或退出条约并非没有先例。2002 年，美国为了建立导弹防御系统便退出了 1972 年的《反弹道导弹条约》。更能说明问题的是，美国退出了与印第安部落签订的大多数条约，主要原因只有一个：钱！如果不是金子，那么就是银子、石油或在分配给印第安人的土地上发现的利润丰厚的其他资源。如果在月球或火星上发现了高利润的资源，我们可以设想《外层空间条约》会被放弃。《外层空间条约》也受到越来越多的太空军事化呼声的威胁。美国正打算成立太空部队，作为美国国防部的第六分支。

我不是天生的悲观主义者，但如果科学探索证明永久定居在经济上具有可持续性，我看不出火星之旅除了宅地规则驱动下的土地掠夺之外还能有什么。我预测，第一批到达火星的实体将拥有火星，而不会受一份条约的约束。航天大国可能会同意划出平等、广阔的区域进行管理；或者，为了防止任何一个国家要求太多，联合国可以建立世界遗产区，以限制可供争夺的领土数量。假设这样的条约可以实施 50 年，但随着火星定居点数量的增加会重新修订。简而言之，不论《外层空间条约》在防止核军备竞赛进入太空方面多么有效，终将被放弃或取代，因为进入太空已经变得更加容易，而它却几乎没有为太空的实际利用和商业化留下任何空间。如果该条约经过仔细修订，允许占领土地，实际上可能会刺激人们的探索和殖民。

282

如果火星上发现了生命怎么办？

如果火星上发现了生命，那么一切将为之改变。这将是人类历史上意义最深远的发现之一。如果火星上曾经存在过生命，那就意味着整个银河系和宇宙中都存在生命。想想艾萨克·阿西莫夫的“0—1—∞”法则：2 是一个不可能的数字。要么所有行星都没有生命，要么只有一个行星有生命，要么无数的行星有生命，只有两三个行星有生命是不可能的。这一发现将引出更多的问题：火星上的生命是何时产生、如何产生的？我们所知道的生命是起源于火星，然后通过陨石来到地球的吗？在太阳系的其他地方有生命吗？我认为，在火星上发现生命，即使是变成化石，也会为木星和土星的卫星开启太空探索的新时代，因为它们也可能孕育着生命。

至于火星定居点的命运，这一问题的意义就更深远了：现在该怎么办？在存在外星生命的情况下，建立定居点对人类来说是合乎伦理的吗？是安全的吗？我对这两点的看法都是肯定的，当然围绕这个话题有很多值得尊敬的反对意见。

从伦理的角度来看，我不明白为什么我们扩张的自由应该限制在地球上。大约 6 万年前，人类离开非洲大陆，没有任何自然法则禁止他们向地球几乎所有其他大陆和岛屿迁移。我认为火星是人类迁移的自然延伸，不管那里有着怎样的生命。有些人认为必须研究这样的生命，以免不经意间对它们造成破坏。如果火星上仍然存在生命，那它是生活在地下吗？生活在火星表面以及与外界隔离的地下居所的人类，是很难接触到那种生命的。事实上，远古的微生物生活在地表以下很深的地方。地表的氧气和光对它们来说是有毒的东西。我们不碰它们，它们也不碰我们。在火星上也是一样，除非我们遇到一个地下侏儒的世界，我认为这是非常不可能的。

283

至于安全性，我认为生物感染也是非常不可能的。受《天外来菌》（*The Andromeda Strain*）等科幻小说的启发，有些人相信，来自火星的外星微生物可能会毁灭地球上的人类。但生物学不是这样的。致命的生物，例如那些引起天花或埃博拉的生物，与人类和其他生物共同进化了数亿年。特别是病毒，通过劫持宿主 DNA 来繁殖。一些被称为噬菌体的病毒只攻击细菌，有些病毒影响植物，还有些病毒影响动物。尽管病毒是致命的，但它们进化后只会感染有限范围的宿主。许多人死于马铃薯枯萎病引发的饥饿，但没有人被致病疫霉——一种引起马铃薯枯萎病的卵菌——所感染。

火星上任何微生物要想感染人类，就需要在 36.1℃的温度下从人体中获取营养并在体内繁殖。但是这些微生物在几乎冻结的地下世界已经生存了数十亿年。外星微生物偶然发现了人类，并认为人类在所有生命形式中是最理想的宿主，这将是一个天大的巧合，而且持此观点的人确实有点以自我为中心了。火星对人类健康的任何威胁都是无机的，可能是火星尘埃造成的皮疹或肺损伤。因为火星尘埃中含有刺激性化学物质。无论多么致命，但不会传染。

284

最后我想说的是，在火星上发现生命的可能性很大，无论是过去还是现在。火星曾经比现在更温暖、更湿润，这种情况持续了超过 10 亿年。地球上的生命就是在同一时期出现的。火星有保护性的大气层、广阔的海洋和水循环。事实上这颗红色星球的环境曾经几乎与地球生命的生存环境完全相同。今天看来，火星上至少有一处地下湖有液态水。生命可能已经从地表退化到地下，就像 27 亿年前地球上的一些生命那样。当时空气中有一种叫作氧气的东西对它们来说毒性太强。在天体物理学家尼尔·德格拉斯·泰森看来，没有理由认为地球上的生命是独一无二的。正如我们所知，生命是由宇宙中最常见的元素组成的：氢、碳、氮和氧。泰森喜欢说，如果地球上的生命是以铋的同位素为基础的，那么它才会是独一无二的。相反，生命包含了恒星爆炸中释放的最丰富的元素。这一事实表明，生命可能是普遍存在的。如果我们只因为火星上存在生命就不能在火星上定居，那么我们注定只能在那些不适合生命生存的行星和卫星上进行宇宙扩张。

火星上的白天、夜晚和假期

欢迎来到火星。白色区域（White Zone）仅供装卸货物。请不要把你的飞船停泊在无人值守的白区。

我们距离踏上火星还有几十年的时间，更不用说建立永久定居点。事实上，本章基于三个假设。我认为这三个假设是合理的，但不保证很快就能实现。假设一：在 2030~2050 年，人类将抵达火星。这次探险可能会由美国或中国主导，尽管由私营企业领导也不是不可能。假设二：0.38G 足以让你繁衍并抚育健康的后代。假设三：数百万人想去火星；且他们中间，有数千人将在我们最初踏足火星几十年后成功到达那里。

我相信在火星定居会比在南极定居更有趣。原因有两个。其一，我不能否认火星移民部分是出于天真。许多想要生活在火星上的人并没有真正理解这多么具有挑战性。他们去火星旅行更多是为了求新而不是实用。他们还受到与人类所有伟大探险相关的理念的推动，而且在人们乘坐世代飞船出发前往其他恒星系之前，这个理念可能永远也不会黯然失色：第一代定居者将永垂不朽。也许这些不是去火星的正确理由，但它们仍然是理由。其二，一部分移民将前往火星追求自由，这是一个真正脱离地球政府、按自己理想观念进行治理的机会。当然，具有讽刺意味的是，这一自由的代价将是被禁锢在火星上的庇护所里。

让我们为科学家、游客、临时工和永久定居者探索一下火星上的日常生活吧。火星如此吸引人的一个因素是它与地球在时间和季节上具有相似性。火星上的一个恒星日，即相对于一颗恒星测量的火星绕自转轴旋转一周的时间，是 24 小时 37 分钟 22.663 秒。这恰好接近地球的恒星日——23 小时 56 分 4.096 秒。因此，我们的生物钟可能会适应火星的昼夜循环。★ 如何处理这一微小的时差也很有意思。我们可以创造火星上的 1 秒，比地球上的 1 秒稍长一点，一天仍保持 24 小时。秒、分、小时都要长出 2.7%。NASA 的几次任务都是按照这种方式设置时间的。NASA 喷气推进实验室（Jet Propulsion Lab，JPL）的一些工作人员戴着由顶级手表制造商加罗·安瑟利安（Garo Anserlian）制作的火星腕表，以便按照正确的时间表来操作 NASA 火

286

★ 迈克尔·杨（Michael Young）由于“发现控制昼夜节律的分子机制”，同他人一起获得了 2017 年诺贝尔生理学或医学奖。在一次采访中他告诉我，每日相差 41 分钟实际上可能很难克服，累积起来游客一周与地球的不同步就会达到约 5 小时。我觉得这令人难以置信，但我还没得过诺贝尔奖。

星车。

还有一个方案是从头开始，摆脱建立在古老的十二进制（以 12 为基数）和六十进制（以 60 为基数）数字系统上的 24 小时的时钟设置方式。我们可以切换到公制，以 10 火星小时为 1 天。也就是 10 秒为 1 分钟，10 分钟为 1 小时。1 火星天有 1000 火星秒，我们所知的地球上的 1 秒介于 1 火星微秒和 1 火星毫秒之间。或者只有天这一个单位，它又由 1 分天（deciday）、1 厘天（centiday）、1 毫天（milliday）、1 微天（microday）、1 纳天（nanoday）★ 组成。10^{-5}（让我们管它叫“秒”）位于 1 毫天（10^{-3}）和 1 微天（10^{-6}）之间，将成为一个新的公制单位，意味着 1 秒大约是 0.8 地球秒。这在最初可能会有些不方便，但对火星上的第二代人来说，这很自然，最终会让计算更容易。†

287

火星上的 1 天被称为 1 索尔（sol）。火星上的 1 年，或绕太阳 1 整周，是 668.60 索尔或 686.98 个地球日。这是地球年的 1.9 倍，接近 2 倍，这一点同样巧合且方便。所以，你可以说火星上的 1 天就如同地球上的 1 天，火星上的 1 年是地球上的 2 年。这种便利在其他行星或卫星上是不存在的。而且，火星自转轴倾斜 25 度，非常接近地球的 23.5 度倾角。这意味着火星有四季。

★ 分别为十分之一天、百分之一天、千分之一天、万分之一天、百万分之一天。——译注

† 同样的，我们也可以在火星上采用基于 12 的计数方式，即十二进制。5 个最基本的分数（½，⅓，⅔，¼，¾）换算成十二进制的小数很简单，分别是（0.6，0.4，0.8，0.3，0.9）。这样将 ⅓ 换算成小数时，就不会出现 0.3333333……的无限循环。

由于火星轨道比地球的更椭圆，因此火星的四季并不像地球上那样均匀分布。从北半球来看，春天大约有 7 个月长，夏天是 6 个月，秋天是 5.3 个月，冬天大约是 4 个月。

科学家将对火星进行实地考察。像这种在火星上进行的实地科学考察实际上是无止境的。其中最重要的是寻找生命。相比之下，其他一切听起来就显得平淡无奇，但也至关重要。这些事项包括：第一，了解 20 亿年前火星发生了什么，使其气候从温暖湿润变得寒冷干燥；第二，描述火星的地质特征。这就是基础生物学、气候学、化学和地质学，即“火星科学研究”。早期的目标是建立基础设施以支持更多的探索，以及勘察地形，发现潜在资源。在最初的几年里，一天的大部分时间都会花在建筑和维护上。

如果商业机构学会如何降低成本、缩短旅行时间，旅游业也会随之发展。到 2040 年第一批人类到达火星时，我们肯定已经在近地轨道建立了旅游业，而在月球轨道和月球上的旅游业很可能也已经建立起来。但除了价格，火星旅游贸易需要克服的另一个障碍是这颗红色星球遥远的距离。我们不到一个星期就能到达月球。一个寻求刺激的富人只需为一次精彩的月球假期留出几周时间。但如果是去火星，就需要在其一生中留出两年时间来体验火星之旅，除非在推进方面取得突破，将火星之旅缩短至几周——具有可行性，但在 21 世纪不太可能实现。去往火星的成本可能是几千万美元。虽然 99.99% 的人肯定是负担不起的，但对于超级富豪来说很有吸引力。我们一起算一下：

288

一趟 12 人的火星之旅（包括 2 名宇航员），每人花费 1 亿美元寻求刺激，10 个人的费用加起来是 10 亿美元。这是一个合理的成本估计，而且要等火星上的基础设施就位以后才能实施。

99% 的旅游体验就是待在火星上。在此我作为旅行社代理人，告诉你最佳景点还有点为时过早。毕竟，火星是一个完整的星球，大约只有地球的一半大小；在基础设施建好之前，在火星上从一个点到另一个点基本上是不可能的。乘坐飞船和飞机在火星上飞行倒是有可能，但这种舒适的交通方式需要花一些时间建设。在那之前，你造访火星时的活动范围将限制在大约 100 千米半径内，即乘坐加压旅游巴士可到达的范围。其中一个必看的景点是水手号峡谷群。它是太阳系中最大的峡谷之一，也可以说是最为壮观的峡谷。水手号峡谷群有 4000 千米长，200 千米宽，7 千米深。地球上的大峡谷“只有”其大小的 1/10。还没有相机拍到水手号峡谷群的高分辨率图像，我们只能想象其壮观的景象。如果你在水手号峡谷群的西边露营，你应该能看到塔尔西斯山脉（Tharsis Montes），位于水手号峡谷群西边大约 1000 千米处。这三座等间隔的大型盾状火山由熔岩形成。最高的是阿斯克劳山（Ascraeus Mons），峰顶海拔超过 18 千米。珠穆朗玛峰，地球上最高的山峰，大约 9 千米。

在塔尔西斯山脉再往西 1000 千米处，或许从水手号峡谷群也可以看到，是奥林波斯山。这是太阳系所有行星中最高的山，海拔 25 千米。诺克提斯沟网（Noctis Labyrinthus）——一个与南达科他州的崎岖不毛之地几乎无法区分的区域，距离水手号峡谷群的西部边缘只有几百千米。所有这些都靠近赤道，那里的气候最温暖。基于所有这些原因，我选择的旅游目的地将是水手号峡谷群西部。当飞回家的时候，你可能会看到令人惊叹的极地冰冠。

流动劳动力可能伴随旅游业而来。考虑到在月球和近地小行星上有更好的采矿机会，我已经讨论过并基本上弱化了在火星上进行远程采矿的作用。从地球（市场）到火星的距离很遥远，而且从火星出口还要摆脱沉重的火星引力，这些因素综合在一起，使火星采矿成为一项没有吸引力的投资。所有一切都与投资有关：你必须说服投资者拿出钱来换取回报，而这是一场艰难的推销。我敢说，对污染火星环境的担忧甚至可能超过对毁坏小行星或月球的担忧，因为小行星和月球看起来更像荒芜的岩石。

不过，火星上可能早期就有商业机会，就像南极一样。政府在南极运营基地，但大部分工作都外包给了雷神极地服务公司（Raytheon Polar Services）、朋友服务集团（Gana-A'Yoo Service Corporation）、GHG 公司、PAE 以及其他几十家你可能从未听说过的公司。这些公司雇用了数百名在现场生活和工作的人员。如果多国联合科学基地来到火星，那么就需要保障团队。这纯粹是猜测，但由于运输成本的缘故，火星工人的合同期限可能是 10 年，而不像在南极只待上一两年，因为往返火星不那么容易。

除了获得知识上的无形价值和潜在的长期投资回报，南极

290

对任何国家来说都是无利可图的。美国在那里的存在最多。人们每年通过美国国家科学基金会极地项目办公室（US National Science Foundation Office of Polar Programs）花费大约5亿美元来建设和维护这些科学基地。[37] 这大约是75亿美元国家科学基金会总预算的7%。科学很好，当它应用于技术进步时，肯定会在未来带来回报。但美国和其他39个国家在南极存在的真正原因是地缘政治。他们必须在那里，否则就得不到任何可能从南极大陆开采出来的资源。火星没有理由不一样。要么成为一名球员，要么观看比赛。问题是，一个国家能够承受多少投资？我在第3章指出，ISS的建设花费了美国1000亿美元，而且每年还要花费40亿美元来维护。这是真正的浪费。但这可能意味着美国可以容忍在火星上进行类似的投资。如果其他国家在火星上有一两个基地，那这种容忍度会更高。

如果有了科学基地，当然就会有科学家。这些人一开始会是科学家兼宇航员。但随着旅行成本和风险的降低，工作人员将由科学家组成，并由少数常规人员提供支持。我们在月球上也会看到这种情况，但火星上的“常规人员”会待得更久。薪水不需要太高。第一批工人会更追求刺激。由于没有什么可以花钱的地方，他们会把大部分工资存起来，就同南极的情况一样。这些短期工人很艰苦，将承担维护基地和扩大基础设施的日常任务。

从第一批人类在火星上工作，到引入完全愿意定居火星并在火星上养育后代的移民，需要几十年的时间。人们会进行必要的安全检查：主要是人类能否在火星上生存、生长和繁衍。

291

然后是价格问题：主要是我们能不能把每个家庭的迁移成本至少降低到“五月花号”的水平。直到这两个问题的答案都是肯定的，定居才会开始（除非火星作为某种不涉及孩子的退休社区安置点。退休社区的居民不担心长期的辐射风险，对比较低的重力很享受）。对于这些第一批永久移民来说，他们的主要任务是努力建设家园。农场主渴望自给自足，渴望有机会将充满挑战的地带改造成美丽富饶的土地。和火星上的其他人一样，这些移民会花时间进行建设和维护，也会种地。他们不仅需要水、食物、住所和能源，还需要氧气和气压，这些都是地球农场主认为理所当然的东西。一切都必须以最高的效率进行，因为资源是如此珍贵。随着时间的推移，这些资源将形成火星贸易经济的基础——水、氧气和氮等商品，以及食物、衣服、洗涤剂和工具等常见的家庭消费品。

当地的风景

火星上的新奇体验包括凝望火星的两颗卫星——火卫一和火卫二（Deimos）。火卫一是两颗卫星中距离火星更近、体积更大的那个，它每 7 小时 39 分钟绕火星一周，所以你会看到火卫一每天经过 3 次，速度有点快，大小大约是月球的 1/3。火卫二，一个跨度只有 13 千米的小东西，大约每 66 小时进出视野一次，比从地球上看到的金星要大一些。散射的太阳光透过空气中的尘埃，将火星白天的天空染成粉红色，有时甚至是奶油糖果色。

从火星看地球

天空中的那个点代表了所有的人类、我们所有的记忆、我们过去和现在所有的梦想。火星移民需要应对更深层次的隔离。这张照片是由“好奇号”火星车拍摄的。

日出和日落时的太阳是冷冷的蓝色调。太阳看起来只有你习惯大小的 70%，亮度是 40%。

如果你对占星术感兴趣……并且仍然认为自己可以应付火星……那么请注意，你必须应对星座的轻微变化。太阳在双鱼座中心的鲸鱼座里停留了 6 天，无疑使爱情变得更加复杂。冬至在处女座（渴望！）。最亮的行星是木星；金星可以看见，但是很暗。地球看起来像一颗明亮的星星，但没有我们在地球上看到的金星那么亮。用一架小望远镜你就可以看到地球的月亮。北极星（复数）应该是 γ 天鹅座（Gamma Cygni）和 α 天鹅座（Alpha Cygni），而不是北极星。夜空与我们从地球上看到的非常相似，只有很小的季节变化，也许足以激发重新定义星座的想象力。由于没有光污染，大气稀薄，火星上可以进行绝妙的天文观测，但尘埃可能至少会使所有物体的亮度变暗。

火星上的地形多种多样，有大量的沙丘、峡谷、干涸的河床、休眠的火山、山脉、河谷和高原。如果去徒步旅行，你的每一步都会有额外的弹力，因为你的体重还不到地球上体重的一半。一旦你学会了如何有效移动，步态可能就会有所不同。一开始，你的头可能会经常碰到天花板。不了解地球的第二代人会欣赏这些火星生命的奇异经历吗？或许会，但方式不同。火星有一种内在美。但我们不应该欺骗自己：主要的诱惑是新奇感，这是一种会让某些人后悔的魅力，一种会被后代解读为稀松平常的魅力。

293

新的火星身体

没有人确切知道生活在火星会对我们的身体产生怎样的影响，但肯定会有很多变化。在不同环境中长大的同卵双胞胎会以不同的方式成长，并很快就开始变得不那么像。同样，火星上的人类也会经历一些变化。与地球上的人类相比，他们的外貌会发生很大变化，也许是剧烈变化。辐射、温度、光照等因素会导致一些基因显现，而另一些基因被抑制。这些变化在火星长大的孩子身上最为明显，但在成人身上也会产生。

294

第一种可见变化可能是眼睛和头骨。在一个人造光源以及阳光比地球上更暗淡的世界里，人类的眼睛会接收到一组不同的感官输入，从而影响其发育。幼年时暴露在较暗的光线下可能会导致眼睛变大，以收集更多的光线。整个头骨可能会改变，以适应更大的眼窝。那些移居火星的成年人，由于眼睛已发育完全，所以可能会出现瞳孔放大的现象。人类的脸是我们最熟悉的，所以我们最容易感知变化的地方就是脸。例如，你可能会注意到新移民和他们的孩子在面部表情上的细微变化。比如亚裔美国人和亚洲人相比，差异不仅仅体现在着装上。说不同的语言以及咀嚼不同的食物也会稍微改变脸的形状。如果一个亚裔美国人回到亚洲，有了孩子，这个孩子说的是亚洲话，吃的是亚洲食物，就会呈现出亚洲人的本来面貌。

在火星，肤色也会发生变化，但科学家们不确定肤色变化的方向，是变浅还是变深。增加的辐射可能会刺激真黑素的产生，导致皮肤变黑。但是移居到阳光充足的澳大利亚的白皮肤欧洲人却并没有发生这样的变化。[38]他们只会得皮肤癌。更有可能的是，我们会变得更苍白，就像任何宅在家里，不暴露在自然光下的人一样。火星人可能喜欢吃含有类胡萝卜素的食物，比如胡萝卜和红薯，因为这些色素会在血液和皮肤中积聚，并能保护皮肤免受紫外线的伤害。这种情况下，火星居民会呈现出橙色。还有一个巨大的未知是火星上人类微生物群落的命运。微生物群落，指那些在皮肤上、肠道里以及与我们和谐共处的其他身体微生物——控制着消化、营养吸收和免疫系统。其控制方式我们也是刚刚开始了解。由于在贫瘠的火星上接触的微

295 生物有限，人类的微生物群落将以不可预知的方式发生改变。这不仅会使人类更容易受到感染，而且还会极大地改变我们的外貌，例如，使我们变瘦或变胖。坦率地说，我们有充分的理由相信，人类可能永远不会在火星上繁荣兴旺，因为我们与周围的细菌世界存在着极其重要而又神秘的联系。

经过几代人之后，进化以及物种形成的初期迹象将开始显现。这可能主要是受到奠基者效应的推动。第一批移民的基因将是最能主宰火星的基因，除非移民立即而且持续流入。由于死亡率很高，“适者生存”可能变得很明显，因为那些拥有更适合火星基因的人，无论他们是谁，更可能活到成年，然后繁殖并传递他们的基因。例如，那些移民火星的人可能会在低重力下失去骨量，使得每个人都容易骨折。然而，经过几代人之后，那些从基因上倾向于拥有粗大骨骼的人可能会有更多的生存机会。他们的骨骼在瘦人中是最粗大的。随着时间的推移，由于自然选择了更加粗大的骨骼，火星人的骨骼可能会变得比他们的地球同伴更加粗大。这一点也许与人们的直觉正相反。经过更长一段时间，如果那些拥有最大眼睛的人被认为最有吸引力、最适合繁殖，那么环境引起的变化，比如大眼睛，就可能会被锁定在基因组中。

理想情况下，我们希望火星上有成千上万的人。这不仅是为了技能的多样化，也是为了基因库的多样化。宾夕法尼亚州门诺派宗教团体的大多数现代成员，都是第一批几百个移民家

296 庭的后裔。由于有限的遗传多样性和群体内通婚的偏好，该群

体中一些基因疾病的比例更高，如侏儒症和许多未命名的代谢和神经疾病。相反，大多数其他北美洲和南美洲的早期移民很快就遭遇了移民浪潮，其中有些人是被迫的，例如奴隶制和契约奴役制。尽管如此，这些移民有助于基因库的多样化，因此遗传疾病很少集中在某个群体中。

火星地球化

结局是什么？有人说要把火星改造成一颗像地球一样的小小的蓝色星球。《红火星》（*Red Mars*）、《绿火星》（*Green Mars*）和《蓝火星》（*Blue Mars*）——分别是金·斯坦利·罗宾逊（Kim Stanley Robinson）写于20世纪90年代的火星三部曲的书名。在这些书中，作者用科幻小说的形式探索了这颗红色星球地球化的种种后果。有生物学和工程学方面的考虑，也有哲学方面的思考。在这部科幻三部曲中，一些角色希望保持火星的红色，而一些人则认为绿化火星是传播生命，是人类可以带给其他世界的礼物。一直以来，那些想要脱离地球、脱离祖国，奔向美国独立战争的人有着各种各样的可能。

我无法掩饰自己对火星地球化的偏爱。我看不出这有什么伦理问题。小行星可以毁灭任何行星，而一颗流星带着搭便车的微生物，很可能第一个给地球（或火星）带来了生命，而没有考虑到此举的伦理问题。也就是说，人类破坏生命……或传播生命的能力并不是独一无二的。我同意火星上的任何生命都应该得到最大限度的保护。但我认为我们这些待在火星表面和297地下浅层的外来生命不会与本地物种互动。10亿年前，火星曾经更适合孕育生命。为什么我们在地球上可以采取一定的措施让某个死寂之地恢复生机，而在火星上采取同样的方式就错了呢？此外，如果可能，我觉得人类有在宇宙中传播生命的道德义务。如果宇宙中没有生命来理解和欣赏，那么宇宙的奇妙何在？

撇开哲学不谈，火星地球化的科学在这里倒是值得研究。最理想状态下，这一过程需要几百年的时间。这一时间从地质时间的角度看并不长。不管怎么说，要让火星更适合居住——更适合人类居住，就需要增加更多的气压、氧气、热量或重力，或其中任何几方面或所有方面的组合。很遗憾，我们对低重力无能为力。而其他三个方面，压力是人们最渴望的东西。我们可以应对寒冷，而且带着氧气罐四处走动也并不可怕。可怕的是穿着加压服四处走动，时时担心宇航服甚至栖息地会失去压力，从而立刻置你于死地。气压本质上是重量，以每平方英寸或平方厘米受到的力来衡量。所以，为了增加火星上的气压，我们需要向空气中注入更多的物质。

一种方法是释放冻结在火星两极或锁在火星土壤中的二氧化碳。让二氧化碳在我们上空以气态形式存在，而不是在我们下面以固态形式存在：同样的重量，不同的位置。有人提出一种蒸发二氧化碳的方法，即用核弹把两极炸开，我认为这很荒谬。埃隆·马斯克和其他殖民主义倡导者讨论过这个问题。虽然这样可能有效实现增加气压的主要目标，但如果使用了大量核弹，就会把火星变成核荒漠——并破坏极地冰冠地形以及火星上可能存在的任何生命迹象。另一种方法是在环绕火星的轨道上安装一面巨型镜子。数百平方千米大小的镜子，可以将太阳的热量聚焦到火星上。这样可以让干冰和水冰慢慢蒸发。很好，但是建造这么大的一面镜子将是一项工程壮举，远远超过我们以往取得的任何成就。

298

这两种方法都有需要克服的问题。第一个问题是，是否有足够的二氧化碳来产生足够的压力？根据 2018 年发表在《自然 · 天文学》上的一篇论文，答案是否定的。[39] 研究人员经计算认为，将火星上所有已知二氧化碳来源加起来，足以将火星气压提高到原来的 10 倍，但是这距离地球海平面的气压仍有约 90% 的差距，是地球最高山上感知到的压力的 50%。但这只是一种分析，肯定不是最终结论。在火星土壤中可能有未被发现的深层干冰。但第二个问题是，空气中有大量的二氧化碳对呼吸是有毒的。二氧化碳与水蒸气混合，你就得对付酸雨。而且，将二氧化碳注入空气中，意味着如果没有微生物和植物经过几千年漫长的过程将其转化为氧气，我们将永远无法摆脱二氧化碳。

没错，一层厚厚的二氧化碳可以用来锁住热量。毕竟这是一种温室气体。地球上二氧化碳水平的微小上升就正在改变地球的气候。因此，二氧化碳可以解决气压和热量问题，但不能解决氧气问题。增厚大气层的最理想方法是用氧气以及氮气、氦气、氩气和氖气等惰性气体。不过，这目前还只是科幻小说里的内容。你需要从天王星收集氮气和其他气体，然后用成千上万艘货运飞船把它们运到火星。

乌龟出场，慢慢地稳稳地赢得了比赛。我们知道如何让世界变暖，且正在地球上做着这样的事情。在火星上建立工厂的唯一目的就是产生温室气体，这可能会缓慢但显著地让火星变暖。温室效应最强的气体是碳氟化合物，如四氟甲烷（CF_4）和六氟乙烷（C_2F_6），它们在大气中存在了数万年。[40]那些臭名昭著的氯氟化碳（CFCs）也不错，但它们会破坏臭氧，而臭氧是紫外线防护所必需的要素。氟和碳在火星上都存在，建造工厂向大气中添加百万分之几的碳氟化合物，可以使火星每 10 年温度升高 2℃。在 20 年的时间里，气温上升 4℃可能会导致温室效应失控，释放两极的干冰。这样，用 100 年的时间，冻结在两极的所有二氧化碳就都会跑到空气里。[41]克里斯托弗·麦凯和他的同事基于实验室实验进一步计算得出，就寿命和捕捉更宽波段太阳辐射的能力而言，温室气体最有效的组合是 CF_4、C_2F_6、C_3F_8（八氟丙烷）和 SF_6（六氟化硫）。[42]

感受到压力

随着冻结的二氧化碳一点点融化，气压逐渐上升。就像把大石头滚下山一样，一旦开始，这个过程就再也无法停止。但据最大估计，火星上的二氧化碳最多只能产生 350 毫巴的气压，相当于地球气压的 1/3。所以不会有过多的二氧化碳产生过大的气压，就像金星上的情况一样。在 150 毫巴的条件下，即使没有厚厚的压力服也可以生存。阿姆斯特朗极限，即血液在室温下“沸腾”的临界压力，大约是 63 毫巴。在压力低于 63 毫巴时，也就是地球上 18 千米高空的气压，人们就必须穿上加压服。但是如果不加保护，64 毫巴就不太舒服了。你体表的液体，如眼泪，以及身体的水分会蒸发，你也不能有效地把氧气从肺部转移到血液去饱和血红蛋白。要保持正常的身体功能，在呼吸 100% 氧气的情况下，人类需要大约 150 毫巴的气压。

300

如果我们的目标是让火星变暖，有足够的气压让我们不穿加压服，只靠氧气就能四处走走，那就让我们看看珠穆朗玛峰吧。在地球最高的山峰上，海拔约 8850 米，气压约 340 毫巴。我们认为这在火星上是可以实现的。340 毫巴，你的体液就会正常。唯一需要关注的是氧气在该压力下饱和血液中的血红蛋白的能力。低于 90% 的饱和度会导致低氧血症，并会损伤人体组织，因为细胞缺氧。这是珠穆朗玛峰上的主要死因。登山者需要补充氧气，不仅是因为空气稀薄，还因为气压不足以将氧气推进肺部，使二氧化碳与氧气进行适当的交换。珠穆朗玛峰上的氧气浓度与海平面上的氧气浓度大致相同，约为 20%；但登山者有时会从装有 100% 氧气的气罐中吸气，以确保他们能最大限度地吸收氧气，因为在这样低的气压下气体交换率很差。

研究那些生活在地球高海拔地区的人，有助于我们了解在更高的辐射暴露和更低的气压条件下，火星上存在生命的可能性有多大。数以万计的人生活在海拔 4700 米以上的地区，那里的气压约为 550 毫巴。他们因辐射诱发癌症的概率似乎并不大于其他地区。此外，这些人已经适应了稀薄的空气，能够在没有任何帮助的情况下呼吸。因此，实际经验表明，将火星上的气压提高到至少 350 毫巴，即珠穆朗玛峰的水平，人类就能够在不穿加压服并呼吸纯氧的情况下四处行走；如果将气压提高到 550 毫巴，人类就可以在“正常”的含 20% 氧气的混合空气中生存。大气越厚，辐射防护越好。

301

这是为了人类。细菌、真菌、地衣、藻类和植物能够承受较低的压力，接近最简单生物体的阿姆斯特朗极限。在几百毫巴的气压和高于冰点的温度下，我们可以期待某一天会出现一个高山生物群落。抛开温度不谈，很少有植物能在 95% 的二氧化碳中很好地生存，而火星就是这样。要在火星上添加生物，就必须了解生命如何在地球上发端。数十亿年前，大气主要是氮气、二氧化碳和水，没有氧气。主要的理论是，由于存在液态水和阳光，蓝藻细菌能很好地将二氧化碳转化为氧气，从而将大气中的大部分二氧化碳清除掉，到达一个准平衡点。今天这个准平衡点约为 0.5% 的二氧化碳和 20% 的氧气。这种方法在温度稍高、压力稍大的火星上可能会起作用。

尽管人类至少需要 10 万年才能将含氧量提高到 20%，但在温暖的火星上播下蓝藻细菌的种子，就能产生足够的氧气，让更高级的生物，比如地衣和一些原始植物，在 100 年后出现。记住，适于居住并不意味着完美。就以可食用性为例。有可食用的食物，也有美味的食物。火星也许有一天会变得美味，但需要时间来烹饪。与此同时，随着气温、气压以及氧气一点点添加到盘子里，火星将越来越容易消化。

302

金·斯坦利·罗宾逊在他的火星三部曲中提出一个有趣的想法，叫超深钻（moholes），这个词源于莫霍不连续面（Mohorovičić discontinuity）——地球或行星的地壳和地幔之间的边界层。简而言之，超深钻是使用自动化的圆柱形钻孔机来挖掘一个几十千米深、一直到达边界层的直径很大的洞。在火星上，这些洞可以用来释放热量，促进火星变暖。因为这些洞非常深，人类还可以住在洞的底部，体验类似于地球的压力。超深钻曾经在地球上尝试过，但没有成功。

我认为在火星上实施超深钻方案，其可行性介于燃烧碳氟化合物和从天王星进口氮气之间。还有一个想法是让彗星或小行星以受控的方式掠过火星上层大气，燃烧掉挥发物——水、氨、氧——向火星添加有价值的气体。比起用宇宙飞船进口气体，这一想法在技术上的困难没有那么大；用几块来自遥远地方的大石头就可以实现，而不用从木星上发送成千上万艘货运飞船。不过，数学计算最好完美无缺，否则那些巨大的物体如果击中火星表面，可能会置移民于死地。故意轰炸火星表面同样可以提供大量气体，但这种方法既粗鲁又危险，与在火星上进行科学研究以及建立定居点的想法背道而驰。

的确，火星失去最初的大气层，是低重力以及缺乏磁层等因素综合作用的结果，使得太阳辐射能够将大气层吹向太空，但是这个过程花了数千万年。所以，在火星再次变得不适合居住之前，我们还是有一些时间去享受它的。

303

火星的未来

火星地球化并不一定就是创造一个新的火星。人们可以把这个过程看作古老火星的回归。流动的水又流了回来，或者是古老的火星焕发了新的生命。这也正是许多火星倡导者的意见分歧之处。如果火星上有生命，就必须仔细检查。如果火星生命类似我们的生命树，基于核糖核酸（RNA）和脱氧核糖核酸（DNA），那么它们很可能与地球生命相关——要么是很久以前火星在地球上播种的生命，要么相反。如果我们是同一棵生命之树，那么就没有任何伦理上的理由来解释为什么地球上的生命不能在火星上繁衍。但如果火星上的生命是完全不同的东西，如果火星生命代表了另一种或独立的起源，那么像克里斯托弗·麦凯这样的火星地球化鼓吹者就会辩称，人类有义务远程培育火星上的生命，并与其完全隔离。事实上，我想，这就是麦凯与祖布林……还有我分道扬镳的地方。你是怎么想的？

预 测

到21世纪30年代，中国和美国将展开一场全面的太空竞赛；首次由中国或美国领导的任务将在21世纪40年代出现；21世纪50年代，多国将在火星上永久存在，包括部分旅游业；21世纪80年代，第一次尝试非政府主导的殖民；到22世纪50年代，蓝藻、地衣、真菌和简单植物可以在火星上自然生长；到23世纪，火星将达到冰岛的温度，并具有适宜居住的气压。

7 生活在内外太阳系及无垠宇宙

目前可观察到的宇宙，直径有几十亿光年，至少有 1000 亿个星系，而大部分星系又拥有数十亿颗恒星。比宇宙更加令人叹服的是那个潮湿的、黏糊糊的被称为人类大脑的小东西。虽然只有几厘米宽，但它已经开始理解宇宙了。

请允许我锻炼一下大脑，想象一下从地球到其他星球的距离，而这些在我们银河系中不过就是一个小点。没办法在一张标准大小的纸上正确表示出太阳系的尺度。一旦画出了太阳，你就无法按比例画出地球。太阳可以装下 100 万个地球。你可以把地球画成一个点，但是这个点会在纸的另一边。你连火星和木星都没去过，更不用说冥王星了。在华盛顿特区的国家广场上，坐落着一个 1∶100 亿的宇宙模型，名字叫作“旅行”（Voyage）。它向外延伸出 6 个足球场、4 个城市街区那么远。模型中的太阳大约是大点的西柚那么大。水星是离太阳最近的行星，有 9 步远，约 6 米；金星的距离要再远 8 步。然后，到地球又走了大约 6 步，地球大约有针头那么大，或是蚂蚁的一部分；

月球就是一个斑点，直接挨着地球。这就是人类亲身体验到的全部，离太阳 15 米远，一个针头加一个斑点。火星离得稍微远一点，从地球向外再走 12 步。人们几乎看不到火星的模型，因为它与西柚大小的太阳比起来是如此渺小，尽管它的大小是月球这个斑点的 3 倍。

305

接下来距离开始变大。木星距离火星 50 米，它到太阳的距离是地球到太阳距离的 5 倍多点。大约可以把 900 颗木星装进太阳里，而木星模型只有一个小球那么大。土星离木星大约 65 米，是一个更小的小球。天王星距离土星 140 米。海王星距离天王星 160 米。冥王星距离海王星 135 米多点，它与太阳比是如此之小，按照这个比例基本上小得看不到：太阳可以装下2.5亿颗冥王星。这是“旅行”模型的终点，但不是太阳系的终点。到柯伊伯带还要沿着路再往下走 150 米，到星际空间要再加上 750 米。然后就一路畅通了。比邻星是离太阳系最近的恒星，按这个比例尺，它应该位于加利福尼亚州，大小相当于一颗樱桃。你能够开始理解为什么到火星要几个月，到木星要 5 年了吧。NASA 的“新视野号”探测器是有史以来飞得最快的航天器之一，它花了近 10 年的时间才到达冥王星。

在我们讨论殖民火星和小行星带以外的世界是否可行时，必须了解宇宙的这种规模。人类可能会在 21 世纪造访木星和土星的卫星，但如果想在外太阳系建立科学基地或定居，需要的时间要长得多。任务实施需要时间，我们在派遣人员之前需要进行侦察。在人类成功登陆月球之前，苏联和美国加起来曾尝

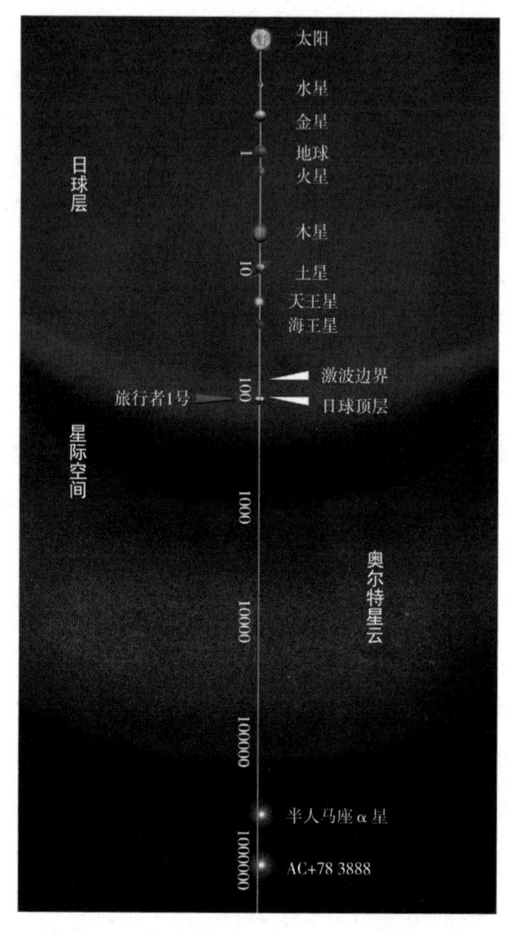

太阳系各天体之间的距离

比例尺是对数的，用天文单位（AU）表示，1 天文单位以后每个刻度代表的距离都是前一个刻度所代表距离的 10 倍。1 天文单位是太阳到地球的平均距离，大约是 9300 万英里（1.5 亿千米）。海王星是离太阳最远的行星，到太阳的距离大约是 30 天文单位。最遥远的人造物体是 1977 年发射的“旅行者 1 号”探测器，2019 年已经距离地球 145 天文单位。

试或成功地向月球发射了 71 次任务，次数惊人。同样，到目前为止，已经有 56 次火星任务尝试，其中一半都失败了。对于木星和木星以外的行星，任务研发以及到达目的地所需要的时间加在一起更长，使得发送多次任务变得更加困难。 307

“新视野号”任务方案可追溯至 1992 年。该方案于 2001 年入选，2002 年被取消，2003 年再次入选，2006 年发射，并于 2015 年抵达冥王星。从提出方案到最终发射，至少花了 14 年的时间。在外太阳系任务中，进展最快的花了 10 年时间：5 年研发，5 年飞行。2019 年 6 月，NASA 宣布了一项非常酷的任务，将一架名为“蜻蜓”（Dragonfly）的旋翼着陆器发射到土星的卫星土卫六上。该着陆器将于 2026 年发射，2034 年抵达土星。在将人类送往任何一颗星球之前，我们都需要先发射多次机器人任务。这种时间上的限制，加上优先权的竞争——在月球上建立基地，在火星上建立基地，在小行星上建立基地——拉长了建立深空殖民地的时间轴。

以火星为例。合乎逻辑的计划是先发射补给，确认一切正常，然后再让人类登陆。对于木星，勘测或补给航天器要花上 5 年时间才能到达想去的卫星，因此任何载人任务都不可避免地要“推迟”这么久，以确保在出发前往目的地之前一切都具可行性、有效性。即使向太阳方向航行，前往相对较近的内行星，在大质量恒星附近进行复杂轨道机动也是一个挑战。

在本章，我会讨论极端环境下的生活，先迎着太阳飞向金星和水星，然后调转方向飞往木星甚至更远的地方。虽然可以找到令人着迷的着陆点，但是在这些极度高温或极度寒冷的区域安全停靠都需要相同的技术——坚固的栖息地，它们要能承受远超人类所体验过的温度。

308

金星云城

金星是太阳系中最不适合建立外星殖民地的地方，也是最适合的地方。金星通常被称为地球的姊妹星，它的大小和质量几乎与地球相同，并能提供 0.9G 的重力。这种重力水平几乎足以确保生活在金星上的任何人类能正常生长和发育——这是一个巨大优势。但金星也有很糟糕的一面，这一点大家再清楚不过。其表面平均温度始终是 465℃（870 ℉），是太阳系中最热的行星，甚至比水星还要热。[1] 这个温度足以将铅熔化。从理论上来说，我们可以用熔点更高的金属——钢、铁或镍来建造建筑物，但我们仍然要应对气压值为地球表面 93 倍的巨大气压。

苏联发射到金星的最初两枚探测器甚至在到达金星表面之前就像汽水罐一样被压碎了；接下来的两部着陆器——“金星 7 号”和“金星 8 号”在被压垮之前，成功着陆并传输了整整 1 小时的数据。

金星之所以这么热，不仅因为它离太阳很近，还因为它有厚厚的二氧化碳大气层。几十亿年前，金星可能更像地球，有液态的海洋和适合生命进化的环境。然后发生了一件事，行星科学家也不知道具体是什么。但是有某种东西——也许是一颗巨大的小行星的撞击——将地表或地表下的水和二氧化碳释放了出来，进而引发了失控的温室效应：不断捕获来自太阳的热量，使地表变得越来越热，直到地下的二氧化碳大部分进入了空气中。水也在上升，加热、分解成氢和氧，然后永远消失。

金星表面值得探索，但不能在上面生活。声音和视觉都会被扭曲；在这个充满压力的世界里，昏暗的光线会发生弯曲，根本无法透过 15 千米厚的云层看见天空。但我们确实有一个有趣的选择，那就是生活在那些云里。这听起来很超前，但绝对可行。金星的大气层很厚，我们几乎可以坐在上面。因为氧和氮比二氧化碳更轻，所以人类可以生活在充满这些气体的巨大的气球泡泡里，飘浮在金星表面上方约 50 千米的高度。在这个高度，温度是可控的 50℃（120 ℉），气压为 15 磅力 / 英寸^2，同地球海平面的气压相当。★ 而且我们上面仍然有足够的大气层来保护我们不受太阳和宇宙射线的伤害。金星离地球也很近，我们可以用大约 3 个月的时间到达那里，大约相当于去火星时间的一半。

309

金星中层大气层的风很强，风速高达 340 千米 / 小时，这是一项挑战，但也许可以从气球稳定性的角度进行管理。[2]以这个速度，你可以用 4 个地球日绕金星一周。金星的昼夜循环

★ 50 千米海拔是一个折中考虑，在海拔稍微高一些的地方虽然温度较低，但气压也低得多。

也很有趣。金星自转非常缓慢，金星的 1 个太阳日是地球上的 116.75 天。所以，如果在金星的表面，太阳从升起到落下你得等上将近 4 个月，然后太阳又回到天空的同一起点。但是在气球城市里，你的移动速度会比地面快，你会经历 48 小时的阳光，然后是 48 小时的黑暗。消耗一些能量，气球就可以以某种速度飞行，让其在阳光下的位置保持不变。还有一个好处是，如果有氧气罐，你就可以离开气球城市，走到外面的平台上，压强和温度都没问题。如果你敢，你还可以悬吊滑翔。只是不要太低。

310 其中一项艰巨的任务是如何处理硫酸云。硫酸可能会侵蚀气球城市，使其坠落到下面的地狱。所以，我们需要一种特殊的材料，比如聚四氟乙烯，可以抗硫酸腐蚀。买一个城市大小的气球以及外出冒险穿的紧身衣也要很多钱。我们还需要供水，这也是可行的。

关键问题只有一个：为什么要这样做？殖民太空在技术上具有可行性，在云城殖民金星就是一个很好的例子。因此居住在金星的云端城市受到某些未来学家的鼓吹，但缺乏实用性。是什么吸引数百万人永远生活在金星的云层里，看不到下面的世界，只看到上面时刻被云遮挡的星空？而在地球和月球之间的人造在轨城市里，人们就可以享受到太空的刺激。这些城市都有适宜的人造重力、压力和温度，而且往返更方便，景色也更好。同样，驱动金星经济的会是什么？不管是什么，都不是显而易见的东西。因此，政府或商业投资，以及随后建立基地和殖民地，都会优先考虑本书提出的其他选项，即月球、火星、小行星和在轨城市。

金星地球化在未来先进的技术文明下是有可能实现的。其中一个好处是，因为没有人会住在那里，不像月球或火星，你就可以把它炸个稀巴烂（就是字面上的意思），使它适合居住。这种方案有点太遥远，现在不便详细讨论，但要点是用一颗冰质的卫星撞击金星，添加大量的氢，氢可以同二氧化碳发生反应，生成石墨和水。这样，二氧化碳就可以从天上掉下来，使大气层变薄，气压约为 45 磅力 / 英寸[2]。[3]同样，另一种暴力想法是用镁和钙轰击金星，产生氧化物，氧化物会从天而降，同

艺术家想象的金星上空的气球城市

如果你待在云层里，金星上的天气不会那么糟糕。充满氧气和氮气的气球城市可以飘浮在金星厚厚的二氧化碳大气之上。温度、压力和重力水平将与地球相似。NASA 正在考虑的一个名为“金星高海拔运行方案”（High Altitude Venus Operational Concept，HAVOC）的项目。

311 时把碳带走。[4] 大约在1961年，卡尔·萨根有一个更温和的想法：在大气中播撒以二氧化碳为食的细菌。但这个想法出现时我们还不了解二氧化碳的密度。萨根在20世纪80年代就已承认这个计划行不通。

水星在轨城市

你知道当你在炎热的海滩上行走时，你的脚要不停地移动才不会被灼伤吗？这就是水星上的情况。要么移动，要么被融化。在水星上，你不能保持静止。

水星几乎和金星一样热。但不同的是，在夜间，它可以下降到 –170℃。所以，水星的平均温度要低得多。原因是它
312 跟月球一样，没有大气层保持热量，并让热量循环起来。水星也有永久处在阴影里的环形山。这些环形山是太阳系中最冷的区域之一。事实上，水星在大小和地形上都很像月球，布满了撞击留下的环形山。我提到过，月球上可以忍受的时间是黎明和黄昏那几天，因为那时的温度介于极度寒冷和极度炎热之间。类似的情况也适用于水星。水星自转相当缓慢，一天就是175个地球日。事实上，它的太阳日要比它的太阳年长，后者是88个地球日。结果，出现了一种近乎永恒的日落现象，水星的晨昏线——白天和黑夜的分界线以3.5千米/小时的速度移动。在地球上，晨昏线以1600千米/小时的速度移动。你要坐在喷气式飞机上才能体验到永恒的日

落。★ 在水星上你就可以体验到这一点，而且晨昏线附近有舒适的温度，用一辆绕着水星缓慢移动的火车就可以实现。

人类只要把栖息地建在向西运行的轨道上，就可以一直处在凉爽地带。† 从理论上来说，探索者可以在水星的这些区域行走，前提和月球上一样，要有压力和氧气供应。否则，他们只能生活在地下，最好靠近处在阴影里的环形山，因为那里可能有水，并且只能在当地漫长的黎明或黄昏时分出来探索。和在炎热的海滩上一样，我们可以建造巨大的反光伞来遮挡阳光。水星上的一个特征就是会看到太阳暂时向后移动。这是一种视错觉，因为水星和太阳都没有反向运动。但是水星绕太阳公转的速度比其自转速度要快得多，因此水星上的访客会看到太阳升到中途，然后向相反方向运动，回到它升起的位置，然后再升起——每天两次日出。

313

我们称水星为岩石行星，就像地球、金星和火星一样，但把它归类为金属行星也许更适合：大约 70% 的金属（主要是铁和镍）和 30% 的硅酸盐物质。事实上，由于拥有大量金属，水星的密度非常大。尽管它只比月球稍大一点，但其重力却和火星重力一样，为 0.38G。目前，我也不知道会有什么人想住在水星上。是的，水星上存在着类似于火星的重力，这可能适合生命存在，但代价是要生活在地下或生活在缓慢移动的城市列车

★ 英国歌手罗伊·哈珀（Roy Harper）有一首优美歌曲是关于这种飞行体验的，名字叫作《十二小时的日落》（*Twelve Hours of Sunset*）。

† 如果发生故障，你就会变成烧烤或者冰块。

中，探索和享受环境的能力有限。就此而言，生活在火星会更容易，也没那么危险。水星确实有一个中等大小的磁场可以阻挡一部分太阳辐射，但辐射水平仍然可以致命。水星上有无限的太阳能来为重工业提供动力，人们可以想象在那里进行采矿作业。但开采小行星会更容易，也更接近潜在市场。水星也很难着陆和离开。这颗行星的移动速度非常快，调整到精确的 Δv 不仅需要大量的燃料，还需要高超的技巧。即使偏差只有一根头发丝，你也会跌入太阳。

水星地球化似乎也不可能，因为根本就没有大气层；所有的挥发性物质都需要从外太阳系输入；如果没有某种能覆盖整个水星的隔热罩，那你建立起来的任何防护都有可能被太阳风摧毁。一种解决方案可能是通过定向的、核聚变能量的爆炸，将整个水星从太阳旁边移开。只有当我们真的、真的、真的特别需要金属或土地时，才会投资这样的事业。

314

木星和土星的卫星上的生活

到木星和土星需要长途跋涉，但如果有技术把人类送到这些气态巨行星，我们还有很多东西需要探索。这些行星本身没有已知的表面，几乎没有机会在其上或附近生活。但是它们的卫星可以提供有限的安全港湾，只是所有这些卫星的引力比我们的月球都大不了多少。

木星至少有 79 颗卫星。木卫二厚厚的冰层下面似乎有一片液态海洋，那里可能孕育着外星生命，当然值得探访；但从人类的角度来看，木卫四（Callisto，卡里斯托）才更适合人类居住。同样，土星至少有 62 颗卫星。土卫六的大气层很厚，足以提供适当的压力和辐射保护。那里甚至还有流动的河流、湖泊、云层和雨水——一个完整的循环，但是构成循环的是液态的甲烷和乙烷，而不是水。在土卫六建立人类栖息地具有很大的可行性。土卫二上有一片亚冰液态海洋，偶尔会将缕缕水蒸气送入空中，是可能存在外星生命的另一个地方。

这些极端环境下的生活几乎都一样。冷是异常寒冷，暗是漆黑一片，距离都非常遥远。我看不出生活在木星或土星附近，与生活在冥王星上的困难有多大差别。要完成到木星的 5 年旅程，必须假设我们已经到达了这样一个阶段：可以使用大型、舒适且具有防护作用的宇宙飞船，用 10~20 年的时间把我们送达太阳系的任何地方。在确保安全的情况下，首要问题是花费的时间是多少，即探险者或移民必须花多少年的时间才能到达这些遥远的地方。让我们从木星开始，它可能是我们在火星上建立基地后的第二个行星目的地。

315

木星及其伽利略卫星

木星非常大，是太阳系所有行星和卫星加在一起的两倍还要多。和太阳一样，木星也是一个由氢构成的大球。然而，木星的质量不足以产生足够的温度和压力来引发氢聚变。要做到这一点，木星的质量至少要是现在的 75 倍。所以有些人说木星是一颗失败的恒星，但这有点牵强。木星没有失败。哪怕是木星把太阳系中除太阳以外的所有其他物质都吸收进去，它离成为一颗恒星还是差得很远。相反，木星应该被视为一颗强大而独特的行星。

移居木星，而不是其卫星，这个概念本身完全属于科幻小说的范畴。木星没有表面。大气中有 75% 的氢和 24% 的氦，这是两种最轻的元素，没有办法飘浮在它们的上面。氦气球会像铅球一样下沉。对生命来说更糟糕的是，木星巨大的磁场就像一张网，捕获来自太阳的粒子再将其甩出去（这些粒子甚至因此获得了更大的能量），将致命的辐射洒向它的许多卫星。木星最吸引人的地方是，它的核心可能是金属氢，它可能会下钻石雨。是的，钻石。但是，根本没有任何现实的方法或理由在木星上生活，并近距离地探索这些现象。★

木星四颗较大的内卫星——木卫一（Io，伊奥）、木卫二、木卫三（Ganymede，盖尼米得）和木卫四，引起了人们的极大兴趣。我们将之称为伽利略卫星，因为它们是伽利略在 1610 年发现的。这是人类第一次发现环绕行星运行的天体。你用一副简单的双筒望远镜就可以看到这些卫星。木卫一距离木星最近，比月球略大。它有 400 多座活火山，在太阳系的卫星或行星中地质活动最为活跃。它内部的漩涡似乎是由引力潮汐加热引起的，

316

★ 未来学家说，在轨道环上生活，在木星上开采氢来推动聚变经济。这些都很吸引人而且可行，但都是几个世纪以后的事情。

因为它离巨大的木星太近了。我们可以在木卫一着陆，但是由二氧化硫组成的稀薄大气以及接近于0的气压会让人们的停留体验很不愉快。另外，在木卫一上每天要接受3600雷姆的辐射，这足以迅速杀死任何一个人。[5]在此要向地质学家和火山学家道歉，向木卫一发送机器人是可以的，但人类不行。

接下来是木卫二。它比月球略小。这颗卫星因其几千米的冰层下面可能存在液态海洋而闻名。造访木卫二？也许可能，但也不会很快实现。那里的辐射量为540雷姆/天。[6]有趣的是，木卫二有氧气大气层，但密度只有地球的十亿分之一，几乎探测不到。没关系，因为所有活动都在冰层之下。可以想象的是，我们可以在冰层上建立一个高强度的科学基地，就像一个冰钓小屋，保护我们免遭强烈辐射和赤道上–160℃的温度的伤害。考虑到离太阳的距离，这个温度已经高得惊人（热量来自木星的潮汐效应）。从科学基地，我们可以钻透冰层到达下面的海洋。大概到了这个时候，我们就会派机器人去探索这片海洋，看看那里是否可能存在生命；也就是说，我们人类将随后探索那些已经发现或强烈暗示存在外星生命的地方。

最大的障碍是钻透像花岗岩一样坚硬的冰。我们不知道它有多厚，估计在10~100千米。[7]相比之下，南极沃斯托克湖覆盖着的冰层仅有大约3千米厚。要把这么厚的冰层钻透只有核能可以办到。然后，可能会把潜水器部署到下面的海洋中，估计那里的水量是地球上的两三倍。木卫二极有可能存在生命，不仅因为它有液态水，还因为它可能存在水热活动，类似于地球上的海底火山，只不过木卫二上的水热活动是受到木星潮汐的牵引而产生的。如果地球海洋中的生命可以靠海底热泉生存，而不是依靠阳光，那么生命就可以在木卫二上生存。核心问题是，生命最初是否起源于木卫二；或者日晒下潮湿和干燥交替变化的区域，比如地球上的潮池，是生命起源所必需的条件吗？冰的确能保护我们免受辐射，并能提供生命所必需的气压。

我很喜欢木卫二。但考虑到这些危险，我实在想不出在什么情况下人类在冰层下控制潜艇，会比人类从地球表面或者从相对安全的木卫四上遥控潜艇更好。在火星上，亲身实践是更好的选择。而在木卫二上，纯粹的机器人探索可能会更好。同样，我也想不出在木卫二上建立定居点或殖民地有什么好处。那里的人也许可以经营旅游业，把游客带到冰下，观赏外星生物。这里有很多假设：发现了生命；生命看得见且有一定规模；进入海洋是安全的；规则允许人类与外星生命接触，等等。撇开环境危险不谈，0.13G 的表面重力似乎限制了人类长期存在的可能性。

再下一个是木卫三。它是木星最大的卫星，比我们的月球大，但密度小，所以表面重力只有 0.15G。同样的情况，寒冷，几乎没有空气。木星的辐射以 8 雷姆 / 天的量进行轰击（相比，火星为 8 雷姆 / 年）。[8] 木卫三似乎有大量的水冰，可能还有一片亚冰液态海洋，尽管它的冰层不像木卫二的那样坚固。这里有开采冰的可能，但取决于未来几代人有多渴，以及小行星是否无法解决缺水的问题。同样，考虑到生命在那里面临的种种困难以及有其他更好的选择，人类似乎没有令人信服的理由把木卫三当作自己的家。

还剩下木卫四，木星的第二大卫星。就人类的可居住性而言，木卫四与其他木星大卫星相比，最大的特点是辐射水平相对较低，仅约为 0.01 雷姆 / 天，是我们在地球上的辐射暴露水平的 10 倍，但仍低于火星。[9] 木卫四同其他卫星一样，寒冷、没有空气、缺乏适当的重力，但木卫四是瘸子里的将军。从木卫四上的基地出发，我们可以在一天左右的时间内造访其他大卫星。与这些卫星的通信几乎是实时的，具体情况取决于它们之间相对的轨道位置以及我们在该地区拥有的通信卫星的数量。木卫四上的土壤类似于砂砾，在低重力条件下挖掘应该不难。与木卫三和木卫二一样，木卫四下面也有水冰，可能还有液态水；这些水可以用来饮用、耕种、呼吸和燃烧。同我们的月球以及木星的大多数卫星一样，木卫四的潮汐被木星锁定，而且只有一面朝向木星（着陆就在这一面）。在木卫四上，木星看起来有地球上的满月的 5 倍大。那是多么壮观的景象啊。木卫四的昼夜循环为 17 天，比我们月球的 29 天要短。

为了相对安全地探索所有伽利略卫星，而附近的在轨太空中心又不能发挥这个作用时，木卫四可能是一个不错的营地。2003 年，NASA 构想了一个人类于 21 世纪 40 年代前往木星的项目，名字叫作人类外行星探索任务（Human Outer Planets Exploration，HOPE），计划将木卫四作为着陆地点。谈的只是希望。如果我们能在那个时间点到达火星就已经很幸运了。不

319 过，该任务体系强调，木卫四可能是未来木星系统中人类存在的地方。

艺术家们绘制了卫星表面的基地图。但是为什么要住在这些卫星（即便是木卫四）上呢？坚固的地面又能提供什么好处呢？在这些卫星上的任何长期存在都需要庇护所，或者建在地下，或者包裹在某种结构中，这会使你根本无法体验在这些卫星上的生活。为了美丽的风景，为了有机会研究这颗行星及其卫星，或者为了协调一些商业企业，未来想要住在木星附近的一代代人如果生活在一个旋转的、在轨运行的人造城市或者有人造重力的大型太空中心，很可能获益更多。如果你想参观的话，所有的景点都在附近。除非 0.15G 在某种程度上对人类健康是一件好事，否则 22 世纪的人类会选择生活在人造重力的舒适环境中。

土星和强大的土卫六的召唤

土星，以土星环闻名，其质量几乎只有木星的 1/3。和它的哥哥一样，这颗行星主要由氢和氦组成。土星有几十颗卫星，其中很多还没有命名，还有几百颗直径几十米的小卫星困在冰冷的土星环里。这些卫星中有许多具有迷人的特征。例如，微小的土卫三（Tethys，特提斯）几乎完全是水冰，是一个直径 1000 千米的滚圆的冰球。土卫一（Mimas，米玛斯）是已知的最小天体，由于自身引力的作用，它成为一个近乎完美的球体。土卫一直径约 400 千米，撞击形成的大环形山与电影《星球大战》中的死亡星球相似。土卫八（Iapetus，伊阿佩托斯）有一条奇怪的赤道脊，让这颗卫星从某些角度看起来就像一颗核桃。而土卫五（Rhea，瑞亚）——谁能忘记土卫五呢——就像一个由硅酸盐和冰组成的脏雪球，直径约 1500 千米。 320

但有两颗土星的卫星吸足了人们的眼球：小小的土卫二和巨大的土卫六。土卫二直径只有 500 千米，比小行星灶神星还小，没有大气层，表面重力只有 0.011G，是我在本书中讨论过的所有天体中除土卫一以外最小的。吸引我们来到土卫二的是搜寻生命。这颗卫星拥有地下海洋，其南极上空经常喷出大量水蒸气。水蒸气实际上形成了土星光环系统的一部分。通过 NASA“卡西尼号”（Cassini）探测器的观察，我们还了解到喷出物中包含了生命的所有间接迹象：盐、氨、二氧化硅、大量的有机分子（如甲烷和甲醛），以及氢气。[10] 其中，氢气尤为重要，因为它是热液喷口，即食物的标志。[11] 有如此强烈的证据证明有可能发现外星生命，于是我们被推向了土卫二；人们正在设计多项飞经土卫二的任务，目的是从这些烟雾中采集样本，并将其带回地球。

住在土卫二和住在木卫二一样，都要住在冰钓屋里。重力较低，但辐射较弱。同样寒冷、昏暗、缺乏空气。土卫六在某些方面更适合居住。它是土星最大的卫星——太阳系第二大卫星，仅次于木卫三。和木卫三一样，土卫六虽然是一颗卫星，但是比水星这颗行星还大。事实上，土卫六是唯一一颗拥有浓厚大气层的卫星，其大气层厚度是地球的 1.4 倍。此外，土卫六是太阳系中已知的拥有表面液体的唯一天体。其液体在河流和湖泊中流动，并从云层中以雨的形式降下。只不过这种液体是甲烷和乙烷，温度为 -180℃。

321

由于土卫六的大气层解决了辐射和压力问题，有些人认为它是太阳系中最适合作为人类第二故乡的地方，甚至是一个比火星更好的选择。[12] 慢点儿，我说。那是个荒唐的想法。我们有可能到达土卫六，但肯定不是在到达火星之前。我们住在那里的机会很小。

第一个挑战是距离。土卫六距离地球约 14 亿千米，大约是到火星距离的 25 倍。ESA 的“惠更斯号”（Huygens）探测器花了 6 年时间才到达土卫六。★ 这次任务取得了巨大成功。实际上，ESA 2005 年已经在土卫六表面放置了一枚探测器，这是迄今为止着陆距离最远的探测器。优美下降的视频令人震撼，展现了云层下该卫星表面的全景——人类的第一瞥。探测器在沉寂前收集了整整 90 分钟的数据。ESA 证明了在土卫六上着陆的可行性，只不过有 80 分钟的通信延迟（无线电波以光速传播，这从另一个侧面说明了土卫六有多远）。但是，我们需要一艘相当大的飞船把人类舒适、健康地送到那里。第二个挑战是低重力——0.14G，比月球还低，不到火星的一半。因此，未来的太空移民需要再次权衡利弊：对付火星上的辐射和压力问题，这是可以改造的；或者解决土卫六上的重力问题，而这个问题永

★ “惠更斯号”在降落到土卫六之前，搭载在 NASA“卡西尼号”探测器上。

远无法解决。

让我们暂时把重力问题放在一边。诚然，土卫六最吸引人的地方是在它上面可以不穿加压服自由行走。这个世界看起来会有些熟悉，有雨，有河流，有云，等等。你可以去划船。你可以很容易地在浓密的大气中滑翔，大气层中氮占主导地位，含量在 95% 以上。事实上，飞行比走路更容易，而且更受欢迎。低重力和高压力会导致人们的步伐变得笨拙，就像在水下行走一样。只要把简单的翅膀绑在胳膊上，你就能飞。或者，不骑自行车，而是骑“飞行车”（fly cycly）。★ 站在土卫六上会有问题，因为你身体的热量会融化地面，然后你的脚周围会重新结冰，就像被困在了淤泥中。飞行或者在地面上蜻蜓点水式的快速行走，会是你最好的选择。不过就保护而言，可以说你还没有脱离寒冷。土卫六上的最低温度是 –180℃。南极有记录以来最低的自然温度为 –89.2℃。为了御寒，你最好穿上加压服，除非有一种新的“太空时代”面料，既能保暖又不会显得臃肿。不管怎样，你身体的每一部分都必须得到保护，否则任何裸露在外的部分都会立即冻结。想想超绝缘潜水衣吧。

322

你还需要氧气。这并不难。那里的大气中没有氧气，但那里似乎有大量的水冰，只不过坚硬得像岩石一样。也就是说，我们在土卫六上看到的岩石可能是固态冰。它们融化以后可以

★ 自我提示：在 21 世纪末，也就是我们到达土卫六之前，将“飞行车”这个词注册商标。

饮用和种庄稼，而且我们知道，分解后可以产生氧气。土卫六上有如此多的氮，任何栖息地都可以很容易地呼吸到像地球一样的空气——含 80% 的氮气和 20% 的氧气。燃料几乎也是无限的。毕竟，它们会从天上像雨一样落下来。你可能会担心那些甲烷和乙烷湖会在一场大火中被烧掉。但是请记住，没有氧气，碳氢化合物是不会燃烧的，你可以很容易地控制它们。

323

不过，首先要克服一个小小的难题：没有氧气就不能燃烧碳氢化合物，但没有热量就不能分解水得到氧气。太阳不能解决这个问题。土卫六接收到的阳光只有地球的 1% 左右，大部分被大气层吸收了。所以，你需要一个小小的核反应堆来制造氧气，再用氧气来燃烧甲烷和乙烷。这就是为什么我写“几乎”无限的燃料供应。你需要核——放射性，核裂变或核聚变——来维持能量循环，这一点被土卫六的许多鼓吹者所忽略。不过，土卫六还是可以出口甲烷火箭燃料。这颗卫星即便不是整个太阳系的 OPEC，也起码是外太阳系的 OPEC，特别是在我们永远无法实现核聚变的梦想的时候。碳氢化合物开采技术与使用真空机一样简单，但可以推动一种有利可图的经济，支持人类定居。

毫无疑问，土卫六上的生活会很有趣。休闲划船仍然是一个选项，尽管液态甲烷—乙烷混合物的密度比水的要小，要提供必要的浮力让船漂浮起来，船体就需要更深、更多的中空部分。不过，液态碳氢化合物的黏性也比水小，你的船可以在较小的阻力下穿越海洋或湖泊。风是温和的，但空气更厚，所以会有更多的东西来鼓动船帆。帆船也会准备好。在低重力、低黏度的情况下，划船是很困难的。在甲烷—乙烷湖中使用化学方法推进发动机可能有点危险。如果你能克服把自己浸泡在这种像汽油一样的液体里的不适感，游泳也会很有趣；与水相比，甲烷—乙烷液体的密度更小，而且土卫六上重力也更低，这就意味着你可以像海豚一样从液体中跳出来。毫无疑问，还是需要一点点练习的。

324

土卫六上到处都是湖泊和海洋。我们已经给其中的许多起

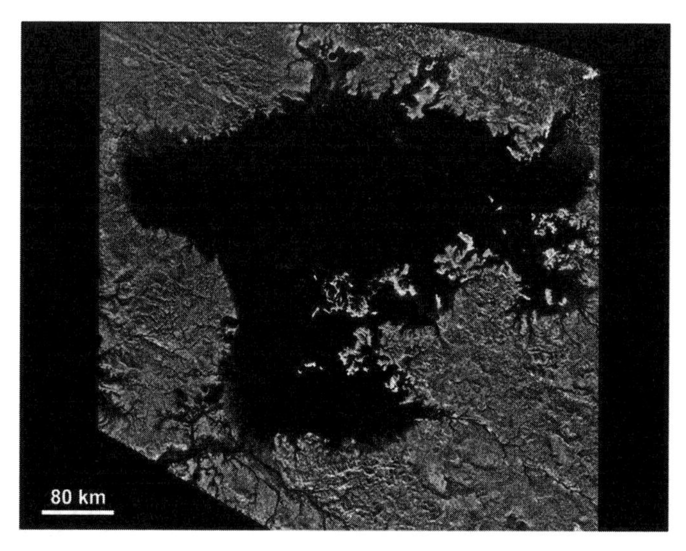

湖区旅行

丽姬娅海是土卫六上已知的第二大液体湖泊。这种液体由乙烷和甲烷组成，可在 −179℃下流动。土卫六有一个由湖泊、河流、云和雨组成的液体循环系统。天体生物学家推测，从理论上来说，生命可以在这样的环境中进化。

了名字：克拉肯海（Kraken Mare）是最大的，面积约 40 万平方千米，是北美五大湖的两倍多；丽姬娅海（Ligeia Mare）和蓬加海（Punga Mare）是另外两大湖，对于科学研究和帆船运动很有吸引力 。“土卫六海洋探索者”（Titan Mare Explorer，TiME）是 NASA 和 ESA 共同提出的一项任务，将在丽姬娅海着陆，并且用核发动机提供动力。TiME 一直没能拿到资助，一次又一次与资助无缘。最近一次是在 2012 年。不过，这项任务绝对可行，因为“惠更斯号”任务已经为其铺平了道路。与火星甚至地球相比，其重力低、大气层厚的环境更容易着陆。只是存在与其他行星和卫星任务竞争优先级的问题。TiME 的后续任务是把一艘潜艇送上土卫六。这可复杂多了。NASA 已经批准了一项名为“蜻蜓”的任务。如前所述，就是用一个类似无人机的探测器分析几十个地点的空气和土壤样本。

325

土卫六的表面“可以”安置密闭的栖息地，以便为动植物提供热量和可供呼吸的空气。但“可以”是一个悬而未决的问题。栖息地有可能会把表面融化，沉下去，或者飘走，因为热膨胀。土卫六是如此寒冷，我们给这个系统增加的任何热量都会上升，而且是带着栖息地一起，就好像它是个热气球一样。如果不了解土卫六表面的稳定性，工程师们就无法确定如何固定这些栖息地。由于飞行是最佳的交通方式，如果空中飘浮能保持稳定，自由飘浮的栖息地或许可行。

然而，对土卫六上的人类居民来说，最大的阻碍可能是缺少阳光。与地球上的光线相比，太阳的亮度只有其 1%，而云层又将其减掉了一半。每天都是阴霾天，比地球上的黄昏明亮不了多少。最让人失望的是，你几乎看不到可爱的土星，虽然它看起来比地球上的满月大超过10倍，占据了至少一半的天空。你需要戴上红外眼镜或乘坐平流层气球才能看到它。食物，当然就只能在人工照明下种植了。

你会有外星人邻居吗？土卫六上可能已经出现了生命，只不过它可能与我们以前见过的任何东西都不一样。生命不一定需要阳光和水，它需要能量和液体介质。土卫六两者都有。因此，生命必须在没有氧气的情况下在这种寒冷的液体环境中生存。生物学家对此进行了深入思考，提出了一种理论。他们构想了一种在低温下也很柔软的细胞膜，由碳、氢和氮组成，而不是我们所知的由碳、氢、氧和磷组成的磷脂类细胞膜。这种假想的细胞膜被称为氮质体（azotosome）。这个单词是将法语中的氮（azote）和脂质体（liposome）合在一起得来的。[13]但氮质体仅仅是一个细胞的壳。氮质体生物如何进食和繁殖仍然是个未知数——艾萨克·阿西莫夫曾经写道，生命“不是我们所知道的那样”。

326

我和大家分享一个比较新潮的概念。它是由物理学家、YouTuber艾萨克·亚瑟（Isaac Arthur）提出的，他在YouTube上有一个很受欢迎的有关未来主义的频道。土卫六可以用作一部巨大的散热器，使工业和计算活动更加高效。发动机靠两个热源（一冷一热）之间的能量传递来工作。工作效率的测量公式是$E=1-T_C/T_H$，其中温度（T）通常用开尔文（K）表示。在地球上，房间或工厂地板的温度大约是300K，这是低温热源，即T_C。发动机的工作温度可能是400K，这是高温热源，也就是T_H。于是，发动机的效率为1–300K/400K=0.25。在土卫六上，效率等式似乎是1–100K/400K=0.75。这适合超级计算机，众所周知，超级计算机会产生巨大的热量，需要巨大的能量来降温。一台超级计算机在地球上的效率为25%，而在土卫六上的效率将达到75%。因此，土卫六可以成为满足人类制造需求的理想的工业基地。

现在是令人兴奋的时刻。艾萨克·亚瑟进一步推测，在遥远的未来，如果人类成为虚拟实体，人类大脑被上传到巨型计算机里，那么我们就需要一个地方来放置所有这些计算机。地球不行。计算机将产生越来越多的热量，使地球变暖、效率降低。我们需要把这些计算机放在土卫六这样的地方运行。亚瑟计算得出，土卫六足够大、足够冷，足以容纳上万亿人脑的计算能力。因此，所有人类可能最终都会到达土卫六。即使太阳在数十亿年里将不断膨胀，吞噬水星、金星、地球、火星和木星，人类还会在土卫六上得到庇护。[14]

327

天王星、海王星、冥王星以及无垠宇宙的甜蜜孤独

如果你决定不把自己的大脑上传到土卫六的超级计算机

上，在太阳系更远的地方仍然有一些机会。★ 天王星就是下一颗行星，它已知的卫星有 27 颗，其中两颗卫星——天卫三（Titania，泰坦尼亚）和天卫四（Oberon，奥伯龙）——可以作为陆地基地，前提是开采天王星具有可行性。海王星已知的卫星有 14 颗，其中海卫一（Triton，特里同）是目前最大的，并且可能有冰下的液态海洋，是一个可以寻找生命的地方。冥王星和无数的海外天体（trans-Neptunian object）、柯伊伯带，以及奥尔特云（Oort cloud）天体由于含水冰，都具有居住的可能性。

我想首先强调的是，那里没有能提供合适重力的固态天体。最大的是海卫一，只有 0.08G。失败者冥王星还要更小一点，只有 0.06G。所有在这些天体上定居或采用轨道环与它们系在一起的想法，都是行星沙文主义思想的体现。更合理的殖民方法是建造具有人造重力的在轨城市。此外，考虑到小行星带的巨大资源以及木星和土星周围的地球化机会，很难找到在太阳系最外层生活的必要性。太阳离那里太远，无法为任何大于袖珍计算器的东西提供动力，整个前景严重依赖核聚变经济。在科幻小说中，与太阳距离如此遥远的人们被描绘成终极自耕农，渴望极度的孤独。还有一部科幻小说将此比喻成反乌托邦，由战争驱动的未来。谁控制了外太阳系，谁就控制了内太阳系，这

328

★ 请注意，上传你的大脑是复制—粘贴，而不是剪切—粘贴，所以会有两个你（所以你可以生活在土卫六上，探索外太阳系）。

里是目前地球上那些渴望太空力量的国家的延伸。所以，我们还是研究一下吧。

天王星和它的莎士比亚卫星

天王星是冰巨星而不是气体巨星，比木星和土星小得多。在许多书里，它看起来更大，且很少按比例绘制。天王星的表面积只相当于 16 个地球的表面积，赤道半径为 25559 千米，而地球的赤道半径为 6371 千米。但是要找到天王星的赤道很困难，因为这颗行星倾斜了 97 度，两极基本上是朝向太阳的。天王星 84 年才围绕太阳一周，每一极都是 42 年一直沐浴在（昏暗的）阳光下，然后是 42 年的黑暗。天王星也有一个光环系统，像土星一样。这颗行星的大气主要由氢和氦组成，但也有大量的甲烷、冰氨和水。在那里有很多工作需要做。

很久以前，有人决定用威廉 · 莎士比亚和亚历山大 · 蒲柏的戏剧和诗歌中的人物来给天王星的所有卫星命名，这我又有什么好抱怨的呢。这些卫星非常小，考虑在那里定居很可能是无事生非。天卫三和天卫四是其中最大的，每颗直径约 1500 千米，有 0.04G 的重力。它们都是冰岩，可以为科学或采矿基地提供水源，但在其他方面似乎并不突出。该区域令人兴奋的天体是天王星本身。由于它的质量相对较小，高层大气中的逃逸速度与地球大致相同，是木星的 1/3。再加上令人惊讶的平静大气层和低风速，意味着我们可以在不消耗太多能量的情况下，快速进入并收集气体，再出口到内太阳系。如果我们能解决核聚变的问

329

题，那么它的主要资源就是氦-3，还有氮气。火星上极其需要，我一直苦苦思索的在轨城市也极其需要用惰性气体来填满。因此，我们只是假设，天王星经济可能在需要的时候以天卫三和天卫四为基础出现。天卫三和天卫四甚至可能有地下液态水孕育着生命。我们对这些世界知道得太少了。

海王星和海卫一

海王星在大小、质量、光环系统和组成上都很像天王星，只是稍微小一些，但密度更大。作为一颗冰巨星，它所含的氢、氦、甲烷以及冰冷的水和氨的沉积物，与天王星大致相当。但它有一个令人吃惊的特征，其大气中的风速是太阳系中有记录的最大风速。那里的风速已经达到 2100 千米 / 小时，开采气体和氨变得非常危险。海王星的 14 颗卫星中确实有一颗非常有趣的卫星，那就是海卫一。

海卫一是太阳系中的第七大卫星，比木卫二和月球略小。表面重力只有 0.08G，大气层也很稀薄。你可能已经猜到，海卫一之所以有趣，是因为它可能有一个可孕育生命的全球地下海洋。[15] 海卫一的表面会间歇喷发出氮气，这是低温火山和放射生热的标志，可以为生命提供食物和能量来源。在行星体系中，海卫一和木星 / 土星周围的任何卫星一样，都是生命的有力竞争者。海卫一值得造访，建一个科学基地，可以；殖民地，不太可能。

330

还有一个有趣的现象是，海卫一是太阳系中唯一一颗以相反方向环绕其行星运行的卫星。这是因为，海卫一不是与海王星一起形成的。准确地说，它一定是海王星从柯伊伯带捕获的。考虑到它的大小，海卫一很可能是一颗矮行星。海卫一的大小和质量都比冥王星更大。这不是小事，这意味着包括冥王星在内的柯伊伯带可能包含无数个海卫一大小的天体，它们的地下海洋中都有可能存在生命。这与生物外来论的思想有关，即从一个星球向另一个星球播种生命。地球或任何行星上的生命，或卫星上的生命，可能起源于亿万年前撞击其表面的柯伊伯带天体。

系好你的柯伊伯带：冥王星、阋神星、塞德娜，等等

每个人都同情弱者。也许正因如此，冥王星仍然是太阳系中一个如此珍贵的天体，也是那些潜在移居者梦寐以求的地方。我要冒着激起某些人大声反对的危险说，冥王星并没有什么特别之处。曾经被命名为“正式”行星的它，现在已经被降级为矮行星。一个实际原因是，柯伊伯带中可能有数百个这样的天体。它们组成了一个环绕恒星的圆盘，从海王星轨道（30AU）一直延伸至大约 50AU。冥王星的质量在已知的这些天体中甚至不是最大的。质量比冥王星大的有阋神星（Eris，厄里斯）。此外，还有 7 颗卫星比冥王星大。

然而，从更加理论化的角度来看，国际天文学联合会（International Astronomical Union，IAU）已经在某种程度上将行星的概念定义为“清除了其轨道周围邻居”的天体。★ 冥王星的

331

★ 2006 年国际天文学联合会第 26 届大会第 5A 号决议。

轨道受到海王星的强烈影响，而且它与海王星外的许多其他天体共享绕日轨道。

在我们的心目中，冥王星一直保持着与众不同的地位，是因为它长期以来一直占据太阳系最后也是最小一颗行星的位置。此外，NASA 的“新视野号”探测器造访了冥王星附近区域，发回了这个冰冷世界的精彩图片。所以，我们现在对冥王星的了解比对外太阳系大多数行星和卫星的了解都要多。但冥王星几乎没有空气，表面重力为 0.06G，几乎是我们自己的卫星——低重力月球的 1/3。在那里永久定居似乎不切实际。冥王星的可取之处是，这颗矮行星富含氢、氧和氮等挥发性物质，而这些都适合维持生命。有大量的水冰。问题是，那里几乎没有像铁和硅这样的重东西，所以没什么东西可用于建筑及其配套产业。

小小的冥王星有 5 颗卫星：冥卫一（Charon，卡戎）、冥卫二（Nix，尼克斯）、冥卫三（Hydra，许德拉）、冥卫四（Kerberos，刻耳柏洛斯）和冥卫五（Styx，斯堤克斯）。事情在此变得更有意思了。冥卫一是这些卫星中最大的，其直径超过冥王星的一半，因此有些天文学家认为冥王星—冥卫一是一个双星矮行星系统，上一次碰撞后留下了形状不规则的卫星。冥王星—冥卫一的奇妙之处在于它含有一种被称为索林斯的有机大分子。这种分子使这两个天体的一部分呈红褐色。有些科学家推测，索林斯是生命的前身。在早期地球有水和其他条件的情况下，它们可以自然形成更复杂的分子，如氨基酸。许多卫星可能都有索林斯，其中最著名的是土卫六和海卫一。根据 332 NASA“新视野号”获得的数据，在冥王星稀薄的大气层中，碳氢化合物受到宇宙射线和太阳紫外线辐射的轰击，形成了索林斯。其中一些被吹到冥卫一的北极地区，使它变成了红色。[16]“新视野号”绘制了冥王星系统的全新视图。这是一个值得到访的地方。但人类长期占据冥王星是不可能发生的，除非那里发现了生命。

不过有一个非常巧妙的概念，就是把冥王星与冥卫一系在一起，创建一条星际高速公路。它们相距只有 19000 千米，比地球和月球之间 40 万千米的距离要近得多。这一概念在理论上是可能的，因为冥王星和冥卫一被潮汐锁定，所以它们彼此都以相同的一面朝向对方。我们可以看到月球划过天空。但冥王星上的人看不到冥卫一运动，反之亦然。系绳系统需要稍微灵活一点，因为潮汐锁定并不十分完美，轨道也会稍微改变。然而，即使用现代材料也可以做出这种绳索。人们可以住在连着绳索的轨道舱里（提供健康水平的人造重力），乘坐轨道车去往冥王星或冥卫一工作，开采生命所需要的水、硫化氢、氮或氨，然后出口到其他深空殖民地。这个问题思考一下确实很有趣，但考虑到采矿作业中所有需要人类的地方都可能被机器人取代，这些想法又变得不切实际（这是对未来主义的讽刺：把人类想象成农民和矿工，而这是两个最原始的行业）。

柯伊伯带中大部分较大的天体在科学上都将引起人们的

兴趣。遗憾的是，它们中的大多数距离太远，太分散，无法用一枚探测器完成观测。柯伊伯带中的这些所谓海外天体（TNO），如阋神星、妊神星（Haumea）、2007 OR_{10}、鸟神星（Makemake）、夸奥尔神星（Quaoar 小行星 50000 号）、塞德娜（Sedna，小行星 90377 号）、2002 MS_4、亡神星（Orcus，小行星 90482 号）、潫神星（Salacia，小行星 120347 号）。2019 年 1 月，"新视野号"路经 2014 MU_{69}，这颗小行星以它的绰号"天涯海角"（Ultima Thule）而闻名。这次造访并不是因为这个天体最有趣——它只有 30 千米长，与 2000 千米宽的球形阋神星相比微不足道——而是因为它离冥王星比较近，"新视野号"离开冥王星的轨道后几乎用不了多少燃料就能到达那里。我们对这些天体所知甚少，因此推测我们是否、如何或何时会在它们上面驻足毫无意义。

333

彗星：抓住一个波浪，你就站在世界之巅

彗星是由冰覆盖着的天体。彗星起源于柯伊伯带，也可能起源于更远的奥尔特云，其特征是它们的彗尾，或称彗发。彗星运行在长长的、高度偏心的大椭圆轨道上，每当它们靠近太阳时彗尾就会出现。彗尾是彗星令人惊叹的直观显示，是冰和其他挥发性物质被太阳的热量燃烧所致；当彗星返回外太阳系时，彗尾就会消失。其中比较著名的是哈雷彗星，它每 74~79 年靠近地球一次；还有 1995 年发现的明亮的海尔 – 波普（Hale–Bopp）彗星，它很可能要等 2300 年后才会再次出现（除非我们

去造访它）。有远见的物理学家弗里曼·戴森认为，彗星可能是太阳系中最适合居住的天体。有一件事是肯定的：如果你在彗星上着陆，那你就搭上了顺风车。

人类可以像占有小行星一样轻松占有彗星。要点是着陆，挖空慧核，插入一个旋转的栖息地以产生人造重力。彗星更像冰冻的泥球，而不是冰球。冰外壳可以防辐射；金属、矿物和岩石内核可以提供建筑材料。大多数彗星包含人类生命所需的几乎所有元素。购买彗星的时候，你会想要一颗大彗星为数百万人的殖民地提供足够的空间和稳定性，而这只需要一颗直径几十千米的山一样大小的彗星就够了。

334

要在彗星上生活，就需要核聚变。彗星大部分时间都远离太阳，因此无法利用太阳能，而且从冰里提取氢燃料与氧气一起燃烧，也无法产生足够的能量供一座城市使用。把泥冰中的氢或氘用作核聚变燃料则是另一回事。只需几千克，就能让室内长时间充满人造光。更有趣的是，你可以用核聚变燃料来驱动你的彗星，把它作为一艘星际飞船。事实上，就性价比来说，当你以超过光速 10% 的速度嗖地掠过银河系时，一颗有着几千米厚的冰层和宽敞内部空间的彗星可以提供最好的保护，使你免受辐射和宇宙碎片的伤害。绕着太阳俯冲，获得引力弹射，然后点燃发动机，可以极大地提高速度，让你能在 40 年内到达最近的恒星。

当然，这是一个未来概念。但就实用性而言，以彗星为基础的世代宇宙飞船将是拖着成千上万人到达恒星的最有效方式。

我们更有可能看到人类占有彗星，而不是成群结队地生活在冥王星上，因为后者没有什么用处，只不过实现起来可能更容易。

奥尔特云和无垠宇宙

在非严格定义的柯伊伯带边界和我们太阳系边缘之外，存在着神秘的奥尔特云。这是一个星际空间区域，距离太阳 0.8~3 光年，或 10000~50000 天文单位，大约是太阳到与其最近恒星距离的一半。该区域还是一个理论建构，没有人对它进行过直接观测。天文学家推测那里有无数冰冷的星子，它们与太阳系松散地结合在一起，或者顶多与其他恒星的引力相比，它们与太阳的引力结合得更紧密一些。人们认为一些长周期彗星和近抛物线彗星起源于奥尔特云。

335

建模（即对未知进行估量）表明奥尔特云包含的物质可能超过 100 个地球，或是小行星带的 10 万倍。[17] 然而，每个固态天体之间都隔着难以测量的距离，就像地球到冥王星一样，形成了一个相当孤寂或与世隔绝的世界。那里可能还存在以某种方式逃离了原来恒星系的流浪行星（rogue planets）。这些行星也被称为游牧行星（nomad planets）或荒原狼行星（Steppenwolf planets），其大小没有限制。一颗有着类似地球引力的行星可能就在那里等着我们。

我们不会很快到达奥尔特云。NASA 的“旅行者 1 号”——离我们最遥远的探测器，运行速度接近 60000 千米 / 小时，现在刚刚离开太阳系，将在大约 300 年后到达奥尔特云的内边缘，还需要 3 万年才能穿越过去。[18]那么，我们如何又为什么要在那里定居呢？

“如何”同时居住在彗星和小行星上，重点是核聚变，因为那里没有太阳或其他合适的能源。最大的挑战是通信。距离是如此遥远，从一个奥尔特社区向另一个奥尔特社区发送信息需要几天到几个月，这就意味着存在着卫星通信延时。就目前而言，“为什么”纯粹是科幻小说的题材。也许，当你对现实世界感到特别沮丧时，可以想象一下未来遥远的反乌托邦，邪恶充斥着太阳系，从水星一直到冥王星和柯伊伯带。恶棍们奴役了大部分人类，用他们控制的彗星撞击地球，致使地球毁灭。那时，奥尔特云将是你的避难所。你和你成千上万的战友很容易隐藏在几十亿个甚至上万亿个冰冷的天体里。如果你不向你的天体外发送信号暴露自己，那么被先进文明发现的概率微乎其微。数字和距离都对你有利。

但如果每个人都能在未来的 1000 年里和睦相处，奥尔特云可能有助于建造一条星系间的高速公路。不像航线和陆地高速公路，星系间的高速公路不需要中途停留休息或加油。在太空中，停下来只会消耗燃料，破坏你积累起来的动量，因此迫切需要这些以 10% 的光速或更快的速度从一颗恒星到另一颗恒星的多年通道。奥尔特云团可以作为宇宙灯塔（注意，大多数恒星系可能都有类似的云团）。它们可以是导航的信标，但也可以用来推动飞船前进。[19]在本章后面，我将讨论太阳帆。来自太阳的光子可以鼓动大型航天器的帆，并将其速度推进到光速的0.1%。太阳光线更分散，因此对更远的船帆的推力也就更弱。因此，奥尔特云中的信标可以向各个方向发射强大的、聚焦的激光，就像一股风让航天器来捕捉，无论是到另一个恒星系还是到我们太阳系的内行星都可以利用。根据星系间贸易的规模，奥尔特云居民可以通过控制信风过上好日子。

那么，我们会和谁做交易呢？很可能是跟我们自己。因为就无线电信号或类似的电磁波谱控制而言，银河系中似乎不存在像人一样的智慧生命。即使有其他智慧生命存在，这些生物热衷于资本主义的可能性也相当渺茫。

337

一种可能的情况是，在建立起贸易网络之前的几个世纪里，我们可能会乘亚光速飞行的世代星际飞船或星际方舟，出发前往新大陆。这个概念很容易理解：这些宇宙飞船规模巨大、自给自足，去往另一颗恒星的旅程需要数百年或数千年的时间。因此，一代又一代的居住者将在宇宙飞船上出生，在宇宙飞船上死去，除非我们那个时候有办法永生。

这些飞船必须足够大。当前地球上的远洋邮轮，其长度比3个足球场还要长，却只能载5000名到6000名乘客，而且如果搭乘那样的一艘船，你会觉得那里糟糕得像地狱。但在宇宙中，这么多人还不足以支撑起一个新的太空殖民地。星际方舟需要在太空中建造。如果我们朝这个方向发展，第一代飞船可能会用从月球或小行星上开采的原材料建造。回想一下，小行星或彗星也可能被掏空形成世代星际飞船。这又引出另一个有趣的概念，即一艘 2200 年起航前往半人马座 α 星的“原始”方舟，可能会被一艘 2250 年起航、速度快得多的先进方舟所超越。第一艘船上的先驱者到达他们的目的地时，可能会非常惊讶地发现人类已经到达那里 100 年了。太空很大，希望他们不会为了同一个恒星系而争斗。

极品飞车

如果你不赶时间，乘游轮在海上游弋可能是个不错的选择。不过，我想不出花时间在太空中这样做有什么好处。没有什么风景可言，而且你是在一场致命的辐射风暴中航行。到达目的地越快越好。事实上，速度的相对缺乏是我们探索深空的限制因素。就算是我们建造的宇宙飞船可以抵御零重力、辐射和其他宇宙碎片，但我们如何才能有效地将整个太阳系的人类联系起来呢？更不要说各个恒星系之间的了。现在从地球到冥王星需要 10 年。这还是单程的时间。水手们有可能在海上待上几年，但不是几十年。

338

第 3 章指出，火箭发射需要化学燃料或核燃料提供十足的推力，才能脱离地球引力。到 22 世纪，当人类准备探索深空时，火箭可能已经过时了。把人类送入太空，天钩和轨道环要有效得多，我们可以在那里登上等待着的宇宙飞船。然后，一旦进入太空，就会有更多的燃料可供选择。其中一些燃料可以将我们推进到接近光速的速度。

离子和等离子体推进

离子推进是乌龟和兔子的结合，一个通过一系列原子大小的推力来推动航天器达到极高速度的系统。在前往小行星的太空任务中，NASA 和 JAXA 都成功使用了离子推进技术。这项技术的核心是作用力与反作用力：将带正电荷的原子或离子气体从后端推出，然后以同样的能量推动宇宙飞船前进。因为太空中没有空气阻力，所以宇宙飞船会随着每次轻推而移动得越来越快。

化学燃料通过喷嘴以 5 千米 / 秒的速度喷出热气。大量使用这种燃料，就可以产生提升火箭的推力。当燃料耗尽，你就会以发射时达到的最终速度离开。离子推进器使用氙气作为燃料。当氙原子受到电子轰击时，氙原子失去了一个电子变成带正电的离子。正离子可以在电场中加速，并以 40 千米 / 秒的速度喷射出来。离子一个个被喷出，产生的推力很小，大约 0.5 牛顿，也就是举起一张纸的力。但是在太空中，这些推力可以叠加起来。NASA 造访谷神星和灶神星的“曙光号”探测器使用离子推进技术（先用传统火箭将其送入太空），在 4 天内从 0 加速到 100 千米 / 小时。虽然速度不是很快，但对于这次任务所需要的精细机动来说非常理想。只要几周时间，装有离子推进器的航天器就能达到 32 万千米 / 小时的速度。这样的速度可以将前往火星的时间缩短到几个月。我们可以在大约 5 年内到达冥王星，而不是像“新视野号”一样花上近 10 年的时间。

目前投入使用的离子推进器适用于轻型航天器，不适用于大载荷航天器——因为质量太大无法推动。NASA 已经成功地展示了一种更高效的离子推进系统，只不过是在地球的实验室里。这种离子推进系统叫作 X3 或霍尔推进器（Hall thruster），可以产生 5 牛顿的推力，是“曙光号”上使用的氙气推进器的 10 倍。这意味着 X3 推进发动机可以将相当重的载荷——建立科学基地或定居点所需的那些必不可少的货物——发射到火星。

在实验领域研究得更深入的是可变比冲磁等离子体火箭（Variable Specific Impulse Magnetoplasma Rocket，VASIMR），由星际探索火箭公司（Ad Astra Rocket Company）研发，由前 NASA 宇航员富兰克林 · 常 · 迪亚兹（Franklin Chang Díaz）领导。目前的离子推进系统利用太阳能电池板产生电子轰击氙气，而可变比冲磁等离子体火箭利用无线电波将氩气“煮沸”产生电子，形成离子等离子体。星际探索火箭公司的工程师计算得出，航天器使用小型核反应堆能源可以产生高能离子等离子体推进剂，到达火星只需 39 天，而使用化学燃料需要大约 200 天。[20]

340

唉，现在看来，在这个奇幻的领域，人们热衷的东西似乎又成了电磁驱动（EmDrive）——一种假设的无推进剂驱动。它打破了各种物理定律，但人们还是对它进行了 10 多年的测试。原理是，在一个锥形装置中收集的微波可以来回弹跳，从而产生微小的推力。实验人员，包括 NASA 的一些人，认为他们看到了这种效应。如果可行，你就可以用周围宇宙射线的微波来驱动航天器。显然，这是星际航行的理想选择，不需要燃料你就可以达到极高的速度。但德国的一个工程师团队已经发现，在地面实验室中检测到的推力来自发动机舱内电力电缆与地球磁场的相互作用。[21]

太阳帆

太阳帆可以捕捉太阳风，或者更确切地说，是捕捉来自太阳光光子的压力。JAXA 第一个在星际空间证明了这一技术。它在 2010 年将“太阳帆行星际飞船”（Interplanetary Kite-craft Accelerated by Radiation of the Sun，IKAROS，伊卡洛斯号）送到了金星。这面太阳帆长 14 米、宽 14 米，只有几微米厚，就把这艘重 315 千克的飞船推进到了 1440 千米 / 小时或 0.4 千米 / 秒的最高速度。虽然这比离子推进器的速度要慢得多，但潜力仍然很大。注意，IKAROS 是在逆“风”航行。2019 年，通过众筹筹得的资金，行星协会（Planetary Society）成功发射并展开了太阳帆，证明飞船在不使用燃料的情况下可以在太阳系移动。

从理论上来说，太阳帆只要离太阳足够近，在水星轨道以内，就可以捕捉到足够的微风，使其以 400 千米 / 秒的速度飞行，也就是 0.1% 的光速。[22] 这个速度非常快，仅用 2 年左右的时间就能到达冥王星。如果我们用激光束推动带帆的航天器，它可以飞得更快。“突破摄星”（Breakthrough Starshot

341

initiative）是一个向 4 光年外的半人马座 α 星发射 1000 部微型太空探测器的项目。在地球上用强大的激光推动这些只有几厘米大小的探测器，并将它们加速到 15%~20% 的光速。这项聪明计划的一个问题是，当探测器到达半人马座 α 星时，如何减慢探测器的速度。降落伞在太空中不起作用。

可能的和不可能的推进

人类可以梦想。1996~2002 年，NASA“突破推进物理项目”（Breakthrough Propulsion Physics，BPP）的工作人员就是这样一直怀揣着梦想，直到该项目被取消。他们做了一些数学和物理学方面的尝试，但大部分只是梦想。其中研究的一个概念是《星际迷航》中的曲速引擎（warp drive）。这不是那种普遍认为的比光速还快的旅行。相反，曲速引擎可以使空间弯曲——将空间挤压在一起——让你通过在波峰上跳跃来跨越很远的距离，而不是沿着每个波浪上上下下。

你没有错过新闻发布会：曲速引擎没有成功。曲速引擎及其时髦的孪生兄弟虫洞，就概念来说都是可行的，因为它们不违反已知的物理定律。然而，扭曲空间所需的能量远远超过我们所能产生的能量，除非我们学会利用黑洞的能量。

反物质燃料是有可能的。今天，我们已经可以在粒子加速器中制造反物质，尽管很难长时间储存。我们生产的数量实际上只是几个反质子，不到十亿分之一克。反物质是指带有相反电荷的相同粒子。反电子——称为正电子——带有正电荷，与一个电子的负电荷相反。一个反质子带有一个负电荷。它们非常不稳定，当反物质遇到普通物质时，粒子就会湮灭，不会留下任何灰烬——按照公式 $E=mc^2$，物质全部转化为能量。化学能的效率大约是 1%，留下了大量灰烬。核能的效率约为 10%。物质—反物质湮灭的效率是 100%。所有这一切都是在说，如果能够利用反物质的能量（并非完全不可能），我们就会有一种燃料来推动我们以超过光速 40% 的速度前进。在这一点上，我们要担心的是移动得太快，因为以这样的速度在宇宙碎片中穿梭会侵蚀船体，就跟汽车挡风玻璃上的虫子一样，没什么好处……

342

离现实更近的是核裂变和核聚变发动机。核燃料现在已经开始在太空中使用。NASA 在“旅行者 1 号”和“旅行者 2 号”上安装了放射性同位素温差发电机（RTG），这两枚探测器目前正在离开太阳系。钚衰变产生的热量可以发电。RTG 已经用于多枚探测器，比如“好奇号”火星车。然而，太空中的核裂变一直是一项挑战。NASA 的“核发动机运载火箭应用”项目（Nuclear Engine for Rocket Vehicle Application，NERVA）在 20 世纪 50 年代和 60 年代运行了 20 年。这种以核裂变为动力的火箭，原计划在 20 世纪 80 年代将人类送上火星，但事实证明，进一步研发成本太高。该项目在 20 世纪 80 年代后期以“森林之风计划” (Project Timberwind) 的形式重生，由战略防御计划（“星球大战”）资助。过去和现在的问题都是核燃料的安全性，特别是航天器从地球发射的过程中。如果火箭爆炸，那么大片土地将被有毒的核燃料所覆盖；如果一个国家的火箭在另一个国家爆炸，那将是一场人类的噩梦。尽管如此，核发动机技术还是相当先进的。因此，如果在没有生命的月球上用本地制造的核燃料发射核裂变火箭，绕过安全顾虑，是可行的。

343

如果我们掌握了核聚变技术，从月球上用当地氦-3资源提供的动力发射大型航天器的可能性就更大。与化学燃料相比，核燃料不仅能提供更多的能量，而且燃烧效率更高。这意味着我们可以使用核燃料以更小的燃料—货物比让航天器飞得更快、更远。脉冲核聚变一次只使用少量的核聚变燃料，就能产生一系列推力，可以将航天器的速度推进到光速的10%。

预 测

在月球和火星上建立科学基地后，搭乘在太空中组装的由太阳帆和离子推进器提供动力的大型飞船，人类将在21世纪末造访金星上空以及木星的卫星；21世纪末，机器人任务将在外太阳系至少一颗卫星上发现生命；22世纪初，人类将乘坐速度极快的核动力宇宙飞船去土卫六探险；到22世纪末，科学技术取得的进步已经允许人类在整个太阳系进行科学探索。但除天王星以外，仍然没有商业活动或居住的需要。因为天王星这个冰巨星足以提供内太阳系需要的所有资源；23世纪末，第一批人类将离开地球，前往距离最近、适宜居住的恒星系；几千年后，这些点才会连接起来，星际旅行和商业才会成为常态。

后记
欢迎回家

地球仍将是我们未来几千年的家园。本书中提到的概念没有任何一个是暗示人类将很快离开地球。没错，地球是有问题。但是，通过离开地球来逃避问题或逃避即将发生的危险，均不切实际而且十分愚蠢。在现实生活中，我看不出有什么理由让人认为诸如火星上的生活会好于地球上的生活。除非遭到月球大小的天体的撞击，导致我们的地球母亲彻底解体，或者像《银河系搭车客指南》（*The Hitchhiker's Guide to the Galaxy*）中的情节一样，一支沃贡人的飞船队正在铺设星系间高速公路，否则地球永远都比火星宜人。让我们想想核战争或小行星撞击吧。它们的结果基本上是一样的。幸存下来的 1% 的人类，靠着从超市废墟中找到的豌豆罐头在地下生活数年之久。但是这样的生活相对于在寒冷、贫瘠、几乎没有空气的火星上开始新的生活，仍然要容易得多。而且请记住，在我们这个伟大的太阳系中，生活在任何其他行星或月球上，都比生活在火星上更加艰难。

人类的太空探索并不是地球的 B 计划。相反，我们在太空的活动是为了让我们在地球上生活得更好。气象卫星提前数天警告我们风暴的方向和大小；通信卫星推动全球经济；地球—太阳观测站弄清了大气污染的趋势和温室气体的增加；哈勃太空望远镜和威尔金森微波各向异性探测器（Wilkinson Microwave Anisotropy Probe）这样的在轨空间科学卫星，则回答了关于宇宙年龄和组成的深刻问题，并为我们带来了一种奇妙的感觉。太空技术和探索远非未来逃避主义。它们就存在于此时此地。

我认为，我们在月球、火星以及其他地方的存在是一种手段，可以确保我们在地球上生活得更健康，确保我们享有富兰克林 · D. 罗斯福总统所说的“免于贫困的自由”，以及享有适当生活标准的权利。这包括获得清洁的水和食物，以及消除各种不平等。这些不平等会导致土地退化、腰被累断、手被压碎、肺部腐烂和智力浪费。通过进入太空并使我们的全球经济多样化，我们开辟了能源和资源开发的新可能性，同时激励年轻一代放眼未来，扭转目前几乎影响到每个国家的小部落主义的陋习。

我们对太阳系的探索将以我们无法预测的方式改变地球。从现在起 50 年、100 年、200 年以后，地球不可能因为人类冒险进入太空而变得更糟，因为这样的事情从未发生过，而且与人类历史背道而驰。有些人害怕技术的发展，这话不假。但是技术可以保护原始主义的神圣性。例如，太空资源可以减少对地球上的煤炭、石油、木材和珍贵矿物的依赖，让亚马逊和东南亚的狩猎和采集文化不受无情的商业利益的侵蚀，让那里的人过着轻松自在的生活。技术使人们能够依靠网络而生活，因为346太阳能电池板、水净化、无线通信和基于互联网的学习等工具都是太空时代的产物。技术还可以减少恐怖主义，因为资源开发的多样化可以最大限度地减少土地和水资源所有权的冲突。

我希望看到的未来是，在探险游戏中没有输家，没有土著人口被征服者消灭，没有人被当作廉价劳动力而受到剥削。欧洲的财富，还有美国的财富，都是建立在这段剥削历史之上的，并因此而臭名昭著。亚洲国家将人口大量迁移到新的土地上，并且把财富留在当地。而与之形成鲜明对比的是，欧洲和美国的殖民地则以土著人口为代价，将这些财富（矿产、木材等）运回自己的国家。在此，我并不想通过谈论对工人的剥削来进行政治说教。事实上，本书提出的思想与资本主义是一致的。主要是因为在太空中，像小行星、月球或火星等（可能）没有生命的天体上，开发资源不会影响到任何外星人口。这些资源可以带回地球，让人类走向后匮乏时代的黎明，不再恐惧资源的匮乏。

利用无限的太空自然资源可使人口增长。我怀着一种真诚的人文情怀，指出让数十亿甚至数万亿人有尊严地生活是一个美好的目标；坦率地说，我很难理解另一种观点，即由于资源减少，我们需要停止人口增长或减少人口数量。设想在 23 世纪我返回地球时，经过穿越太阳系的长途旅行，我参观了火星上的众多定居点和遍布地月系统的在轨城市，以及小行星带和略347远一点的机器人作业定居点；我希望看到数百亿规模的全球人口可以利用太空带来的能源和材料高效地生活。

人类不是非得进入太空。尽管我们一定会在未来几十年内冒险回到月球，然后赶往火星，但很有可能我们无法待在那里，至少在 21 世纪不能，因为物理挑战太大，经济回报太小。但是在某个时间点——可能是下一个 10 年或下一个世纪，进入太空可能就有了充分的理由。太空将是人类的自然延伸，就像我们在水上架桥，接下来又在空中架桥一样。当那个时代到来时，所有的人类都将繁荣，“智人”（Homo sapiens）将向“未来人”（Homo futuris）的进化迈出大胆的第一步。

注 释

引言 发射之前

1. Thomas Heppenheimer, *The Space Shuttle Decision: NASA's Search for a Reusable Space Vehicle* (Washington, DC: NASA History Office SP-4221, 1999), 146, https://ntrs.nasa.gov/archive/nasa/casi.ntrs.nasa.gov/19990056590.pdf.
2. John M. Logsdon, "Ten Presidents and NASA," *50th Magazine—50 Years of Exploration and Discovery,* NASA (2008), https://www.nasa.gov/50th/50th_magazine/10presidents.html; FY 2018 Budget Request, NASA, https://www.nasa.gov/content/fy 2018-budget-request.
3. John M. Logsdon, *After Apollo?: Richard Nixon and the American Space Program* (London: Palgrave Macmillan, 2015).
4. Logsdon, *After Apollo?*
5. Zuoyue Wang, *In Sputnik's Shadow: The President's Science Advisory Committee and Cold War America* (New Brunswick, NJ: Rutgers University Press, 2009), 222.
6. Roald Z. Sagdeev, *The Making of a Soviet Scientist: My Adventures in Nuclear Fusion and Space from Stalin to Star Wars* (Hoboken, NJ: Wiley, 1994).
7. Heppenheimer, *Space Shuttle Decision,* 115.
8. William Sims Bainbridge, "The Impact of Space Exploration on Public Opinions, Attitudes, and Beliefs," in *Historical Studies in the Societal Impact of Spaceflight,* ed. Steven J. Dick (NASA, 2015).

9. Richard Nixon, "Statement about the Future of the United States Space Program," March 7, 1970; online by Gerhard Peters and John T. Woolley, American Presidency Project, http://www.presidency.ucsb.edu/ws/?pid=2903.
10. "Space Station: Staff Paper Prepared for the President's Commission to Study Capital Budgeting," Clinton White House archives, June 19, 1998, https://clintonwhitehouse5.archives.gov/pcscb/rmo_nasa.html.
11. Neil deGrasse Tyson, "Paths to Discovery," in *The Columbia History of the Twentieth Century,* ed. Richard W. Bulliet (New York: Columbia University Press, 1998), 461–482.
12. Neta C. Crawford, "US Budgetary Costs of Wars through 2016: $4.79 Trillion and Counting," White Paper (Providence, RI: Brown University, 2016).

1 生活在地球

1. Claude Lafleur, "Costs of US Piloted Programs," *Space Review,* March 8, 2010, http://www.thespacereview.com/article/1579/1.
2. United Nations Department of Economic and Social Affairs, Population Division, "World Population Prospects: The 2017 Revision, Key Findings and Advance Tables," 2017, https://esa.un.org/unpd/wpp/Publications/Files/WPP2017_KeyFindings.pdf.
3. Patrick Gerland et al., "World Population Stabilization Unlikely This Century," *Science,* 346 (2014): 234–237, doi:10.1126/science.1257469.
4. Dana Gunders, "Wasted: How America Is Losing Up to 40 Percent of Its Food from Farm to Fork to Landfill," NRDC Issue Paper, August 2012, https://www.nrdc.org/sites/default/files/wasted-food-IP.pdf; Lawrence Livermore National Laboratory, "Americans Continue to Use More Renewable Energy Sources," press release, July 18, 2013, https://www.llnl.gov/news/americans-continue-use-more-renewable-energy-sources.
5. Peter A. Curreri and Michael K. Detweiler, "A Contemporary Analysis of the O'Neill-Glaser Model for Space-Based Solar Power and Habitat Construction," NASA Technical Reports Server, 2011, doi:10.1061/41096(366)117.

6. Barbara Tuchman, *A Distant Mirror: The Calamitous 14th Century* (New York: Alfred A. Knopf, 1978).
7. Karen Meech et al., "A Brief Visit from a Red and Extremely Elongated Interstellar Asteroid," *Nature* 552 (2017): 378–381, doi:10.1038/nature25020.
8. Philip Plait, private communication, April 8, 2018.
9. Food and Agriculture Organization of the United Nations, "The State of Food Security and Nutrition in the World" (FAO, 2017), http://www.fao.org/3/a-I7695e.pdf.
10. Patrick T. Brown and Ken Caldeira, "Greater Future Global Warming Inferred from Earth's Recent Energy Budget," *Nature* 552 (2017): 45–50, doi:10.1038/nature24672.
11. World Bank Group, "Turn Down the Heat: Confronting the New Climate Normal" (World Bank, 2014), http://documents.worldbank.org/curated/en/317301468242098870/Main-report.
12. Brian Thomas et al., "Gamma-Ray Bursts and the Earth: Exploration of Atmospheric, Biological, Climatic and Biogeochemical Effects," *Astrophysical Journal* 634 (2005): 509–533, doi:10.1086/496914.
13. Adrian L. Melott and Brian C. Thomas, "Late Ordovician Geographic Patterns of Extinction Compared with Simulations of Astrophysical Ionizing Radiation Damage," *Paleobiology* 35 (2009): 311–320, arXiv:0809.0899.
14. Julia Zorthian, "Stephen Hawking Says Humans Have 100 Years to Move to Another Planet," *Time,* May 4, 2017, http://time.com/4767595/enums; Justin Worland, "Stephen Hawking Gives Humans a Deadline for Finding a New Planet," *Time,* November 17, 2016, http://time.com/4575054/stephen-hawking-humans-new-planet.
15. Peter Gillman and Leni Gillman, *The Wildest Dream: The Biography of George Mallory* (Seattle: Mountaineers Books, 2001), 222.
16. Colin Summerhayes and Peter Beeching, "Hitler's Antarctic Base: The Myth and the Reality," *Polar Record* 43 (2007): 1–21, doi:10.1017/S003224740600578X.
17. United States Department of State, "The Antarctic Treaty," https://www.state.gov/documents/organization/81421.pdf.
18. United Nations Office for Outer Space Affairs, "Treaty on Principles Governing the Activities of States in the Exploration and Use

of Outer Space, including the Moon and Other Celestial Bodies," http://www.unoosa.org/pdf/gares/ARES_21_2222E.pdf.

19. Mahlon C. Kennicutt et al., "Polar Research: Six Priorities for Antarctic Science," *Nature* 512 (2014): 23–25, doi:10.1038/512023a.
20. Christopher Wanjek, "Food at Work: Workplace Solutions for Malnutrition, Obesity and Chronic Diseases" (Geneva: ILO, 2005), 138–142.
21. German Aerospace Center (DLR), "Rich Harvest in the Antarctic EDEN ISS Greenhouse—Tomatoes and Cucumbers in the Polar Night," June 25, 2018, https://www.dlr.de/dlr/en/desktopdefault.aspx/tabid-10081/151_read-28538/.
22. Martin Gorst (Director), *Big, Bigger, Biggest: Submarine,* Documentary, Windfall Films (National Geographic International, 2009).
23. Gorst, *Big, Bigger, Biggest.*
24. Thomas Limero et al., "Preparation of the NASA Air Quality Monitor for a U.S. Navy Submarine Sea Trial," Conference Paper, Submarine Air Monitoring and Air Purification Symposium, Uncasville, Connecticut, November 13–16, 2017.
25. Zoltan Barany, *Democratic Breakdown and the Decline of the Russian Military* (Princeton, NJ: Princeton University Press, 2007), 33–34.
26. Ned Quinn, "NASA and U.S. Submarine Force: Benchmarking Safety," *Undersea Warfare: The Official Magazine of the U.S. Submarine Force* 7 (fall 2005).
27. Katie Shobe et al., "Psychological, Physiological, and Medical Impact of the Submarine Environment on Submariners with Application to Virginia Class Submarines," Naval Submarine Medical Research Laboratory Technical Report #TR-1229 (2003), https://www.researchgate.net/publication/256687350.
28. "How to Survive the Long Trip to Mars? Ask a Submariner," Associated Press via *Washington Post,* October 5, 2015, https://www.washingtonpost.com/lifestyle/kidspost/how-to-survive-the-long-trip-to-mars-ask-a-submariner/2015/10/05/9d05bf82-6b82-11e5-9bfe-e59f5e244f92_story.html.
29. Peter Rejcek, "Passing of a Legend: Death of Capt. Pieter J. Lenie at Age 91 Marks the End of an Era in Antarctica," *Antarctic Sun,* April 20, 2015, https://antarcticsun.usap.gov/features/contenthandler.cfm?id=4150.

30. Vadim Gushin et al., "Content Analysis of the Crew Communication with External Communicants under Prolonged Isolation," *Aviation, Space, and Environmental Medicine* 12 (1997): 1093–1098.
31. Robin Marantz Henig, "Cabin Fever in Space," *Washington Post,* August 4, 1987.
32. Ian Mundell, "Stop the Rocket, I Want to Get Off," *New Scientist,* April 17, 1993, pp. 34–36, https://www.newscientist.com/article/mg13818693-700.
33. "HI-SEAS Hawaii Space Exploration Analog and Simulation," University of Hawai'i at Mānoa media kit, September 2017.
34. Leslie Mullen, "A Taste of Mars: Hi-Seas Mission Now in Its Final Days," *Astrobiology Magazine,* August 8, 2013, https://www.astrobio.net/moon-to-mars/a-taste-of-mars-hi-seas-mission-now-in-its-final-days.
35. "Second HI-SEAS Mars Space Analog Study Begins," University of Hawai'i at Mānoa press release, March 28, 2014, https://manoa.hawaii.edu/news/article.php?aId=6399.
36. Julielynn Y. Wong and Andreas C. Pfahnl, "3D Printed Surgical Instruments Evaluated by a Simulated Crew of a Mars Mission," *Aerospace Medicine and Human Performance* 87 (2016): 806–810, doi:10.3357/AMHP.4281.2016.
37. Allison Anderson et al., "Autonomous, Computer-Based Behavioral Health Countermeasure Evaluation at HI-SEAS Mars Analog," *Aerospace Medicine and Human Performance* 87 (2016): 912–920, doi:http://10.3357/AMHP.4676.2016.
38. Michael Tabb, "This Team Is Simulating a Mission to Mars to Understand the High Emotional Cost of Living There," *Quartz,* March 10,2016, https://qz.com/635323/this-team-is-faking-a-mission-to-mars-to-understand-the-high-emotional-cost-of-living-there.
39. Ilya Arkhipov, "Russia Picks Space-Pod Team for 520-Day Moscow 'Voyage' to Mars," *Bloomberg Businessweek,* May 18, 2010, https://www.bloomberg.com/news/articles/2010-05-18/russia-picks-moscow-space-pod-team-for-520-day-simulated-voyage-to-mars.
40. Yue Wang et al., "During the Long Way to Mars: Effects of 520 Days of Confinement (Mars500) on the Assessment of Affective Stimuli and Stage Alteration in Mood and Plasma Hormone Levels," *PLoS ONE* 9 (2014), doi:10.1371/journal.pone.0087087.

41. Mathias Basner et al., "Psychological and Behavioral Changes during Confinement in a 520-Day Simulated Interplanetary Mission to Mars," *PLoS ONE* 9 (2014), doi:10.1371/journal.pone.0093298.
42. Peter Suedfeld, "Historical Space Psychology: Early Terrestrial Explorations as Mars Analogues," *Planetary and Space Science* 58 (2010): 639–645.
43. Jack W. Stuster, "Bold Endeavors: Behavioral Lessons from Polar and Space Exploration," *Gravitational and Space Biology Bulletin* 13 (2000): 49–57.
44. Stuster, "Bold Endeavors," 53.
45. Stuster, "Bold Endeavors," 53.
46. Jane Poynter, *The Human Experiment: Two Years and Twenty Minutes Inside Biosphere 2* (New York: Basic Books, 2006).
47. Rebecca Reider, *Dreaming the Biosphere: The Theater of All Possibilities* (Albuquerque: University of New Mexico Press, 2009).

2 倒计时前的检查

1. Agence France Presse, "Astronaut Vision May Be Impaired by Spinal Fluid Changes," November 28, 2016, https://www.yahoo.com/news/astronaut-vision-may-impaired-spinal-fluid-changes-study-191419024.html.
2. Donna R. Roberts et al., "Effects of Spaceflight on Astronaut Brain Structure as Indicated on MRI," *New England Journal of Medicine* 377 (2017): 1746–1753, doi:10.1056/NEJMoa1705129.
3. Gil Knier, "Home Sweet Home," NASA MSFC, May 25, 2001, https://web.archive.org/web/20060929044226/http://liftoff.msfc.nasa.gov/news/2001/news-homehome.asp.
4. Dai Shiba et al., "Development of New Experimental Platform 'MARS'—Multiple Artificial-gravity Research System—to Elucidate the Impacts of Micro / Partial Gravity on Mice," *Scientific Reports* 7 (2017), doi:10.1038/s41598-017-10998-4.
5. Michael J. Carlowicz and Ramon E. Lopez, *Storms from the Sun* (Washington, DC: Joseph Henry Press, 2002), 144.
6. Tony Phillips, "Sickening Solar Flares," NASA, November 8, 2005, https://www.nasa.gov/mission_pages/stereo/news/stereo_astronauts.html.

7. Lawrence Townsend et al., "Extreme Solar Event of AD775: Potential Radiation Exposure to Crews in Deep Space," *Acta Astronautica* 123 (2016): 116–120, doi:10.1016/j.actaastro.2016.03.002.
8. Christer Fuglesang et al., "Phosphenes in Low Earth Orbit: Survey Responses from 59 Astronauts," *Aviation, Space, and Environmental Medicine* 77 (2016): 449–452.
9. Eugene N. Parker, "Shielding Space Travelers," *Scientific American* 294 (2006): 40–47, doi:10.1038/scientificamerican0306-40.
10. Vipan K. Parihar et al., "Cosmic Radiation Exposure and Persistent Cognitive Dysfunction," *Scientific Reports* 6 (2016), doi:10.1038/srep34774.
11. Christopher Wanjek, "On a Long Trip to Mars, Cosmic Radiation May Damage Astronauts' Brains," *Live Science,* October 11, 2016, https://www.livescience.com/56449-cosmic-radiation-may-damage-brains.html.
12. Catherine M. Davis et al., "Individual Differences in Attentional Deficits and Dopaminergic Protein Levels Following Exposure to Proton Radiation," *Radiation Research* 181 (2014): 258–271, doi:10.1667/RR13359.1; Melissa M. Hadley et al., "Exposure to Mission-Relevant Doses of 1 GeV / n^{48}Ti Particles Impairs Attentional Set-Shifting Performance in Retired Breeder Rats," *Radiation Research* 185 (2016): 13–19, doi:10.1667/RR14086.1.
13. Jonathan D. Cherry et al., "Galactic Cosmic Radiation Leads to Cognitive Impairment and Increased Ab Plaque Accumulation in a Mouse Model of Alzheimer's Disease," *PLoS ONE* 7 (2012): e53275, doi:10.1371/journal.pone.0053275.
14. Christina A. Meyers and Paul D. Brown, "Role and Relevance of Neurocognitive Assessment in Clinical Trials of Patients with CNS Tumors," *Journal of Clinical Oncology* 24 (2006): 1305–1309, doi:10.1200/JCO.2005.04.6086.
15. Francis A. Cucinotta and Eliedonna Cacao, "Non-Targeted Effects Models Predict Significantly Higher Mars Mission Cancer Risk than Targeted Effects Models," *Scientific Reports* 7 (2017), doi:10.1038/s41598-017-02087-3.
16. IOM (Institute of Medicine), *Health Standards for Long Duration and Exploration Spaceflight: Ethics Principles, Responsibilities, and Decision Framework* (Washington, DC: National Academies Press, 2014), 1–4.

17. Amanda L. Tiano et al., "Boron Nitride Nanotube: Synthesis and Applications," Proceedings, SPIE, vol. 9060, Nanosensors, Biosensors, and Info-Tech Sensors and Systems, April 16, 2014, doi:10.1117/12.2045396.
18. Theo Vos et al., "Global, Regional, and National Incidence, Prevalence, and Years Lived with Disability for 310 Diseases and Injuries, 1990–2015: A Systematic Analysis for the Global Burden of Disease Study 2015," *Lancet* 388 (2016): 1545–1602, doi:10.1016/S0140-6736(16)31678-6.
19. Chad G. Ball et al., "Prophylactic Surgery Prior to Extended-Duration Space Flight: Is the Benefit Worth the Risk?" *Canadian Journal of Surgery* 55 (2012): 125–131, doi:10.1503/cjs.024610.
20. Francine E. Garrett-Bakelman et al., "The NASA Twins Study: A Multidimensional Analysis of a Year-Long Human Spaceflight," *Science* 364 (6436): eaau8650, doi:10.1126/science.aau8650.
21. Scott Kelly, *Endurance: A Year in Space, A Lifetime of Discovery* (New York: Knopf, 2017).
22. NASA-NIH, "Memorandum of Understanding between the National Institutes of Health and the National Aeronautics and Space Administration for Cooperation in Space-Related Health Research," September 12, 2007, https://www.niams.nih.gov/about/partnerships/nih-nasa/mou.
23. Wendy Fitzgerald et al., "Immune Suppression of Human Lymphoid Tissues and Cells in Rotating Suspension Culture and Onboard the International Space Station," *In Vitro Cellular & Developmental Biology—Animal* 45 (2009): 622–632, doi:10.1007/s11626-009-9225-2.
24. Sara R. Zwart et al., "Vitamin K Status in Spaceflight and Ground-Based Models of Spaceflight," *Journal of Bone and Mineral Research* 26 (2011): 948–954, doi:10.1002/jbmr.289.
25. Sarah L. Castro-Wallace et al., "Nanopore DNA Sequencing and Genome Assembly on the International Space Station," *Scientific Reports* 7 (2017), doi:10.1038/s41598-017-18364-0.
26. Kate Rubins, "An Afternoon with NASA Astronaut Kate Rubins," live event at National Institutes of Health, Bethesda, Maryland, April 25, 2017.

3 生活在轨道

1. Roald Z. Sagdeev, *The Making of a Soviet Scientist: My Adventures in Nuclear Fusion and Space from Stalin to Star Wars* (Hoboken, NJ: John Wiley & Sons, 1994), 5.
2. Phillip F. Schewe, *Maverick Genius: The Pioneering Odyssey of Freeman Dyson* (New York: St. Martin's Griffin, 2014).
3. Ranga P. Dias and Isaac F. Silvera, "Observation of the Wigner-Huntington Transition to Metallic Hydrogen," *Science* 355 (2017): 715–718, doi:10.1126/science.aal1579.
4. Isaac Silvera, private communication, March 20, 2018.
5. Roger A. Pielke Jr., "The Rise and Fall of the Space Shuttle," *American Scientist* 96 (2008): 432–433.
6. Traci Watson, "NASA Administrator Says Space Shuttle Was a Mistake," *USA TODAY,* September 27, 2005, https://usatoday30.usatoday.com/tech/science/space/2005-09-27-nasa-griffin-interview_x.htm.
7. Michael Griffin, *Leadership in Space: Selected Speeches of NASA Administrator Michael Griffin, May 2005–October 2008* (Washington, DC: NASA, 2008), 328.
8. Sagdeev, *Making,* 213–214.
9. Andrew Chaikin, "Is SpaceX Changing the Rocket Equation?" *Air & Space Magazine,* January 2012, https://www.airspacemag.com/space/is-spacex-changing-the-rocket-equation-132285884/.
10. Christian Davenport, *The Space Barons: Elon Musk, Jeff Bezos, and the Quest to Colonize the Cosmos* (New York: PublicAffairs, 2018)
11. Davenport, *Space Barons.*
12. Cristina T. Chaplain, "The Air Force's Evolved Expendable Launch Vehicle Competitive Procurement," letter to US Congress, GAO-14-377R Space Launch Competition, March 4, 2014, https://www.gao.gov/assets/670/661330.pdf.
13. Loren Grush, "Elon Musk's Tesla Overshot Mars' Orbit, But It Won't Reach the Asteroid Belt as Claimed," *The Verge,* February 8, 2018, https://www.theverge.com/2018/2/6/16983744/spacex-tesla-falcon-heavy-roadster-orbit-asteroid-belt-elon-musk-mars.
14. Hamza Shaban, "Elon Musk Says He Will Probably Move to Mars," *Washington Post,* November 26, 2018, https://www.washingtonpost.

com/technology/2018/11/26/elon-musk-says-he-will-probably-move-mars.

15. Kenneth Chang, "Space Launch Firms Start Small Today to Go Big Tomorrow," *New York Times,* November 12, 2018, B2.
16. Gary Martin, "NewSpace: The 'Emerging' Commercial Space Industry," undated NASA presentation, circa 2014, https://ntrs.nasa.gov/archive/nasa/casi.ntrs.nasa.gov/20140011156.pdf.
17. NASA Fact Sheet, "Advanced Space Transportation Program: Paving the Highway to Space," 2008, https://www.nasa.gov/centers/marshall/news/background/facts/astp.html (retrieved March 21, 2018).
18. Sagdeev, *Making.*
19. W. David Compton and Charles D. Benson, *Living and Working in Space: A History of Skylab* (Washington, DC: NASA 1983), 271.
20. Compton and Benson, *Living and Working in Space,* 324.
21. Paul Martin, "Extending the Operational Life of the International Space Station Until 2024," NASA Office of Inspector General, Audit Report, IG-14-031, September 18, 2014.
22. Jeff Foust, "NASA Sees Strong International Interest in Lunar Exploration Plans," *Space News,* March 6, 2018, http://spacenews.com/nasa-sees-strong-international-interest-in-lunar-exploration-plans.
23. Robert M. Lightfoot Jr., "Return to the Moon: A Partnership of Government, Academia, and Industry," symposium, Washington, DC, March 28, 2018.
24. Eric Berger, "Former NASA Administrator Says Lunar Gateway Is 'a Stupid Architecture,'" *Ars Technica,* November 15, 2018, https://arstechnica.com/science/2018/11/former-nasa-administrator-says-lunar-gateway-is-a-stupid-architecture.
25. Mike Eckel, "First Female Space Tourist Blasts Off," Associated Press, September 18, 2006, http://news.yahoo.com/s/ap/20060918/ap_on_sc/russia_space.
26. Jeff Foust, "NASA Tries to Commercialize the ISS, Again," *Space Review,* June 10, 2019, http://www.thespacereview.com/article/3731/1.
27. Eric Niiler, "Who's Going to Buy the International Space Station?" *Wired,* February 12, 2018, https://www.wired.com/story/whos-going-to-buy-the-international-space-station.

28. Erin Mahoney, ed., "First Year of BEAM Demo Offers Valuable Data on Expandable Habitats," NASA, May 26, 2017, https://www.nasa.gov/feature/first-year-of-beam-demo-offers-valuable-data-on-expandable-habitats.
29. Dan Schrimpsher, "Interview: TransHab Developer William Schneider," *Space Review,* August 21, 2006, http://www.thespacereview.com/article/686/1.
30. Schrimpsher, "Interview."
31. Lara Logan (correspondent), interview with Robert Bigelow. *60 Minutes,* May 28, 2017, https://www.cbsnews.com/news/bigelow-aerospace-founder-says-commercial-world-will-lead-in-space/.
32. Robert Bigelow, "Public-Private Partnerships in Lunar Enterprises—No Time To Lose," presentation at the 2017 ISS R&D Conference, July 21, 2017, https://youtu.be/5403y2izgOo.
33. Paul Brians, "The Day They Tested the Rec Room," *CoEvolution Quarterly* (Summer 1981), 116–124.
34. "Reaction Engines Secures Funding to Enable Development of SABRE Demonstrator Engine," Reaction Engines Limited press release, July 12, 2016, https://www.reactionengines.co.uk/news/reaction-engines-secures-funding-to-enable-development-of-sabre-demonstrator-engine; "Reaction Engines Awarded DARPA Contract to Perform High-Temperature Testing of the SABRE Precooler," Reaction Engines Limited press release, September 25, 2017, https://www.reactionengines.co.uk/news/reaction-engines-awarded-darpa-contract-to-perform-high-temperature-testing-of-the-sabre-precooler.
35. Mike Wall, "Ticket Price for Private Spaceflights on Virgin Galactic's SpaceShipTwo Going Up," *Space,* April 30, 2013, https://www.space.com/20886-virgin-galactic-spaceshiptwo-ticket-prices.html.
36. Jeff Foust, "Still Waiting on Space Tourism after All These Years," *Space Review,* June 18, 2018, http://www.thespacereview.com/article/3516/1.
37. Federal Register, vol. 71, no. 241, December 15, 2006, p. 75616.
38. William M. Leary, "Robert Fulton's Skyhook and Operation Coldfeet," Center for the Study of Intelligence, Central Intelligence Agency,

June 27, 2008, https://www.cia.gov/library/center-for-the-study-of-intelligence/csi-publications/csi-studies/studies/95unclass/Leary.html.

39. Thomas Bogar et al., "Hypersonic Airplane Space Tether Orbital Launch System," NASA Institute for Advanced Concepts Research, Grant No. 07600-018, Phase I Final Report, http://images.spaceref.com/docs/spaceelevator/355Bogar.pdf.
40. John E. Grant, "Hypersonic Airplane Space Tether Orbital Launch—HASTOL," NASA Institute for Advanced Concepts 3rd Annual Meeting, NASA Ames Research Center, San Jose, California, June 6, 2001, http://www.niac.usra.edu/files/library/meetings/annual/jun01/391Grant.pdf.
41. Chia-Chi Chang et al., "A New Lower Limit for the Ultimate Breaking Strain of Carbon Nanotubes," *ACS Nano* 4 (2010): 5095–5100, doi:10.1021/nn100946q.
42. Paul Birch, "Orbital Ring Systems and Jacob's Ladders—II," *Journal of the British Interplanetary Society* 36 (1983): 231–238.
43. Doris Elin Salazar, "This Giant, Ultrathin NASA Balloon Just Broke an Altitude Record," *Space,* September 12, 2018, https://www.space.com/41791-giant-nasa-balloon-big-60-breaks-record.html.

4 生活在月球

1. Roger D. Launius, "Sputnik and the Origins of the Space Age," NASA https://history.nasa.gov/sputnik/sputorig.html (retrieved May 26, 2018).
2. Bob Allen, ed., "NASA Langley Research Center's Contributions to the Apollo Program," NASA Langley Research Center Fact Sheet, https://www.nasa.gov/centers/langley/news/factsheets/Apollo.html (retrieved November 11, 2018).
3. Launius, "Sputnik."
4. Zheng Wang, "National Humiliation, History Education, and the Politics of Historical Memory: Patriotic Education Campaign in China," *International Studies Quarterly* 52 (2008): 783–806.
5. Kevin Pollpeter et al., "China Dream, Space Dream: China's Progress in Space Technologies and Implications for the United States," report prepared for the U.S.-China Economic and Security Review Commission, 2015, https://www.uscc.gov/Research/china-

dream-space-dream-chinas-progress-space-technologies-and-implications-united-states.

6. Pollpeter et al., "China Dream, Space Dream."
7. GBTimes, "Lunar Palace-1: A Look Inside China's Self-Contained Moon Training Habitat," May 16, 2018, https://gbtimes.com/lunar-palace-1-a-look-inside-chinas-self-contained-moon-training-habitat.
8. Harrison Schmitt, "Return to the Moon: A Partnership of Government, Academia, and Industry," symposium, Washington, DC, March 28, 2018.
9. Christian Davenport, "Government Watchdog Says Cost of NASA Rocket Continues to Rise, a Threat to Trump's Moon Mission," *Washington Post,* June 18, 2019, https://www.washingtonpost.com/technology/2019/06/18/government-watchdog-says-cost-nasa-rocket-continues-rise-threat-trumps-moon-mission.
10. Davenport, "Government Watchdog."
11. Leonard David, "China's Anti-Satellite Test: Worrisome Debris Cloud Circles Earth," *Space,* February 2, 2007, https://www.space.com/3415-china-anti-satellite-test-worrisome-debris-cloud-circles-earth.html.
12. Anne-Marie Brady, "China's Expanding Antarctic Interests: Implications for Australia," Australian Strategic Policy Institute, August 2017, https://www.aspi.org.au/report/chinas-expanding-interests-antarctica.
13. George F. Sowers, testimony, US House of Representatives Subcommittee on Space, Committee on Science, Space and Technology, September 7, 2017, https://www.hq.nasa.gov/legislative/hearings/9-7-17%20SOWERS.pdf.
14. Anthony Colaprete et al., "Detection of Water in the LCROSS Ejecta Plume," *Science* 330 (2010): 463–468, doi:10.1126/science.1186986; Shuai Li et al., "Direct Evidence of Surface Exposed Water Ice in the Lunar Polar Regions," *PNAS* 115 (2018), doi:10.1073/pnas.1802345115.
15. Mike Wall, "Mining the Moon's Water: Q&A with Shackleton Energy's Bill Stone," *Space,* January 13, 2011, https://www.space.com/10619-mining-moon-water-bill-stone-110114.html.
16. Harrison Schmitt, *Return to the Moon: Exploration, Enterprise, and Energy in the Human Settlement of Space* (Göttingen, Germany: Copernicus, 2006).

17. Schmitt, *Return to the Moon.*
18. Ian A. Crawford, "Lunar Resources: A Review," *Progress in Physical Geography: Earth and Environment* 39 (2015): 137–167, doi:10.1177/0309133314567585.
19. Amanda Kay, "Rare Earths Production: 8 Top Countries," *Investing News,* April 3, 2018, https://investingnews.com/daily/resource-investing/critical-metals-investing/rare-earth-investing/rare-earth-producing-countries.
20. Angel Abbud-Madrid, private communication, Return to the Moon symposium, March 28, 2018.
21. Alex Freundlich et al., "Manufacture of Solar Cells on the Moon," Conference Record of the Thirty-First IEEE Photovoltaic Specialists Conference, 2005, doi:10.1109/PVSC.2005.1488252.
22. David Biello, "Where Did the Carter White House's Solar Panels Go?" *Scientific American,* August 6, 2010, https://www.scientificamerican.com/article/carter-white-house-solar-panel-array.
23. Haym Benaroya et al., "Engineering, Design and Construction of Lunar Bases," *Journal of Aerospace Engineering* 15 (2002): 33–45.
24. Benaroya et al., "Engineering."
25. Kenneth Chang, "NASA Reports a Moon Oasis, Just a Little Bit Wetter Than the Sahara" *New York Times,* October 22, 2010, A20.
26. Li et al., "Direct Evidence."
27. Crawford, "Lunar Resources," 167.
28. Cheryl Lynn York et al., "Lunar Lava Tube Sensing," Lunar and Planetary Institute, Joint Workshop on New Technologies for Lunar Resource Assessment, 1992, https://www.lpi.usra.edu/lpi/contribution_docs/TR/TR_9206.pdf.
29. Tetsuya Kaku et al., "Detection of Intact Lava Tubes at Marius Hills on the Moon by SELENE (Kaguya) Lunar Radar Sounder," *Geophysical Research Letters* 44 (2017): 10,155–10,161, doi:10.1002/2017GL074998.
30. Werner Grandl, "Human Life in the Solar System," *REACH* 5 (2017): 9–21, doi:10.1016/j.reach.2017.03.001.
31. Junichi Haruyama et al., "Lunar Holes and Lava Tubes as Resources for Lunar Science and Exploration," in *Moon—*

Prospective Energy and Material Resources, ed. Viorel Badescu (Springer, 2012), 139–163.

32. Gerald B. Sanders and William E. Larson, "Progress Made in Lunar In Situ Resource Utilization under NASA's Exploration Technology and Development Program," *Journal of Aerospace Engineering* 26 (2013), doi:10.1061/(ASCE)AS.1943-5525.0000208.
33. "NASA's Analog Missions: Paving the Way for Space Exploration," NASA fact sheet, NP-2011-06-395-LaRC, 2011, https://www.lpi.usra.edu/lunar/strategies/NASA-Analog-Missions-NP-2011-06-395.pdf.
34. Kenneth Chang, "Meet SpaceX's First Moon Voyage Customer, Yusaku Maezawa," *New York Times,* September 12, 2018, B4.
35. Rachel Caston et al., "Assessing Toxicity and Nuclear and Mitochondrial DNA Damage Caused by Exposure of Mammalian Cells to Lunar Regolith Simulants," *GeoHealth* 2 (2018): 139–148, doi:10.1002/2017GH000125.
36. "Apollo 17 Technical Crew Debriefing," NASA, January 4, 1973, http://www.ccas.us/CCAS_NASA_PressKits/Apollo_Missions/Apollo17_TechnicalCrewDebriefing.pdf.
37. John T. James and Noreen Kahn-Mayberry, "Risk of Adverse Health Effects from Lunar Dust Exposure," in *Human Health and Performance Risks of Space Exploration Missions,* ed. Jancy C. McPhee and John B. Charles (Washington, DC: NASA, 2009), 317–330.
38. G. W. Wieger Wamelink et al., "Can Plants Grow on Mars and the Moon: A Growth Experiment on Mars and Moon Soil Simulants," *PLoS ONE* 9 (2014), doi:10.1371/journal.pone.0103138.
39. Matt Williams, "How Do We Terraform The Moon?" *Universe Today,* March 31, 2016, https://www.universetoday.com/121140/could-we-terraform-the-moon.
40. Tariq Malik, "The Moon Will Get Its Own Mobile Phone Network in 2019," *Space,* February 28, 2018 https://www.space.com/39835-moon-mobile-phone-network-ptscientists-2019.html.
41. Astronomer-author Phil Plait provides this logic and other elements of debunking in his 2002 book *Bad Astronomy* (New York: John Wiley).

5 生活在小行星

1. Stephen P. Maran, *Astronomy for Dummies,* 4th ed. (Hoboken, NJ: John Wiley & Sons, 2017).
2. Brid-Aine Parnell, "NASA Will Reach Unique Metal Asteroid Worth $10,000 Quadrillion Four Years Early," *Forbes,* May 26, 2017, https://www.forbes.com/sites/bridaineparnell/2017/05/26/nasa-psyche-mission-fast-tracked.
3. Giovanni Bignami and Andrea Sommariva, *The Future of Human Space Exploration* (London: Palgrave Macmillan, 2016).
4. Kenneth Chang, "The Osiris-Rex Spacecraft Begins Chasing an Asteroid," *New York Times,* September 9, 2016, A12.
5. "NASA's OSIRIS-REx Asteroid Sample Return Mission," NASAfacts, FS-206-4-411-GSFC, NASA, May 2016, https://www.nasa.gov/sites/default/files/atoms/files/osiris_rex_factsheet5-25.pdf.
6. Detlef Koschny, ESA, private communication, June 30, 2018.
7. Axel Hagermann, Hayabusa2 team member, private communication, June 29, 2018.
8. Jeff Foust, "Asteroid Mining Company Planetary Resources Acquired by Blockchain Firm," *SpaceNews,* October 31, 2018, https://spacenews.com/asteroid-mining-company-planetary-resources-acquired-by-blockchain-firm.
9. Martin Elvis, "How Many Ore-Bearing Asteroids?" *Planetary and Space Science* 91 (2014): 20–26, doi:10.1016/j.pss.2013.11.008.
10. Martin Elvis, private communication, June 28, 2018.
11. Kenneth Chang, "If No One Owns the Moon, Can Anyone MakeMoney Up There?" *New York Times,* November 18, 2017, D1.
12. Jeff Foust, "Luxembourg Adopts Space Resources Law," *Space News,* July 17, 2017, http://spacenews.com/luxembourg-adopts-space-resources-law.
13. Andrew Zaleski, "Luxembourg Leads the Trillion-Dollar Race to Become the Silicon Valley of Asteroid Mining," CNBC, April 16, 2018, https://www.cnbc.com/2018/04/16/luxembourg-vies-to-become-the-silicon-valley-of-asteroid-mining.html.
14. Thomas Prettyman et al., "Extensive Water Ice within Ceres' Aqueously Altered Regolith: Evidence from Nuclear

Spectroscopy," *Science* 355 (2017): 55–59, doi:10.1126/science.aah6765; Maria Cristina De Sanctis et al., "Localized Aliphatic Organic Material on the Surface of Ceres," *Science* 355 (2017): 719–722, doi:10.1126/science.aaj2305.

15. Werner Grandl, "Human Life in the Solar System," *REACH—Reviews in Human Space Exploration* 5 (2017): 9–21, doi:10.1016/j.reach.2017.03.001.
16. Werner Grandl, private communication, July 4, 2018.
17. Peter A. Curreri and Michael K. Detweiler, "A Contemporary Analysis of the O'Neill—Glaser Model for Space-based Solar Power and Habitat Construction," *NSS Space Settlement Journal,* December 2011.

6 生活在火星

1. "NASA's Journey to Mars: Pioneering Next Steps in Space Exploration," NASA NP-2015-08-2018-HQ, October 2015, https://www.nasa.gov/sites/default/files/atoms/files/journey-to-mars-next-steps-20151008_508.pdf.
2. George W. Bush, "A Renewed Spirit of Discovery: The President's Vision for U.S. Space Exploration," White House fact sheet, January 2004, https://permanent.access.gpo.gov/lps72574/renewed_spirit.pdf.
3. John M. Logsdon, "Ten Presidents and NASA," in *50th Magazine—50 Years of Exploration and Discovery,* NASA (2008), https://www.nasa.gov/50th/50th_magazine/10presidents.html.
4. Kenneth Chang, "NASA Budgets for a Trip to the Moon, but Not While Trump Is President," *New York Times,* February 12, 2018, A13; Donald Trump, "Presidential Memorandum on Reinvigorating America's Human Space Exploration Program," US Presidential Memorandum, December 11, 2017, https://www.whitehouse.gov/presidential-actions/presidential-memorandum-reinvigorating-americas-human-space-exploration-program; Jeff Foust, "Space Force? Create a 'Space Guard' Instead, Some Argue," *Space News,* May 31, 2018, http://spacenews.com/space-force-create-a-space-guard-instead-some-argue.
5. Associated Press, "Moon Landing a Big Waste, Says Barry," *Tuscaloosa News,* September 21, 1963, 8.

6. Charles D. Hunt and Michel O. Vanpelt, "Comparing NASA and ESA Cost Estimating Methods for Human Missions to Mars," 26th International Society of Parametric Analysts Conference, Frascati, Italy, May 10–12, 2004, https://ntrs.nasa.gov/archive/nasa/casi.ntrs.nasa.gov/20040075697.pdf.
7. Irene Klotz, "NASA Looking to Mine Water on the Moon and Mars," *Space News,* January 28, 2014, https://spacenews.com/39307nasa-planning-for-mission-to-mine-water-on-the-moon.
8. Gerald B. Sanders and William E. Larson, "Progress Made in Lunar In Situ Resource Utilization under NASA's Exploration Technology and Development Program," *Journal of Aerospace Engineering* 26 (2013), doi:10.1061/(ASCE)AS.1943-5525.0000208.
9. Laurie Chen, "China's Mars Base Plan Revealed . . . and Covering 95,000 sq km, There's Certainly Plenty of Space," *South China Morning Post,* September 7, 2017, https://www.scmp.com/news/china/society/article/2110051/there-price-mars-chinas-red-planet-simulator-set-cost-us61.
10. Thor Hogan, "Lessons Learned from the Space Exploration Initiative," NASA History Division, *News & Notes* 24, no. 4 (November 2007).
11. Thor Hogan, *Mars Wars: The Rise and Fall of the Space Exploration Initiative* (Washington, DC: NASA History Series SP-2007-4410, 2007), 2.
12. Robert Zubrin, email correspondence, August 20, 2018.
13. Dai Shiba et al., "Development of New Experimental Platform 'MARS'—Multiple Artificial-Gravity Research System—To Elucidate the Impacts of Micro/Partial Gravity on Mice," *Scientific Reports* 7 (2017), doi:10.1038/s41598-017-10998-4.
14. Michael J. Carlowicz and Ramon E. Lopez, *Storms from the Sun* (Washington, DC: Joseph Henry Press, 2002), 144.
15. Carlowicz and Lopez, *Storms,* 144.
16. T. Troy McConaghy et al., "Analysis of a Class of Earth-Mars Cycler Trajectories," *Journal of Spacecraft and Rockets* 41 (2004): 622–628, doi:10.2514/1.11939.
17. George Schmidt et al., "Nuclear Pulse Propulsion: Orion and Beyond," 36th AIAA/ASME/SAE/ASEE Joint Propulsion

Conference & Exhibit, July 16–19, 2000, Huntsville, Alabama, https://ntrs.nasa.gov/search.jsp?R=20000096503.

18. Jeff Foust, "Review: Mars One: Humanity's Next Great Adventure," *Space Review,* March 14, 2016, htp://www.thespacereview.com/article/2940/1.
19. Bret G. Drake and Kevin D. Watts, eds., "Human Exploration of Mars Design Reference Architecture 5.0, Addendum #2," NASA / SP–2009–566-ADD2, NASA Headquarters, March 2014, https://www.nasa.gov/sites/default/files/files/NASA-SP-2009-566-ADD2.pdf.
20. Donald M. Hassler et al., "Mars' Surface Radiation Environment Measured with the Mars Science Laboratory's Curiosity Rover," *Science* 343 (2014), doi:10.1126/science.1244797.
21. Robert W. Moses and Dennis M. Bushnell, "Frontier In-Situ Resource Utilization for Enabling Sustained Human Presence on Mars," NASA / TM–2016-219182, April 2016, https://ntrs.nasa.gov/search.jsp?R=20160005963.
22. Tobias Owen et al., "The Composition of the Atmosphere at the Surface of Mars," *Journal of Geophysical Research* 82 (1977): 4635–4639, doi:10.1029/JS082i028p04635.
23. Christopher McKay, private communication, July 22–23, 2018.
24. Christopher McKay et al., "Utilizing Martian Resources for Life Support," in *Resources of Near-Earth Space,* ed. John S. Lewis, Mildred Shapley Matthews, and Mary L. Guerrieri (Tucson: University of Arizona Press, 1993), 819–843.
25. Alfonso F. Davila at al., "Perchlorate on Mars: A Chemical Hazard and a Resource for Humans," *International Journal of Astrobiology* 12 (2013): 321–325.
26. Edward Guinan, private communication, 231st Meeting of the American Astronomical Society, Washington, DC, January 8, 2018.
27. Christopher Wanjek, "Ground Control to 'The Martian': Good Luck with Them Potatoes," *Live Science,* October 9, 2015, https://www.livescience.com/52438-the-martian-potatoes-health-effects.html.
28. Alexandra Witze, "There's Water on Mars! Signs of Buried Lake Tantalize Scientists," *Nature* 560 (2018): 13–14, doi:10.1038/d41586-018-05795-6.

29. Robert Zubrin, *The Case for Mars: The Plan to Settle the Red Planet and Why We Must* (New York: Free Press, 2011), 187–232.
30. Zubrin, *Case for Mars,* 246–247.
31. Adam E. Jakus et al., "Robust and Elastic Lunar and Martian Structures from 3D-Printed Regolith Inks," *Scientific Reports* 7 (2017), doi:10.1038/srep44931.
32. William Harwood, "Curiosity Relies on Untried 'Sky Crane' for Descent to Mars," *CBS News,* July 30, 2012, http://www.cbsnews.com/network/news/space/home/spacenews/files/msl_preview_landing.html.
33. Kasandra Brabaw, "MIT Team Wins Mars City Design Contest for 'Redwood Forest' Idea," *Space,* November 25, 2017, https://www.space.com/38881-mit-team-wins-mars-city-design-competition.html.
34. William J. Rowe, "The Case for an All-Female Crew to Mars," *Journal of Men's Health & Gender* 1 (2004): 341–344, doi:10.1016/j.jmhg.2004.09.006.
35. Lauren Blackwell Landon at al., "Selecting Astronauts for Long-Duration Exploration Missions: A Retrospective Review and Considerations for Team Performance and Functioning," NASA TM-2016-219283, December 1, 2016.
36. Freeman Dyson, *Disturbing the Universe* (New York: Harper & Row, 1979), 118–126.
37. NSF OPP Budget Request to Congress FY2019, https://www.nsf.gov/about/budget/fy2019/pdf/30_fy2019.pdf.
38. Scott Solomon, "The Martians Are Coming—and They're Human" *Nautilus,* October 27, 2016, http://nautil.us/issue/41/selection/the-martians-are-comingand-theyre-human.
39. Bruce M. Jakosky and Christopher S. Edwards, "Inventory of CO2 Available for Terraforming Mars," *Nature Astronomy* 2 (2018):634–639, doi:10.1038/s41550-018-0529-6.
40. Partha P. Bera et al., "Design Strategies to Minimize the Radiative Efficiency of Global Warming Molecules," *PNAS* 107 (2010): 9049–9054, doi:10.1073/pnas.0913590107.
41. Zubrin, *Case for Mars,* 269–270.
42. Margarita M. Marinova et al., "Radiative-Convective Model of Warming Mars with Artificial Greenhouse Gases," *Journal of Geophysical Research* 110 (2005), doi:10.1029/2004JE002306.

7 生活在内外太阳系及无垠宇宙

1. Stephen Maran, *Astronomy for Dummies,* 4th ed., (Hoboken, NJ: John Wiley & Sons, 2017), 121–122.
2. Geoffrey A. Landis et al., "Atmospheric Flight on Venus," 40th Aerospace Sciences Meeting and Exhibit, American Institute of Aeronautics and Astronautics, Reno, Nevada, January 14–17, 2002, NASA / TM—2002-211467, https://www.researchgate.net/publication/24286050_Atmospheric_Flight_on_Venus.
3. Paul Birch, "Terraforming Venus Quickly," *Journal of the British Interplanetary Society* 44 (1991): 157–167.
4. Mark Bullock and David H. Grinspoon, "The Stability of Climate on Venus," *Journal of Geophysical Research* 101 (1996): 7521–7529, doi:10.1029/95JE03862.
5. Robert Zubrin, *The Case for Space: How the Revolution in Spaceflight Opens Up a Future of Limitless Possibility* (New York: Prometheus Books, 2019), 166.
6. Zubrin, *Case for Space,* 166.
7. John M. Wahr et al., "Tides on Europa, and the Thickness of Europa's Icy Shell," *Journal of Geophysical Research* 111 (2006): 12005–12014, doi:10.1029/2006JE002729.
8. Zubrin, *Case for Space,* 166.
9. Zubrin, *Case for Space,* 166.
10. Christopher McKay et al., "The Possible Origin and Persistence of Life on Enceladus and Detection of Biomarkers in the Plume," *Astrobiology* 8 (2008): 909–919, doi:10.1089/ast.2008.0265.
11. J. Hunter Waite et al., "Cassini Finds Molecular Hydrogen in the Enceladus Plume: Evidence for Hydrothermal Processes," *Science* 356 (2017): 155–159, doi:10.1126/science.aai8703.
12. Charles Wohlforth and Amanda R. Hendrix, *Beyond Earth: Our Path to a New Home in the Planets* (New York: Pantheon, 2016).
13. James Stevenson et al., "Membrane Alternatives in Worlds without Oxygen: Creation of an Azotosome," *Science Advances* 1 (2015), 1:e1400067, doi:10.1126/sciadv.1400067.
14. Isaac Arthur, "Outward Bound: Colonizing Titan," *Science & Futurism with Isaac Arthur,* October 12, 2017, https://www.youtube.com/watch?v=HdpRxGjtCo0&vl=en.

15. Terry A. Hurford et al., "Triton's Fractures as Evidence for a Subsurface Ocean," 48th Lunar and Planetary Science Conference, March 20–24, 2017, The Woodlands, Texas, https://www.hou.usra.edu/meetings/lpsc2017/pdf/2376.pdf.
16. S. Alan Stern, "The Pluto System: Initial Results from Its Exploration by New Horizons," *Science* 350 (2015): 292, doi:10.1126/science.aad1815.
17. Leonid Marochnik et al., "Estimates of Mass and Angular Momentum in the Oort Cloud," *Science* 242 (1988): 547–550, doi:10.1126/science.242.4878.547.
18. "How Do We Know When Voyager Reaches Interstellar Space?" NASA fact sheet 2013-278, September 12, 2013, https://www.nasa.gov/mission_pages/voyager/voyager20130912f.html.
19. Isaac Arthur, "Outward Bound: Colonizing the Oort Cloud," *Science and Futurism with Isaac Arthur,* December 14, 2017, https://www.youtube.com/watch?v=H8Bx7y0syxc.
20. Andrew V. Ilin et al., "VASIMR® Human Mission to Mars," Space, Propulsion & Energy Sciences International Forum, March 15–17, 2011, University of Maryland, College Park, MD, http://www.adastrarocket.com/Andrew-SPESIF-2011.pdf.
21. Martin Tajmar et al., "The SpaceDrive Project—First Results on EMDrive and Mach-Effect Thrusters," presented at the Space Propulsion Conference in Seville, Spain, May 14–18, 2018, https://www.researchgate.net/publication/325177082_The_SpaceDrive_Project_-_First_Results_on_EMDrive_and_Mach-Effect_Thrusters.
22. Gregory L. Matloff et al., "The Beryllium Hollow-Body Solar Sail: Exploration of the Sun's Gravitational Focus and the Inner Oort Cloud," Cornell University Physics, September 20, 2008, arXiv:0809.3535.

扩展资料

视频及播客

Answers with Joe, hosted by Joe Scott, https://www.youtube.com/channel/UC-2YHgc363EdcusLIBbgxzg

Astronomy Cast, hosted by Fraser Cain and Pamela Gay, http://www.astronomycast.com/

Science & Futurism with Isaac Arthur, hosted by Isaac Arthur, https://www.youtube.com/channel/UCZFipeZtQM5CKUjx6grh54g

StarTalk, hosted by astrophysicist Neil deGrasse Tyson, https://www.startalkradio.net/

Veritasium, hosted by Derek Muller, https://www.youtube.com/channel/UCHnyfMqiRRG1u-2MsSQLbXA

网络出版物

Bad Astronomy, blog by astronomer Phil Plait, http://www.badastronomy.com/index.html

New York Times space calendar app, https://www.nytimes.com/interactive/2017/science/astronomy-space-calendar.html

Space.com, a space and astronomy news website

Space Review, in-depth articles and commentary regarding all aspects of space exploration, edited by Jeff Foust, http://www.thespacereview.com/

Universe Today, published by Fraser Cain, https://www.universetoday.com/

小说

The Fountains of Paradise, science fiction by Arthur C. Clarke (New York: Harcourt Brace Jovanovich, 1979)

The Martian Way, science fiction novella by Isaac Asimov (Garden City, NY: Doubleday, 1955)

Red Mars, Green Mars, and *Blue Mars,* a trilogy by Kim Stanley Robinson (New York: Bantam Books, 1993, 1994, 1996)

Rendezvous with Rama, science fiction by Arthur C. Clarke (New York: Harcourt Brace Jovanovich, 1973)

非虚构

The Case for Mars: The Plan to Settle the Red Planet and Why We Must, by Robert Zubrin (New York: Free Press, 2011)

The Case for Space: How the Revolution in Spaceflight Opens Up a Future of Limitless Possibility, by Robert Zubrin (Amherst, NY: Prometheus, 2019)

Disturbing the Universe, a collection of essays by Freeman Dyson (New York: Harper and Row, 1979)

The Future of Humanity: Terraforming Mars, Interstellar Travel, Immortality, and Our Destiny beyond Earth, by Michio Kaku (New York: Doubleday, 2018)

The High Frontier: Human Colonies in Space, by Gerard K. O'Neill (New York: Morrow, 1976)

Packing for Mars: The Curious Science of Life in the Void, by Mary Roach (New York: Norton, 2010)

Pale Blue Dot: A Vision of the Human Future in Space, by Carl Sagan (New York: Random House, 1994)

Space Chronicles: Facing the Ultimate Frontier, a collection of commentary by Neil deGrasse Tyson (New York: Norton, 2012)

Vacation Guide to the Solar System: Science for the Savvy Space Traveler!, a "fictional" nonfiction science book by Olivia Koski and Jana Grcevich of the Intergalactic Travel Bureau (New York: Penguin Random House, 2017)

太空社团

Mars Society, founded by Robert Zubrin, Chris McKay, and many others, with a focus on Mars settlements, https://www.marssociety.org/

National Space Society, a merger of the L5 Society, founded by Gerard O'Neill, and National Space Institute, founded by Wernher von Braun, with a focus on living and working in space, https://space.nss.org/

Planetary Society, founded by Carl Sagan and others, the largest space society and an advocate of robotic exploration of the solar system, http://www.planetary.org/

Space Frontier Foundation, an organization promoting private enterprise in space, http://newspace.spacefrontier.org/

致 谢

特别感谢史蒂芬·马兰（Stephen Maran），他是我在 NASA 戈达德航天中心的导师。他相信我的才华，他的智慧和洞察力激励了我，让我成长为一名作家。

我还想感谢以下这些人。他们花时间通过电话、电子邮件或面对面访谈向我解释他们的研究，或在其他方面帮助我撰写这本书。他们是安吉尔·阿布德－马德里、欧文·阿里亚斯（Irwin Arias）、艾萨克·亚瑟、查尔斯·L. 贝克（Charles L. Baker）、特里斯坦·巴辛斯韦特、纳迪亚·巴苏（Nadia Biassou）、比尔·布兰森（Bill Branson），厄尼·布兰森（Ernie Branson）、大卫·布林（David Brin）、弗雷泽·凯恩（Fraser Cain）、帕特里克·卡罗尔（Patrick Carroll）、劳拉·卡特（Laura Carter）、彼得·切基（Peter Checchia）、彼得·库雷里（Peter Curreri）、罗杰·柯蒂斯（Roger Curtiss）、杰夫·迪恩（Jeff Dean）、马丁·埃尔维斯、吉恩·贾科梅利、沃纳·格兰德、爱德华·吉南、克里斯·甘恩（Chris Gunn）、阿克塞尔·哈格曼（Axel Hagermann）、凯斯·杰瑞（Keith Jarrett）、德特勒夫·科什金（Detlef Koschny）、克里斯托弗·麦凯、马克·米尔斯（Marc Millis）、菲尔·普莱特（Phil Plait）、巴里·普赖尔（Barry Pryor）、艾伦·罗博克（Alan Robock）、菲尔·萨德勒、罗尔德·萨格捷耶夫（Roald Sagdeev）、哈里森·施密特、乔·斯科特（Joe Scott）、KC.沙斯廷（KC Shasteen）、艾萨克·西尔韦拉、布莱恩·图恩、卡尔·万杰克（Carl Wanjek）、于冰心（音）、E.保罗·泽尔（E. Paul Zehr）。

图片版权

页码

26 ESO / M. Kornmesser / CC BY 4.0

30 shrimpo1967 / Wikimedia Commons / CC BY-SA 2.0

40 Dave Pape / Wikimedia Commons

50 NASA

65 DrStarbuck / Wikimedia Commons / CC BY 2.0

96 Zhihua Yang et al., "Radiation-Induced Brain Injury after Radiotherapy for Brain Tumor," *IntechOpen,* March 25, 2015, doi:10.5772/59045, figure 1C / CC BY 3.0 / © the Authors

121 SpaceX / Wikimedia Commons / CC0 1.0

127 NASA / Don Davis

136 NASA / Bill Ingalls

146 Virgin Galactic / Mark Greenberg / Wikimedia Commons // CC BY-SA 3.0

148 SpaceportAmerica

154 NASA / Pat Rawling

191 © ESA / Foster + Partners

200 NASA / Bill Anders

209 The Prototype Lunar Greenhouse (LGH) / Controlled Environment Agriculture Center, University of Arizona

221 JAXA

236 NASA / JPL-Caltech

273 NASA / Clouds AO / SEArch

313 NASA / JPL-Caltech / MSSS / TAMU

328 NASA / JPL-Caltech

333 NASA / SACD

347 NASA / JPL-Caltech / ASI / Cornell

索 引

（索引中页码为本书页边码）

图书在版编目(CIP)数据

太空居民：人类将如何在无垠宇宙中定居 / (美)
克里斯托弗·万杰克 (Christopher Wanjek) 著；李平
译. -- 北京：社会科学文献出版社, 2021.10（2024.11重印）
书名原文: Spacefarers: How Humans Will Settle
the Moon, Mars, and Beyond
ISBN 978-7-5201-8522-6

Ⅰ. ①太… Ⅱ. ①克… ②李… Ⅲ. ①空间探索-普
及读物 Ⅳ. ①V11-49

中国版本图书馆CIP数据核字（2021）第115072号

太空居民

人类将如何在无垠宇宙中定居

著　　者 / ［美］克里斯托弗·万杰克（Christopher Wanjek）
译　　者 / 李　平

出 版 人 / 冀祥德
责任编辑 / 王　雪　杨　轩
责任印制 / 王京美

出　　版 / 社会科学文献出版社（010）59367069
地址：北京市北三环中路甲29号院华龙大厦　邮编：100029
网址：www.ssap.com.cn
发　　行 / 社会科学文献出版社（010）59367028
印　　装 / 三河市东方印刷有限公司

规　　格 / 开　本：880mm×1230mm 1/32
印　张：13.875　插　页：0.375　字　数：283千字
版　　次 / 2021年10月第1版　2024年11月第4次印刷
书　　号 / ISBN 978-7-5201-8522-6
著作权合同登记号 / 图字01-2021-4948号
定　　价 / 89.00元

读者服务电话：4008918866